国家科学技术学术著作出版基金资助出版

多传感器图像融合技术及应用

Technology and Application of Multi-Sensor Image Fusion

苗启广　叶传奇
　　　　　　　　著
汤　磊　李伟生

西安电子科技大学出版社

内 容 简 介

本书以图像融合技术的发展历程为主线，系统介绍了图像融合的基本概念、融合原理、融合方法、最新研究进展及应用实例。

全书共 11 章。第 1～3 章介绍了图像融合的研究现状及存在的问题、图像融合的预处理方法、源图像的成像特性及图像融合的性能评价；第 4～9 章系统介绍了各种图像融合方法，其中包括早期各种简单的图像融合方法、基于金字塔变换的图像融合方法、基于小波变换的图像融合方法、基于多小波变换的图像融合方法、基于无下采样 Contourlet 变换的图像融合方法以及基于 Shearlet 变换的图像融合方法等；第 10 章结合图像融合的具体应用实例介绍了图像融合的应用；第 11 章对图像融合技术研究的最新进展进行了介绍。本书着重介绍图像融合技术中最基本和最成熟的方面，并在一定程度上反映了国内外学者的当前工作。

本书可作为高等院校高年级本科生、研究生学习图像融合技术的教材和教学参考书，也可作为从事图像融合研究和应用的科技人员的参考书。

图书在版编目(CIP)数据

多传感器图像融合技术及应用/苗启广等著.
—西安：西安电子科技大学出版社，2014.4(2018.1 重印)
ISBN 978 - 7 - 5606 - 3277 - 3

Ⅰ. ① 多…　Ⅱ. ① 苗…　Ⅲ. ① 传感器—图像处理　Ⅳ. ①TP391.41

中国版本图书馆 CIP 数据核字(2014)第 050652 号

策划编辑　臧延新
责任编辑　阎　彬　臧延新
出版发行　西安电子科技大学出版社(西安市太白南路 2 号)
电　　话　(029)88242885　88201467　　邮　　编　710071
网　　址　www.xduph.com　　　　电子邮箱　xdupfxb001@163.com
经　　销　新华书店
印刷单位　陕西华沐印刷科技有限责任公司
版　　次　2014 年 4 月第 1 版　2018 年 1 月第 2 次印刷
开　　本　787 毫米×1092 毫米　1/16　印张　15.5
字　　数　362 千字
印　　数　2001～3000 册
定　　价　35.00 元

ISBN 978 - 7 - 5606 - 3277 - 3/TP

XDUP　3569001 - 2

＊＊＊ 如有印装问题可调换 ＊＊＊

前　言

图像融合是信息融合的一个重要分支，也是图像理解和计算机视觉中的一项重要技术。它将多个图像传感器或同一图像传感器以不同工作模式获取的关于同一场景的图像信息加以综合，以获得新的关于此场景更准确的描述，也为进一步的图像处理，如图像分割、目标检测与识别、战损评估与理解等提供更有效的信息。图像融合是一个综合了传感器、信号处理、图像处理、计算机和人工智能等多种学科的新兴研究领域。

20世纪90年代以来，图像融合技术的研究成果呈不断上升的趋势，应用的领域也遍及遥感、军事、机器人视觉、医学成像与诊断、危险物品检测及智能交通等，产生了显著的经济、社会及军事效益，并日益为众多学者所关注。同时，在制造业、医学、交通管理及航空管制等方面，图像融合技术也有着巨大的应用潜力。随着研究的不断深入，图像融合技术必将会得到更为广泛的应用。

近二十年来，国内外学者在图像融合领域取得了丰硕的研究成果，涌现出大量的研究文献。但系统介绍图像融合理论、方法和应用的书籍非常少，使许多初学者感到入门困难，这一现象不利于推动图像融合研究和应用的进一步深入和普及。有鉴于此，我们在多年从事图像融合研究的基础上，集合国内外学者的有关研究成果编著成此书。

本书以图像融合技术的发展历程为主线，系统、精练地介绍了图像融合中成熟的融合理论和经典的融合方法；针对各种融合方法进行了大量的理论分析和融合实验，并对融合效果做了主、客观性能评价分析；最后介绍了图像融合技术的最新研究进展及应用实例。

全书共11章。第1～3章介绍了图像融合的研究现状及存在问题、图像融合的预处理方法、源图像的成像特性及图像融合的性能评价；第4～9章系统介绍了各种图像融合方法，其中包括早期各种简单的图像融合方法、基于金字塔变换的图像融合方法、基于小波变换的图像融合方法、基于多小波变换的图像融合方法、基于无下采样 Contourlet 变换的图像融合方法以及基于 Shearlet 变换的图像融合方法等；第10章结合图像融合的具体应用实例介绍了图像融合的应用；第11章对图像融合技术研究的最新进展进行了介绍。本书着重介绍了图像融合技术中最基本和最成熟的方面，并在一定程度上反映了国内外学者的当前工作。

借此书出版之际，作者衷心感谢西安电子科技大学计算机学院王宝树教授、中国电子科技集团第28研究所赵宗贵研究员，因为本书中所有多传感器图像融合技术研究工作的开展，都是在他们的指导和帮助下完成的。本书作者的有关研究得到了国家自然科学基金项目（60702063、61272280）、教育部新世纪优秀人才支持计划（NCET－12－0919）和中央高校基本科研业务费专项资金重点项目（K5051203020）的资助，尤其是在书稿定稿之际获得了2012年度国家科学技术学术著作出版基金的立项资助，在此特向科技部、国家自然科学基金委员会等单位表示感谢！

全书由西安电子科技大学苗启广、河南科技大学叶传奇、解放军理工大学汤磊及重庆邮电大学李伟生主编，其中第5、6、7、9章由苗启广编写，第1、8章由叶传奇编写，第3、

10 章由汤磊编写，第 2、4 章由李伟生编写，第 11 章由全体作者共同编写。博士生刘如意和硕士生杨眉、楼晶晶等参与了本书内容的讨论和书稿的整理、撰写和校阅等工作。

　　书中引用了一些其他学者的论著及其研究成果，特别是西北工业大学自动化学院李晖晖副教授给予了很大的帮助，这对于本书的编写是非常重要的，我们在此向他们表示衷心的感谢！

　　本书可作为高等院校高年级本科生、研究生学习图像融合技术的教材和教学参考书，也可作为从事图像融合研究和应用的科技人员的参考书。本书内容对于开展进一步的图像融合研究工作以及图像融合技术工程应用均有重要意义。

　　限于作者水平，书中难免存在不妥之处，敬请读者批评指正。

作　者

2013 年 10 月 28 日

目　　录

第 1 章　绪　　论

1.1　图像融合的基本概念

随着传感器技术的飞速发展，越来越多的传感器应用于各领域中。传感器数量的不断增加使得系统获得的信息量急剧增加且呈现多样性和复杂性，传统的信息处理方法已经不能满足新的需求，迫切需要发展新的方法和技术来解决人们所面临的新问题。多传感器信息融合（Multi-Sensor Information Fusion，MSIF）就是为满足这一需求而发展起来的一种新方法。所谓信息融合，是指对来自多个传感器的信息进行多级别、多方面、多层次的处理与综合，从而获得更丰富、更精确、更可靠的有用信息。Llinas 和 Edward[1] 从军事应用的角度对信息融合给出了如下定义：信息融合就是一种多层次、多方面的处理过程，这个过程对多源信息进行检测、结合、相关、估计和组合，以达到精确的状态、身份估计以及完整、及时的态势和威胁估计。国际信息融合协会（International Society of Information Fusion，ISIF）给出了信息融合的一种更为广泛的定义[2]：信息融合包括用于对获取的多源数据（传感器、数据库、人为搜集等）进行合成处理的理论、技术和工具，信息融合后的决策或行动在某种意义上（质或量上，比如准确性、冗余度等）要好于基于任何单一信息源所得到的结果。一般来讲，来自多个传感器信号所提供的信息具有冗余性和互补性，通过信息融合可以最大限度地获取对目标和场景的完整信息描述。

20 世纪 70 年代后期，随着图像传感器的出现与发展，多传感器信息融合出现了一个重要分支——图像融合（Image Fusion，IF）。图像融合是信息融合范畴内一个以图像为对象的研究领域。它将多个图像传感器或同一图像传感器以不同工作模式获取的关于同一场景的图像信息加以综合，以获得新的关于此场景更准确的描述[3]。图像融合是一个综合了传感器、信号处理、图像处理、计算机和人工智能等多种学科的新兴研究领域。尽管人们已经研制出了能获取高质量图像的各种传感器，如可见光电荷耦合器件（Charge-Coupled Device，CCD），前视红外、激光成像雷达，合成孔径雷达等，但它们的性能极大地依赖于使用环境，任何一个独立的图像传感器都有其功能上的局限性，例如在亮度、降雨等条件下，有些传感器的性能可能会下降。不同图像传感器或同种图像传感器以不同工作模式获得的图像信息之间存在着冗余性和互补性，通过对多源图像进行融合，可以获得对某一场景更为全面和准确的图像描述，从而克服单一传感器图像在几何、光谱和空间分辨率等方面存在的局限性和差异性，提高图像的清晰度和可理解性[4, 5]，并为进一步的图像处理，如图像分割、目标检测与识别、战损评估与理解等提供更有效的信息[4, 6-8]。

总体而言，多源图像融合可以从以下几个方面提高传感器系统的性能[9]：

（1）扩展系统覆盖范围，能够更准确地获得被测对象或环境的信息，并且具有比任何单一传感器更高的精度与可靠性。

（2）通过各传感器的互补，获得更为全面、丰富的信息，更有利于对图像的进一步分析处理。

（3）提高了系统可靠性与鲁棒性，因为数据是从多个（种）传感器得到的，当一个或多个传感器失效或出现错误时，系统仍能继续工作。

上述诸多方面的优点使得图像融合在医学、遥感、计算机视觉、气象预报、军事目标的检测与识别等方面的应用潜力得到了认可，在航天、航空多种运载平台上，各种遥感器所获得的大量不同光谱、不同波段或不同时相、不同角度的遥感图像的融合，为信息的高效提取提供了良好的处理手段[7, 8, 10-13]，并取得了明显的效益。

1.2　图像融合技术的发展与研究现状

1979 年，Daily 等人[14]首先把雷达图像和 Landsat-MSS 图像的复合图像应用于地质解释。1981 年，Laner 和 Todd[15]进行了 Landsat-RBV 和 MSS 图像数据的融合试验。1985 年，Cliche 和 Bonn[16]将 Landsat-TM 的多光谱遥感图像与 SPOT 卫星得到的高分辨率图像进行融合。上述图像融合所采用的融合算法主要有 IHS 变换、加权平均、差分及比率、PCA 变换、高通滤波等。这些算法都是在空间域对图像进行融合处理的，对参加融合的图像不进行分解变换，融合处理只在一个层次上进行，可以认为是早期简单的图像融合尝试。

20 世纪 80 年代中期，专家和学者开始尝试将源图像进行多尺度分解融合。1984 年，Burt P. J. [17]首次提出了基于拉普拉斯金字塔变换的图像融合算法。其融合的主要思想是：在不同的尺度上提取图像中的边缘、纹理等显著信息，然后制定一些规则对这些信息进行融合，最后经逆变换得到融合图像。基于拉普拉斯金字塔变换的图像融合算法能够提取源图像数据的多尺度特征，取得了较好的融合效果。

1995 年，Li H. 等人[18]将基于对比度金字塔变换的图像融合算法应用于合成孔径雷达和前视红外图像融合。2000 年 5 月，美国波音公司航空电子飞行实验室成功地演示并验证了联合攻击机航空电子综合系统的多源信息融合技术和功能。该综合系统中的合成孔径雷达和前视红外子系统，就是采用基于对比度金字塔变换的图像融合算法对多源图像进行融合处理的。其融合结果有助于快速确定目标位置并对目标进行识别。

20 世纪 90 年代中期，小波变换开始应用到图像融合领域。1993 年，Ranchin T. 和 Wald L.[19]首次提出了基于离散小波变换的图像融合算法，并将其应用于遥感图像的融合处理。基于小波变换的融合算法基本思想与基于金字塔变换的融合算法一致，即：首先对源图像进行小波变换，然后按照一定规则对变换系数进行合并，最后对合并后的系数进行小波逆变换得到融合图像。小波变换具有良好的时频分析特性、方向性以及各尺度上的独立性，可以获得比金字塔方法更好的融合效果。

2005 年，William F. [20]将基于离散小波变换的图像融合算法应用于夜间驾驶系统。在该系统中，采用了一种适用于高帧速率、基于离散 Haar 小波变换、计算简单的图像融合方法，对红外图像和可见光图像进行融合处理，其融合结果可以有效指导夜间行驶决策。

进入 2000 年以后，图像融合的理论研究得到了迅速发展。通过对 EI Compendex Web

数据库检索发现，从 1984 年到 1999 年，图像融合方面的文章总共有大约 2000 余篇；而从 2000 年至今，图像融合的文献数目已陡增到 1 万篇左右，而且呈现出逐年快速增长的趋势。由此可见国内外学术界对于图像融合技术的关注和重视与日俱增。

在图像融合理论研究迅速发展的同时，图像融合技术的应用也取得了长足的进步。在遥感图像分析领域，法国 SPOT 卫星、美国的 IKONOS 商用遥感卫星以及加拿大的合成孔径雷达卫星等的发射升空，为我们提供了大量的高分辨率全色图像、多光谱图像以及 SAR 图像。通过对高分辨率全色图像与多光谱图像的融合、SAR 图像与多光谱图像的融合以及 SAR 图像与高分辨率全色图像的融合，可以对地物目标进行更佳的分析和解释，并已产生了巨大的社会与经济效益。在军事领域，图像融合技术的应用受到高度重视并已取得相当的进展，美国国防部在不同时期制定的关键战术计划中，有相当一部分涉及图像融合方面。如在海湾战争中发挥良好作战性能的"LANTIAN"吊舱就是一种可将前视红外、激光测距、可见光摄像机等多种传感器信息叠加显示的图像融合系统。美国 TI 公司 1995 年底从美国夜视和电子传感器管理局（NVESD）获得将以 DSP 为核心的图像融合设计集成到先进直升机驾驶（AHP）传感器系统的合同。20 世纪 90 年代，美国海军在 SSN－691（孟菲斯）潜艇上安装了第一套图像融合样机，可使操纵手在最佳位置上直接观察到各传感器的全部图像[5]。许多军事技术发展计划已经加大对图像融合研究的投入，包括英国的 CONDOR2 系统[21]（应用于直升机）、FIST 系统[22]（应用于步兵）、FRES 系统[23]（应用于地面车辆）和美国的 MANTIS 系统[24]（应用于头盔）等[25]。美国计划在 2010 年研制出覆盖射频、可见光、红外波段公用孔径的有源/无源一体化的基于图像与数据融合的探测器系统。在医学发展方面，2001 年 11 月 25 日至 30 日在美国芝加哥召开了每年一度的 RSNA 北美放射学会年会，在会议上 GE 公司医疗系统部展销了其产品 Discovery LS。Discovery LS 是 GE 公司于 2001 年 6 月推出的最新 PET/CT，是世界上最好的 PET（正电子发射断层扫描）与最高档的多排螺旋 CT 的一个完美结合，具有单体 PET 不能比拟的优势。

我国对图像融合技术的研究起步较晚，目前，许多高等院校和科研院所正在此领域进行一些相关研究，不少图像融合领域的书籍、论文相继涌现，如 2007 年 10 月出版的敬忠良等人的《图像融合——理论与应用》[3]是国内关于图像融合理论最新、最全面的总结。近年来，国内对图像融合在应用方面也有了一定的发展，如我国研制的资源探测卫星上安装了自行研制的 CCD 相机和红外多光谱扫描仪，这两种航天遥感器之间可进行图像融合，大大扩展了卫星的遥感应用范围。四川大学研制的多航管雷达数据融合系统，其性能达到了世界领先水平，且已经实际运行在广州白云、深圳宝安、成都双流等多家航空港。中科院遥感应用研究所开发的图像数据融合软件系统，也已成功地应用在卫星地面站的图像分类与识别中。

1.3　图像融合的分类

图像融合的一般目的是提取源图像中的有用信息并注入到融合图像中，同时避免虚假信息的引入。但对于不同的应用场合或不同的图像源，融合要求和融合目的并不完全相同，融合算法也不尽相同。下面从不同的角度对图像融合进行分类。

1.3.1　按融合层次分类

根据融合在处理流程中所处的阶段,按照信息抽象的程度,多传感器图像融合一般可以分为三个层次[3, 26-28],即像素级图像融合、特征级图像融合和决策级图像融合。

1. 像素级图像融合

在像素级图像融合中,多个图像传感器得到的原始图像经过融合处理得到一幅新的图像。这是直接在原始数据层上进行的融合,即在各种传感器的原始数据未经预处理之前就进行数据的融合处理。像素级图像融合的结构如图 1.1 所示。

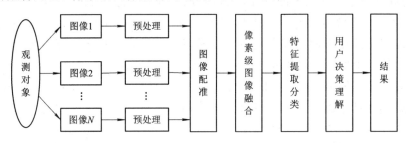

图 1.1　像素级图像融合

这种融合的主要优点是能够保持尽可能多的现场数据,提供其他融合层次所不能提供的更丰富、精确、可靠的信息,有利于对图像的进一步分析、处理与理解(如场景分析/监视、图像分割、特征提取、目标识别、图像恢复等)。像素级图像融合可以使得人们对图像的观察更为容易,更适合于计算机检测处理。

在进行像素级图像融合之前,必须对参与融合的各幅图像进行精确配准(本书所用参与融合的图像如无特别说明,均假设已经全部精确配准好),其配准精度一般应达到像素级,这也是像素级图像融合所存在的局限性。像素级图像融合处理的数据量大,处理速度慢,实时性差。

2. 特征级图像融合

特征级图像融合是指从各个传感器图像中提取特征信息,并进行综合分析和处理的过程。提取的特征信息一般应是像素信息的充分统计量,然后按特征信息对多传感器图像数据进行分类、汇集和综合。典型的特征信息有线型、边缘、纹理、光谱、相似亮度区域等。特征级图像融合的优点在于实现了信息压缩,处理速度快,并且由于所提取的特征直接与决策分析有关,因而融合结果能最大限度地给出决策分析所需要的特征信息。特征级图像融合与像素级图像融合相比信息丢失较多,计算量较小。特征级图像融合处理的结构如图 1.2 所示。

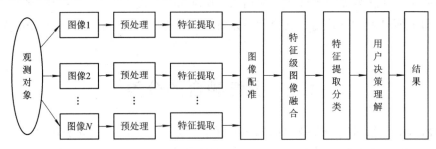

图 1.2　特征级图像融合

3. 决策级图像融合

决策级图像融合是对来自多幅图像的信息进行逻辑推理或统计推理的过程。决策级融合是一种高层次融合，其结果为指挥控制决策提供依据。在这一层次的融合过程中，首先对每幅传感器图像分别建立对同一目标的初步判决和结论，然后对来自各传感器的决策进行相关处理，最后进行决策级的融合处理，从而获得最终的联合判决。多种逻辑推理方法、统计方法、信息论方法等都可用于决策级图像融合，如贝叶斯（Bayesian）推理、D-S（Dempster-Shafer）证据推理、表决法、聚类分析、模糊推理、神经网络等。决策级图像融合的结构如图 1.3 所示。

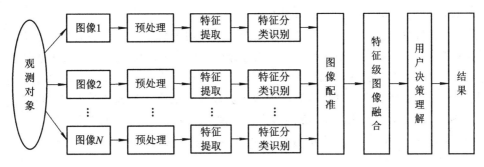

图 1.3 决策级图像融合

决策级图像融合具有良好的实时性和容错性，但其预处理代价高，且信息损失最多。

图像融合策略秉承了信息融合的基本融合策略，即先对同一层次上的信息进行融合，从而获得更高层次上的融合信息，然后再汇入相应的信息融合层次。其本质是一种由低（层）至高（层）对多源信息进行整合、逐层抽象的信息处理过程。各个层次上的融合各有其优缺点，融合策略存在互补性。

1.3.2 按融合方法分类

根据图像融合处理域的不同，图像融合可大致分为两大类[29, 30]：基于空间域的图像融合和基于变换域的图像融合。基于空间域的图像融合是直接在图像的像素灰度空间上进行融合；而基于变换域的图像融合是先对待融合的多源图像进行图像变换（如金字塔变换、小波变换），然后对变换得到的系数进行组合，得到融合图像的变换系数，最后再进行逆变换，从而得到融合图像。目前基于变换域的图像融合是研究热点。

1. 基于空间域的图像融合

常用的融合算法包括：线性加权图像融合[31]、假彩色图像融合[32-34]、基于调制的图像融合[35]、基于统计的图像融合[36-39]以及基于神经网络的图像融合[40-42]等。

1）线性加权图像融合

线性加权图像融合就是将源图像进行加权平均后作为融合结果。加权平均提高了图像的信噪比，但降低了图像的对比度，使得图像中的边缘、轮廓变得模糊[43]。线性加权融合的一般形式可以用公式表示为

$$F(i, j) = \omega_A A(i, j) + \omega_B B(i, j) \tag{1-1}$$

式中，$A(i, j)$、$B(i, j)$、$F(i, j)$分别表示源图像 A、B 及融合图像 F 在点(i, j)处的灰度

值；ω_A、ω_B 为加权系数，$\omega_A + \omega_B = 1$，若 $\omega_A = \omega_B = 0.5$，则为平均融合。权值如何选择是加权平均法中的关键问题。基于局部区域对比度的权值选择法利用人眼对对比度非常敏感这一事实，从两幅源图像中选择对比度最大的像素点作为融合图像的像素点，也就是说，对比度大的像素点权值为 1，否则为 0。基于对比度的权值选择技术对噪声非常敏感，这是因为图像中的噪声具有很高的对比度，这样融合图像中将包含很强的噪声。Burt P. J. 提出了平均和选择相结合的方法，即用 1 个匹配矩阵来表示两幅图像的相似程度[44]，当两幅图像很相似时，融合图像就采用两幅图的平均值，也就是说，两幅图像的权值分别为 0.5 和 0.5；当两幅图像差异很大时，就选择最显著的那一幅图像，此时两幅图像的权值分别为 0 和 1，这样就可以抑制噪声。

线性加权图像融合方法具有算法简单、融合速度快的优点，但在多数应用场合，该图像融合方法难以取得满意的融合效果。主成分分析(PCA)的图像融合方法是把多变量信息即多波段的图像信息综合在一幅图像上，而且对融合图像来说，各波段的信息所做出的贡献能最大限度地表现出来。为此须对源图像各波段像素值进行加权线性变换，以产生新的像素值。Shetigara 提出利用 PCA 提高多光谱图像分辨率[45]，即通过对低分辨率多光谱图像的主分量提取，将其第一主分量替代为高分辨率全色图像，然后运用逆变换得到融合图像。

2）假彩色图像融合

假彩色(False Color)图像融合处理可以说是就目前的硬件技术条件而言较容易实现的图像融合方法，并且人类视觉系统对其融合结果也较容易分辨。假彩色的图像融合方法是在人眼对颜色的分辨率远超过对灰度等级的分辨率这一视觉特性的基础上提出的融合方法[4]。假彩色图像融合算法的代表是基于 IHS 彩色空间的融合算法，该算法主要用于多光谱图像与全色图像的融合。最简单的融合形式是用高空间分辨率的全色图像代替多光谱图像经过 IHS 变换后获得的 I 分量，并通过 IHS 逆变换获得融合结果。后来学者们针对该方法中所出现的光谱畸变以及空间特征保持等问题又相继提出了许多改进算法。Xiao 等人通过对基于 IHS 变换的多光谱和全色图像融合模型的深入分析指出，通过这种方式所获得的融合结果中的光谱畸变是不可避免的，并提出了一种通过对多光谱图像 I 分量进行修正来减少融合图像的光谱畸变的方法[46]。Li 等人通过给 I 分量的低频分量添加比例因子来有效地降低融合结果的光谱畸变[47]。Tu 等人分析研究了 IKONOS 卫星多光谱和全色图像的成像光谱范围以及各自的特点，提出了一种通过光谱调整来减小其融合过程中所产生的光谱畸变的融合方法[48]。Li 等人对传统的基于 IHS 变换的多光谱和全色图像融合算法进行了改进，提出了基于分辨率退化模型和 IHS 变换的融合方法[49]。Alparone 等人为了克服 IHS 变换只能实现具有三个彩色通道的数据变换的缺点，提出了广义 IHS 变换(Generalized IHS Transform)，并成功应用于 Landsat 卫星 ETM＋多光谱图像和 SAR 图像的融合[50]。

3）基于调制的图像融合

调制是通信术语，是指一种信号的某项参数(如强度、频率等)随另一种信号的变化而变化。借助通信技术的思想，调制技术在图像融合领域也有着相当广泛的应用，并在某些方面具有较好的效果。用于图像融合的调制手段一般适用于两幅图像的融合处理。具体操作一般是将一幅图像进行归一化处理，然后将归一化的结果与另一图像相乘，最后重新量化后进行显示[51]。这种处理方式相当于无线电技术中的调幅（Amplitude Modulation, AM），一幅数字图像的灰度大小就相当于无线电波的幅度大小。用于图像融合的调制技术一般可分为对比度调制技术和灰度调制技术。Smith 等人提出利用调制技术实现可见光与红外的融合[35]。该算法利用单位权值核对可见光图像作平滑处理，并且与源图像相减产生"AC Fluctuation"图像，然后将其与平滑处理后的图像相除产生百分比差异图像，利用百分比差异图像调制红外图像的灰度值，最后做适当的对比度优化。

4）基于统计的图像融合

采用统计方法进行图像融合，是从信号与噪声的角度考虑图像融合问题的。基于统计的图像融合方法在建立图像或成像传感器统计模型的基础上，确定出融合优化函数进行参数估计。统计学方法分为有监督（Supervised）和无监督（Unsupervised）两类。有监督时，通过训练步骤或预处理步骤估计图像模型的参数；无监督时，这些参数可以通过数据本身来估计。如贝叶斯优化的目的是找到使后验概率最大的融合图像。当采用马尔可夫随机场方法进行图像融合时，图像就被定义为马尔可夫随机场模型，融合就变为一个优化问题。基于马尔可夫随机场的图像融合方法把融合任务表示成适当的代价函数来表征融合结果，输入原图像作为一随机场集，然后在不同图像的对应区域进行全局寻优，用回归分析的方法分别提取一组统计参数（这些参数表征了图像的局部结构特征），计算其相似性测度，最后由输入图像及其相似性矩阵生成融合后的边缘图像。这种融合方法具有较强的适应性和可靠性，即使在图像信噪比较低的情况下也能取得较好的融合效果[52]。文献[53]提出了一种基于期望值最大的图像融合方法。该方法首先假设图像对场景的成像模型，以期望值作为目标函数，通过使目标函数最大的方法确定该模型的参数，估计出真实场景，进而得到理想的融合图像。Xia 等人在建立系统统计模型的基础上，通过融合处理来降低或消除融合图像中的噪声成分[38]。基于统计的图像融合方法能够降低噪声对融合结果的影响，增强融合图像的信噪比，非常适用于包含噪声的图像融合。

5）基于神经网络的图像融合

人工神经网络是一种试图仿效生物神经系统处理信息的新型计算处理模型。一个神经网络由多层处理单元或节点组成，可以采用各种方法进行互联。在生物界多传感器信息融合的启发下，有些学者已应用人工神经网络来模拟多传感器图像融合。神经网络的输入向量经过非线性变换，可得到一个输出向量。这样的变换能够产生从输入数据到输出数据的映射模型，从而使神经网络能够把多个传感器数据变换为一个数据来进行说明表示。由此可见，神经网络以其特有的并行性和学习方式提供了一种完全不同的数据融合方法[54]。然而，要将神经网络方法应用到实际的融合系统中，无论是网络结构设计，还是算法规则，都有许多基础工作有待解决，如网络模型、网络的层次和每一层的节点数、网络学习策略、神经网络方法与传统的分类方法的关系和综合应用等。目前应用于多传感器图像融合的神经网络有双模态神经网络、多层前向神经网络和脉冲耦合神经网络（PCNN）。Broussard 提出利用脉冲耦合神经网络融合一些视觉处理方法[41]，包括预期驱动推理滤波、状态调制、时相同步等，通过融合处理可以有效地提高识别率。

2. 基于变换域的图像融合

常用的基于变换域的融合算法包括基于 DCT 变换的图像融合算法[55]、基于 FFT 变换的图像融合算法[56]、基于多尺度分解的图像融合算法[57-59]等。目前基于变换域的图像融合研究中，大部分是基于多尺度分解的图像融合算法。

多尺度分解过程与计算机视觉和人眼视觉系统中由粗到细认识事物的过程十分相似，因此，基于多尺度分解的图像融合算法得到了越来越多的学者的重视，也是目前应用非常广泛且极其重要的一类算法。其主要思想与变换域图像融合算法的思想一样，首先采用一定的图像多尺度分解工具对待融合图像进行多尺度分解，得到各自的多尺度变换系数，然后采用一定的融合规则对得到的多尺度变换系数进行组合，得到融合图像的多尺度变换系数，最后进行多尺度逆变换，重构出最终的融合图像。基于多尺度分解的图像融合算法结构如图 1.4 所示。Zhang Z. 和 Blum R. S.[57]、Piella G.[58]对基于多尺度分解的图像融合算法做了详细的归纳。

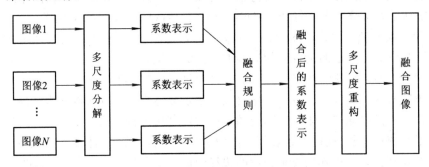

图 1.4　基于多尺度分解的图像融合算法结构图

1) 基于多尺度分解的图像融合

根据所采用的图像多尺度分解和重构工具的不同，基于多尺度分解的图像融合可主要分为两大类：基于金字塔变换的图像融合和基于小波变换的图像融合。

(1) 基于金字塔变换的图像融合。1983 年 Burt P. J. 和 Adelson E. H.[60]提出了拉普拉斯金字塔变换算法。在此基础上，Burt P. J.[17]首次提出了基于拉普拉斯金字塔变换的图像融合算法。拉普拉斯金字塔变换作为一种经典的多尺度分解结构至今仍有学者对其进行研究[61]。随后，Toet A. 和 Burt P. J. 等人又分别提出了基于比率低通金字塔变换、对比度金字塔变换、形态金字塔变换、梯度金字塔变换以及方向金字塔框架变换等塔式变换的图像融合算法[32,60,62-69]。

(2) 基于小波变换的图像融合。随着小波变换理论[70]的兴起和完善，尤其是小波离散快速算法的出现，小波变换在图像处理领域得到了广泛的应用，也出现了大量的基于小波变换的图像融合算法。1993 年，Ranchin T. 等人[19]首次将离散小波变换应用到图像融合领域中。小波变换具有良好的时频局部分析特性，在提取图像低频信息的同时，还可获得图像水平、垂直以及对角三个方向上的高频细节信息。在理论上，相对于传统的基于塔式变换的图像融合算法，基于小波变换的图像融合算法具有更好的融合效果[71]。因此，基于小波变换的图像融合算法得到了越来越多的研究学者的重视。随后，出现了基于离散小波框架变换和基于 à trous 小波变换的图像融合算法[72-74]；近年来又出现了基于 M 进制小波变换、小波包变换和对偶数复数小波变换等图像融合算法[75-78]。

2) 融合规则

除了图像的多尺度分解和重构工具外，融合规则是基于多尺度分解图像融合算法中另一个至关重要的因素，直接影响着融合的性能。融合规则可分为三类：基于像素选取的融合规则、基于窗口选择的融合规则和基于区域特征的融合规则。

（1）基于像素选取的融合规则。基于在不同尺度图像中，具有较大值（或者模值）的系数包含了更多的图像信息，Burt P. J.[17]提出了模值（或绝对值）取大的融合规则，即选取模值（或绝对值）最大的系数作为融合后的系数。Petrovic V. S. 和 Xydeas C. S.[79]提出了考虑分解层内各子带图像（系数）及分解层间各子带图像（系数）相关性的系数选取的融合规则。根据人眼视觉系统对局部对比度比较敏感这一特性，Pu T（蒲恬）等人[80]提出了基于对比度的系数选取融合规则。考虑人眼视觉系统不仅具有频率选择特性，还具有方向特性，Liu G. X.（刘贵喜）等人[81]提出了基于方向对比度的系数选取融合规则。基于像素（或系数）选取的融合规则是在假设图像相邻像素（或系数）之间不存在相关性的前提下提出的。然而，这与实际情况并不相符，因此基于像素选取的融合规则不能获得令人十分满意的融合效果。

（2）基于窗口选择的融合规则。基于窗口选择的融合规则又称基于局部区域的融合规则，是根据待融合像素（或系数）的局部区域（一般窗口大小为 3×3、5×5 等）的统计特性来选取像素（或系数）的一种融合规则。常用的局部区域统计特性有：局部区域能量、局部区域方差、局部区域方向能量、局部区域系数模值最大等。根据这些局部区域统计特性，提出了很多基于窗口选择的融合规则[82, 83]。由于基于窗口选择的融合规则考虑了相邻像素间的相关性，因此在一定程度上显著提高了融合算法的鲁棒性，能够有效减少融合像素的错误选取，从而大大提高了融合效果。

（3）基于区域特征的融合规则。由于图像中的局部特征并不是由单个像素或局部窗口所能完全表征的，而是由构成该区域的、具有较强相关性的多个像素来共同表征和体现的，因此基于像素的融合规则和基于窗口的融合规则存在一定的局限性。基于区域的融合将构成某区域的多个像素作为一个整体参与到融合过程中，其融合图像的整体视觉效果更好，并可有效抑制融合痕迹。同时，基于区域的融合还能够有效降低算法对噪声的敏感度和配准误差对融合性能的影响[58]。通常情况下，基于区域的融合规则先采用某种图像分割算法将源图像分割成不同的区域，然后再针对每一个区域根据一定的区域特征显著性测度分别进行融合。常用的区域特征显著性测度有区域平均能量、区域方差、区域信息熵等[78, 84, 85]。

1.3.3 按图像源分类

根据图像源的不同，图像融合又可以分为以下几类[86]。

1. 同类传感器图像融合

同类传感器图像融合是指同一种传感器在不同工作模式下所获得的图像的融合，包括多聚焦图像融合、多曝光图像融合等。例如，多聚焦图像就是同种光学传感器在不同聚焦点获得的图像，对该类图像的融合主要是确定源图像中哪一部分的图像为聚焦良好而得到的清晰图像，哪一部分为因离焦而形成的模糊图像，从而得到全局聚焦良好的融合图像。

2. 异类传感器图像融合

异类传感器图像融合主要是指由多个成像机理不同的异类传感器获得的图像的融合，包括红外图像与可见光图像的融合、毫米波雷达图像与可见光图像的融合、CT 图像与

MRI 图像的融合等。例如，可见光图像传感器主要根据物体的光谱反射特性成像，而红外图像传感器主要根据物体的热辐射特性成像。因而，通常情况下，可见光图像能够很好地描述场景中的环境信息，而红外图像能够很好地给出目标的存在特性和位置特性。这两种图像的融合就是将红外图像中的目标存在特性和可见光图像中的背景信息有机地结合在一起，从而进一步提高对目标的侦测和对环境的释义能力。

3. 遥感图像融合

遥感图像的融合可以是同种图像传感器在不同成像机理和工作模式下获得的图像的融合，如 IKONOS 卫星的多光谱图像和全色波段图像的融合；也可以是不同图像传感器获得的图像的融合，如 Landsat TM 多光谱图像和 SPOT 全色波段图像的融合。其目的就是利用全色波段图像的空间细节信息和多光谱图像丰富的光谱信息的融合，得到具有高空间分辨率的多光谱图像，在提高多光谱图像空间分辨率的同时，尽可能地降低光谱失真度。

1.4　图像融合的研究热点及存在的问题

图像融合涉及信息融合、传感器、图像处理等多个领域，是一个新兴的研究方向。经过二十多年的发展以及国内外众多研究者的不懈努力，图像融合在算法研究方面取得了一些成果，在军事、医学、遥感以及机器人等领域也得到了广泛的应用，但对于形成系统、完整的理论框架和体系还存在一定差距。图像融合技术还需要在以下方面做更深入的研究：

（1）适合图像融合的多尺度分解与重构方法。小波变换作为一种图像多尺度几何分析工具，具有良好的时频局部分析特性，在图像压缩、图像去噪等领域得到广泛应用和研究，但基于 Mallat 算法的正交小波变换不具备移不变性，导致重构图像出现相位失真而产生振铃效应的问题[87]；另外，在分解和重构的过程中图像的大小也发生了改变。因此，正交小波变换并不适合用于图像融合处理。目前，学者们在小波变换理论的基础上，提出了众多的多尺度几何分析方法：Candès 和 Donoho 等人先后提出了脊波变换（Ridgelet Transform）[88]、Curvelet 变换[89]，Pennec 和 Mallat 提出了 Bandelet 变换[90]，Do 和 Vetterli 提出了 Contourlets 变换[91]，Cunha 等人提出了无下采样 Contourlet 变换[92]。如何将这些具有优良特性的多尺度几何分析方法应用到图像融合，获得更佳的融合效果，将是未来图像融合研究的热点之一。

（2）人眼视觉特性与客观评价指标相结合的融合结果评价体系。在实际的融合应用中，融合图像质量的评价对于如何选择适当的融合算法，以及提出新的融合方法的研究都是十分重要的。现有的融合结果评价偏重于客观评价指标，较少考虑到人眼对图像的感知。事实上，某些客观评价指标虽然具有很好的理论基础，但是有时会与人眼的感知有偏差。因此，将人眼视觉特性与客观评价指标相结合，建立更为全面、合理的融合结果评价体系是一个值得期待的研究方向。

（3）结合源图像固有特性的融合策略。现有的图像融合算法，大多数没有对图像传感器的成像机理、源图像的成像特性等先验信息进行综合分析，而仅从源图像本身入手，将待融合图像作为一种普通的二维信号来处理，并不能得到优良的融合效果。我们认为，应根据图像类型及图像融合目的的不同，分析各种图像传感器的成像机理、源图像的成像特性，采取与图像成像特性相适应的融合策略，以获取满意的融合效果。

（4）新的多尺度融合量测指标。目前的基于多尺度分解的图像融合算法，大多以像素（或窗口、区域）的"能量"作为融合测度指标，用其来反映各分辨率下系数所包含信息的多少。但用此种融合测度指标并非总是合适的。为此，需要结合源图像的成像特性，找到更能准确反映各分辨率下系数的相对重要性的融合测度指标。

（5）图像融合的应用研究。多源图像融合算法必须有效地和应用相结合才能发挥更大的价值，而目前许多研究只注重对于算法的研究，忽视了融合的应用。在实际应用中可能更注重算法的某些特性，如机场安检系统中利用毫米波和可见光图像融合检测旅客是否携带枪支等非法物品，此类情况下对于算法的实时性具有很高的要求，只追求融合效果并没有很大的意义。

（6）彩色图像融合算法的研究。目前大部分融合算法主要是针对灰度图像的融合，然而人眼对颜色的分辨能力远远超过对灰度级的分辨，所以彩色图像比灰度图像更利于目标的识别和环境的释义。现今的传感器技术已经能够很方便地获取彩色图像，针对彩色图像的融合，如果仅仅将彩色图像 R、G、B 通道分别单独进行融合，容易出现融合图像颜色失真的问题。如何减少融合图像的颜色失真度是目前彩色图像融合算法中需要解决的一个问题。

参 考 文 献

[1]　Llinas J，Waltz Edward. Multisensor data fusion[M]. Boston，MA：Artech House，1990.

[2]　http://www.isif.org.

[3]　敬忠良，肖刚，李振华. 图像融合：理论与应用[M]. 北京. 高等教育出版社，2007.

[4]　Pohl C，Van Genderen J L. Multisensor image fusion in remote sensing：Concepts，methods，and applications[J]. International Journal of Remote Sensing，1998，19(5)：823-854.

[5]　毛士艺，赵魏. 多传感器图像融合技术综述[J]. 北京航空航天大学学报，2002，28(5)：512-518.

[6]　朱述龙，张占睦. 遥感图像获取与分析[M]. 北京：科学出版社，2000.

[7]　McDaniel R. 战术应用中的图像融合（上）[J].《红外》月刊，2000，(5)：17-21.

[8]　McDaniel R. 战术应用中的图像融合（下）[J].《红外》月刊，2000，(6)：17-23.

[9]　苗启广. 多传感器图像融合方法研究[D]. 西安：西安电子科技大学博士学位论文，2005.

[10]　H David L. An Introduction to Multisensor Data Fusion[J]. Proceedings of the IEEE，1997，85(1)：6-23.

[11]　Luo R C，Kay M G. Multisensor Integration and Fusion for Intelligent Machines and Systems[M]. New Jersey：Ablex Publishing Corporation，1995：1-25.

[12]　Varshney P K. Multisensor data fusion[J]. Electronics & communication Engineering Journal，1997，9(6)：245-253.

[13]　Abidi M A，Gonzalez R C. Data Fusion in Robotics and Machine Intelligence[M]. San Diego：Academic Press，Inc. 1992.

[14]　Daily M I，Farr T，Elachi C. Geologic Interpretation from Composited Radar and Landsat Imagery[J]. Photogrammetric Engineering and Remote Sensing，1979，45(8)：1109-1116.

[15]　Laner D T，Todd W J. Land Cover Mapping with Merged Landsat RBV and MSS Stereoscopic Images[C]. In：Proc. of the ASP Fall Technical Conference，San Franciso，1981，680-689.

[16]　Cliche G，Bonn F，Teillet P. Intergration of the SPOT Pan. channel into its multispectral mode for image sharpness enhancement[J]. Photogrammetric Engineering and Remote Sensing，1985，51：

311-316.

[17]　Burt P J. The pyramid as a structure for efficient computation[C]. In：Multiresolution Image Processing and Analysis，London：Springer-Verlag，1984，6-35.

[18]　Li H，Zhou Y T，Chellappa R. SAR/IR sensor image fusion and real-time implementation[C]. In：Proc. Int Conf. on Signals，Systems and Computers，New Jersey，USA：IEEE Press，1996：1121-1125.

[19]　Ranchin T，Wald L. The wavelet transform for the analysis of remotely sensed images[J]. International Journal of Remote Sensing，1993，14(3)：615-619.

[20]　William F Herriington，Jr，Berthold K P Horn，et al. Application of the discrete haar wavelet transform to image fusion for nighttime driving[C]. 2005 IEEE Intelligent Vehicles Symposium，2005：273-277.

[21]　http：//www. flightinternational. com/falanding_168251. htm.

[22]　http：//www. thalesfist. com.

[23]　http：//www. mod. uk/dpa/projects/fres/.

[24]　http：//www. sensorsinc. com/downloads/article_defenseweek. pdf.

[25]　Smith M I，Heather J P. Review of Image Fusion Technology in 2005[C]. Proceedings of SPIE，2005，5782：29-45.

[26]　蒋晓瑜. 基于小波变换和伪彩色方法的多重图像融合算法研究[D]. 北京：北京理工大学博士论文，1997.

[27]　胡江华，柏连发，张保民. 像素级多传感器图像融合技术[J]. 南京：南京理工大学学报，1996，20(5)：453-456.

[28]　张加友，王江安. 红外图像融合[J]. 光电子·激光，2000，11(5)：537-539.

[29]　李振华. 像素级多源图像融合研究[D]. 上海：上海交通大学博士学位论文，2005.

[30]　王宏，敬忠良，李建勋. 多分辨率图像融合的研究与发展[J]. 控制理论与应用，2004，21(4)：145-151.

[31]　Eltoukhy H A，Kavusi S. A computationally efficient algorithm for multi-focus image reconstruction [C]. Proceedings of SPIE Electronic Imaging，2003，332-341.

[32]　Toet A，Walraven J. New false color mapping for image fusion[J]. Optical Engineering，1996，35(3)：650-658.

[33]　Waxman A M，Fay D A，Gove A N，et al. Color night vision：fusion of intensified visible and thermal IR imagery[C]. Synthetic Vision for Vehicle Guidance and Control，Proceedings of SPIE，1995，2463：58-68.

[34]　倪国强，戴文，李勇量，等. 基于响尾蛇双模式细胞机理的可见光/红外图像彩色融合技术的优势和前景展望[J]. 北京理工大学学报，2004，24(2)：95-100.

[35]　Smith S，Scarff L A. Combining visual and IR images for Sensor fusion：two approaches[C]. Proceedings of SPIE，1992，1668：102-112.

[36]　Blum R S. On multisensor image fusion performance limits from and estimation theory perspective [J]. Information Fusion，2006，7(3)：250-263.

[37]　Sharma R K，Leen T K，Pavel M. Bayesian sensor image fusion using local linear generative models [J]. Optical Engineering，2001，40(7)：1364-1376.

[38]　Xia Y S，Leung H，Bosse E. Neural data fusion algorithms based on a linearly constrained least square method[J]. IEEE Transactions on Neural Networks，2002，13(2)：320-329.

[39]　余二永，王润生. 基于线性融合模型的多传感器图像融合[J]. 电子学报，2005，33(6)：1008-1010.

[40]　Zhang Z L，Sun S H，Zheng F C. Image fusion based on median filters and SOFM neural networks：a three-step scheme[J]. Signal Processing，2001，81(6)：1325-1330.

[41]　Broussard R P，Rogers S K，Oxley M E，et al. Physiologically motivated image fusion for object detection using a pulse coupled neural network[J]. IEEE Transactions on Neural Networks，1999，10(3)：554-563.

[42]　Li S T，Kwork J T，Wang Y N. Multifocus image fusion using artificial networks[J]. Pattern Recognition Letters，2002，23：985-997.

[43]　Yamamoto K，Yamada K. Image processing and fusion to detect navigation obstacles[C]. Proc. SPIE，1998，3364：337-346.

[44]　Burt P J，Kolcz/nski R J. Enhanced image capture through fusion[C]. IEEE 4th international Conf. on Computer Vision，1993，4：173-182.

[45]　Shetigara V. A generalised component substitution technique for spatial enhancement of multispectral image using a higher resolution data set[J]. Photogrammetric Engineering and Remote Sensing，1992，58(5)：561-567.

[46]　Xiao G，Jing Z L，Li J X，et al. Analysis of color distortion and improvement for IHS image fusion [C]. Proc. of IEEE International Conference on Intelligent TransPortation Systems，2003，1：80-85.

[47]　Li M，Wu S J. A new image fusion algorithm based on wavelet transform[C]. Proc. of the 5th International Conference on Computational Intelligence and Multimedia Applications，2003，154-159.

[48]　Tu T M，Huang P S，Hung C L，et al. A fast intensity-hue-saturation fusion technique with spectral adjustment for IKONOS imagery[J]. IEEE Geoscience and Remote Sensing Letters，2004，1(4)：309-312.

[49]　Li J L，Luo J C，Ming D P，et al. A new method for merging IKONOS Panchromatic and multispectral image data [C]. Proc. of IEEE International Geoscience and Remote Sensing SymPosium，2005，6：3916-3919.

[50]　Alparone L，Baronti S，Garzelli A，et al. Landsat ETM + and SAR image fusion based on generalized intensity modulation[J]. IEEE Trans. on Geoscience and Remote Sensing，2004，42(12)：2832-2839.

[51]　Geng B Y，Xu J Z，Yang J Y. An approach based on the features of space-frequency domain for fusion of edge maps obtained through multisensors [J]. Systems Engineering and Electronics，2002，22(4)：18-22.

[52]　Wright W A. Fast image fusion with a Markov random field[C]. Proc. Int. Conf. on Image Processing and Its Applications. Stevenage，UK：IEE，1999，557-561.

[53]　刘刚，敬忠良，孙韶媛. 基于期望值最大算法的图像融合[J]. 激光与红外，2005，35(2)：130-133

[54]　Melgani F S，Sebestiano B，Vernazza G. Fusion of multitemporal contextual information by neural networks for multisensor remote sensing image classification [J]. Integrated Computer-Aided Engineering，2003，10(1)：81-90.

[55]　Tang J S. A contrast based image fusion technique in the DCT domain[J]. Digital Signal Processing，2004，14：218-226.

[56]　Tsai V J D. Frequency-based fusion of multiresolution images[C]. In：Proceedings of 2003 IEEE International Geoscience and Remote Sensing Symposium，Taichung，2003，6：3665-3667.

[57]　Zhang Z，Blum R S. A categorization of multiscale-decomposition-based image fusion schemes with a

performance study for a digital camera application「J」. Proceedings of the IEEE, 1999, 87 (8): 1315-1326.

[58]　Piella G. A general framework for multiresolution image fusion: from pixels to regions [J]. Information Fusion, 2003, 4(4): 259-280.

[59]　Pagares G, de la Cruz J M. A wavelet-based image fusion tutorial[J]. Pattern Recognition, 2004, 37: 1855-1872.

[60]　Burt P J, Adelson E H. The laplacian pyramid as a compact image code[J]. IEEE Transactions on Communications, 1983, 31(4): 432-540.

[61]　苗启广, 王宝树. 基于改进的拉普拉斯金字塔变换的图像融合算法[J]. 光学学报, 2007, 27(9): 1605-1610.

[62]　Toet A, Ruyven L J, Valeton J M. Merging thermal and visual images by a contrast pyramid[J]. Optical Engineering, 1989, 28(7): 789-792.

[63]　Toet A. Multiscale contrast enhancement with applications to image fusion[J]. Optical Engineering, 1992, 31(5): 1026-1031.

[64]　张新曼, 韩九强. 基于视觉特性的多尺度对比度图像融合及其性能评价[J]. 西安交通大学学报, 2004, 38(4): 380-383.

[65]　Matsopoulos G K, Marshall S. Application of morphological pyramids: fusion of MR and CT phantoms[J]. Journal of Visual Communication and Image Representation, 1995, 6(2): 196-207.

[66]　杨万海, 赵曙光, 刘贵喜. 基于梯度塔形分解的多传感器图像融合[J]. 光电子激光, 2001, 12(3): 293-296.

[67]　Petrovic V S, Xydeas C S. Gradient-based multiresolution image fusion[J]. IEEE Transactions on Image Processing, 2004, 13(2): 228-237.

[68]　Liu Z, Tsukada K, Hanasaki K, et al. Image fusion by using steerable pyramid[J]. Pattern Recognition Letters, 2001, 22: 929-939.

[69]　Liu G, Jing Z L, Sun S Y, et al. Image fusion based on expectation maximization algorithm and steerable pyramid[J]. Chinese Optics Letters, 2004, 2(7): 386-389.

[70]　Mallat S G. A theory for multiresolution signal decomposition: the wavelet representation[J]. IEEE Transaction on Pattern Analysis and Machine Intelligence, 1989, 11(7): 674-693.

[71]　Li H, Manjunath B S, Mitra S K. Multesensor image fusion using the wavelet transform[J]. Graphical Models and Image Processing, 1995, 57(3): 235-245.

[72]　Li S T, Kwork J T, Wang Y N. Using the discrete wavelet frame transform to merge Landsat TM and SPOT panchromatic images[C]. Information Fusion, 2002, 3: 17-23.

[73]　Li Z H, Jing Z L, Yang X H, et al. Color transfer based remote sensing image fusion using non-separable wavelet frame transform[J]. Pattem Recognition Letters, 2005, 26(13): 2006-2014.

[74]　Nunez J, Otazu X, Fors O, et al. Multiresolution-based image fusion with additive wavelet decomposition[J]. IEEE Transactions on Geoscience and Remote Sensing, 1999, 37(3): 1204-1211.

[75]　王洪华, 杜春萍. 基于多进制小波的多源遥感影像融合[J]. 中国图像图形学报: A 辑, 2002, 7 (4): 341-345.

[76]　Wu J, Huang H L, Tian J W, et al. Remote sensing image data fusion based on local deviation of wavelet packet transform[C]. In: IEEE 7th International Symposium on Autonomous Decentralized Systems, Chengdu, China, 2005, 372-377.

[77]　张登荣, 张宵宇, 愈乐, 等. 基于小波包移频算法的遥感图像融合技术[J]. 浙江大学学报(工学版), 2007, 41(7): 1098-1100.

[78] Lewis J J, O'Callaghan R J, Nikolov S G, et al. Pixel-and region-based image fusion with complex wavelets[C]. Information Fusion, 2007, 8(2): 119-130.

[79] Petrovic V S, Xydeas C S. Cross-band pixel selection in multiresolution image fusion [C]. Proceedings of SPIE, 1999, 3719: 319-326.

[80] Pu T, Ni G. Contrast-based image fusion using the discrete wavelet transform [J]. Optical Engineering, 2000, 39(8): 2075-2082.

[81] Liu G X, Chert W J, Ling W J. An image fusion method based on directional contrast and area-based standard deviation[C]. Proceedings of SPIE, 2005, 5637: 50-56.

[82] Pan J P, Gong J Y, Lu J, et al. Image fusion based on local deviation and high-pass filtering of wavelet transform[C]. Proceedings of SPIE, 2004, 5660: 191-198.

[83] 杨志，毛士艺，陈炜. 基于局部方向能量的鲁棒图像融合算法[J]. 电子与信息学报, 2006, 28(9): 1537-1541.

[84] Zhang Z, Blum R. Region-based image fusion scheme for concealed weapon detection. In: Proceedings of the 31st Annual Conference on Information Sciences and Systems, Baltimore, USA, 1997, 168-173.

[85] Cvejic N, Bull D, Canagarajah N. Region-based multimodal image fusion using ICA bases. IEEE Sensor Journal, 2007, 7(5): 743-751.

[86] 张强. 基于多尺度几何分析的多传感器图像融合研究[D]. 西安：西安电子科技大学博士学位论文, 2008.

[87] Lu G X, Zhou D W, Wang J L, et al. Geological information extracting from remote sensing image in complex area: based on Wavelet analysis for automatic image segmentation [J]. Earth Science-Journal of China University of Geosciences, 2002, 27(1): 50-54.

[88] Candès E J. Ridgelets: Theory and application[D]. USA: Department of statistics, Stanford University, 1998.

[89] Candès E J, Donoho D L. Curvelets[R]. USA: Department of statistics, Stanford University, 1999.

[90] Pennec E L, Mallat S. Image compression with geometrical wavelets [A]. Proc. of ICIP'2000[C]. Vancouver, Canada, 2000, 9: 661-664.

[91] Do M N, Vetterli M. Coutourlets: A new directional multiresolution image representation[A]. Conference Record of the Thirty-Sixth Asilomar Conference on Signals, Systems and Computers, 2002, 11, 1: 497-501.

[92] Cunha A L, Zhou J, Do M N. The nonsubsampled contourlet transform: Theory, design, and applications[J]. IEEE Trans. Image Proc., 2006, 15(10): 3089-3101.

第 2 章　图像融合预处理

2.1　引　　言

在进行图像融合之前，往往需要对获取的图像进行预处理。图像预处理包括图像增强、图像校正、图像去噪和图像配准等。例如，对同一场景使用相同或不同的传感器（成像设备），在不同条件下（天候、照度、摄像位置和角度等）获取的两个或多个图像一般会有所不同。同一场景多幅图像的差别可以表现在：不同的分辨率、不同的灰度属性、不同的位置（平移和旋转）、不同的缩放和不同的非线性变换等。为了获得更清晰、更易理解的场景图像，便于后续对这些图像进行深入分析，需要把这些图像数据融合起来，而图像校正及配准则是将这些图像数据进行融合的关键一步。

本章主要介绍图像融合预处理，包括图像增强、图像校正、图像去噪、图像配准及图像重采样。

2.2　图　像　增　强

图像在采集过程中不可避免地会受到传感器灵敏度、噪声干扰以及模数转化时量化问题等因素影响而导致图像无法达到人眼的视觉效果，为了实现人眼观察或者机器自动分析的目的，对原始图像所做的改善行为，被称做图像增强技术。

图像增强的目的是要增强视觉效果，将原来不清晰的图像变得清晰或强调某些感兴趣的特征，抑制不感兴趣的特征，从而改善图像质量，丰富信息量，加强图像判读和识别效果。例如使淹没在噪声中的图像呈现出来，或把对比度低的图像显示成对比度高的图像，或加强空间频率的高频分量，使图像色调清晰等。图像增强按所用方法可分成空间域增强算法和频率域增强算法。基于空间域的算法处理时直接对图像灰度级做运算；而基于频率域的算法是在图像的某种变换域内对图像的变换系数值进行某种修正，因而是一种间接的图像增强算法。

2.2.1　空间域增强

数字图像是一个二维的空间像素阵列，阵列中的数值就是该位置像素的颜色灰度值。空间域点运算算法就是直接修改图像像素点灰度级的一种简单而有效的算法[1]。这类算法主要可分为灰度变换算法以及基于直方图的变换算法。其目的是使图像成像均匀，或扩大图像动态范围，扩展对比度。

1. 灰度变换

灰度变换增强的原理如下：设 r 和 s 分别代表原始图像和增强图像的灰度，$T(\cdot)$ 为映射函数，通过映射函数 $T(\cdot)$，将原始图像 $f(x, y)$ 中的灰度 r 映射成增强图像 $g(x, y)$ 中的灰度 s，使得图像灰度的动态范围得以扩展或压缩，用以改善对比度。灰度变换是图像对比度增强的一个有效手段，它与图像的像素位置及被处理像素的邻域灰度无关。

灰度变换处理的关键在于设计一个合适的映射函数。映射函数的设计有两类方法，一类是根据图像特点和处理工作需求，人为设计映射函数，试探其处理效果；另一类设计方法是从改变图像整体的灰度分布出发，设计一种映射函数，使变换后图像的灰度直方图达到或接近预定的形状。

映射变换的类型取决于所需增强特性的选择。常用的灰度变换有如下几种[2]：线性灰度变换、分段线性灰度变换和非线性变换。

1) 线性灰度变换

线性灰度变换的主要功能是抑制不感兴趣的灰度区域，突出感兴趣的目标和灰度区域，也即增大感兴趣区域的对比度，降低不感兴趣区域的对比度[3]。

线性灰度变换如图 2.1 所示，其灰度变换函数为

$$g(x, y) = T[f(x, y)] = af(x, y) + b \qquad (2-1)$$

式中，a 为直线的斜率，b 为 g 轴上的截距。显然：

若 $a=1$，$b=0$，则输出图像复制输入图像；

若 $a>1$，$b=0$，则输出图像对比度被扩展；

若 $a<1$，$b=0$，则输入图像对比度被压缩；

若 $a<0$，$b=0$，则获得输入图像求反以后的结果；

若 $a=1$，$b\neq0$，则输出图像将会比输入图像偏亮或偏暗。

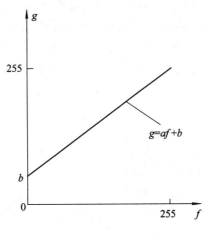

图 2.1　线性灰度变换

2) 分段线性灰度变换

分段线性灰度变换如图 2.2 所示。

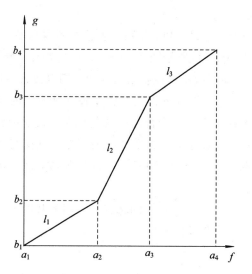

图 2.2　分段线性灰度变换

图 2.2 中为三段线性变换函数，其数学表达式为

$$\begin{cases} g_1(x,\ y) = r_1 f_1(x,\ y) + b_1,\ r_1 = \dfrac{b_2 - b_1}{a_2 - a_1} \\[2mm] g_2(x,\ y) = r_2 f_2(x,\ y) + b_2,\ r_2 = \dfrac{b_3 - b_2}{a_3 - a_2},\ b_1 = 0,\ a_1 = 0 \\[2mm] g_3(x,\ y) = r_3 f_3(x,\ y) + b_3,\ r_3 = \dfrac{b_4 - b_3}{a_4 - a_3} \end{cases} \quad (2-2)$$

式中：r_1、r_2、r_3 分别为三条线段 l_1、l_2、l_3 的斜率；b_1、b_2、b_3、b_4 分别是 l_1、l_2、l_3 在 g 轴上的截距；a_1、a_2、a_3、a_4 分别是 l_1、l_2、l_3 端点在 f 轴上的取值。

　　分段线性灰度变换可以使图像上有用信息的灰度范围得以扩展，增大对比度，而相应噪声的灰度范围被压缩到端部较小的区域内。图 2.3 中列举出了四种典型的线性变换函数，其中图(a)用于两端裁剪而中间扩展；图(b)用于显现图像的轮廓线，把不同的灰度范围变换成相同的灰度范围输出；图(c)用于图像的反转并裁剪高亮区部分；图(d)用于图像的二值化。

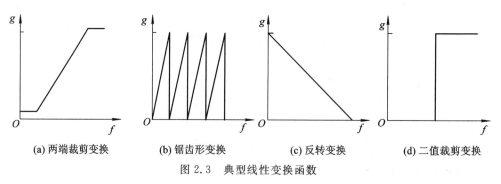

图 2.3　典型线性变换函数

3）非线性变换

当用某些非线性函数，如平方、对数、指数函数等作为映射函数时，可实现图像的非

线性变换。灰度的非线性变换简称非线性变换，是指由 $g(x, y) = T[f(x, y)]$ 这样一个非线性单值函数所确定的灰度变换。非线性变换的映射函数如图 2.4 所示。

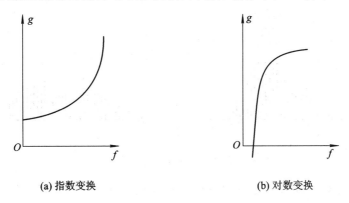

(a) 指数变换　　　　　　　　　　　　　　(b) 对数变换

图 2.4　非线性变换映射函数

指数变换的一般形式为

$$g(x, y) = b^{c[f(x, y)-a]} - 1 \qquad (2-3)$$

这里，a、b、c 是调整曲线位置和形状的参数。如图 2.4 所示，指数变换与对数变换正好相反，它可用来压缩低值灰度区域，扩展高值灰度区域，但由于指数变换效果与人的视觉特性不太相同，因此不常采用。

对数变换常用来扩展低值灰度，压缩高值灰度，这样可以使低值灰度的图像细节更加容易看清，从而达到增强的效果。

对数变换的一般形式为

$$g(x, y) = c \lg[1 + |f(x, y)|] \qquad (2-4)$$

2. 基于直方图的变换算法

灰度级的直方图是反映一幅图像中的灰度级与出现这种灰度概率之间关系的图形。修改直方图是增强图像的实用而有效的处理方法之一。下文将对直方图修正中的直方图定义与性质、直方图均衡化、直方图规定化等内容做详细介绍。

1) 直方图修正

直方图修正是以概率论为基础演绎出来的对图像灰度进行变换的又一种对比度增强处理。图像 $f(x, y)$ 中的某一灰度级 f_i 的像素数目 n_i 所占总像素数目 N 的份额 n_i/N，称为该灰度级像素在该图中出现的概率密度 $p_f(f_i)$，即

$$p_f(f_i) = \frac{n_i}{N}, \quad i = 0, 1, 2, \cdots, L-1 \qquad (2-5)$$

其中，L 为灰度级总数目。$p_f(f_i)$ 随灰度变化的函数称为该图像的概率密度函数。该函数是一簇梳状直线，被定义为直方图。如果 $f(x, y)$ 是连续的随机变量，则它的直方图为一条连接直线簇顶点的拟合曲线。直方图概括了图像中各灰度级的含量，一幅图像的明暗分配状态可以通过直方图反映出来。为了改善某些目标的对比度，可修改各部分灰度的比例关系，即可通过改造直方图的办法来实现。特别地，如果把原图像直方图两端加以扩展，而中间峰值区加以压缩，使得由输出图像的概率密度 $p_g(g_i)$ 所构成的整个直方图呈现大体均匀分布，如图 2.5 所示，则输出图像的清晰度会明显提高。

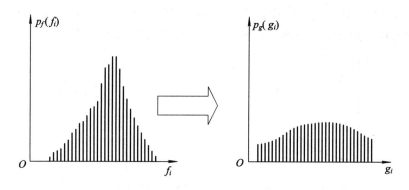

图 2.5　直方图均衡化

直方图修正处理可以认为是一种单调的点变换 $g_i = T[f_i]$ 处理，它把输入灰度变量 $f_{min} \leqslant f_i \leqslant f_L$ 映射到输出灰度变量 $g_{min} \leqslant g_i \leqslant g_L$ 上，使得输出概率密度分布 $p_g(g_i)$ 的累积等于输入概率密度分布 $p_f(f_i)$ 的累积，即

$$\sum_{j=min}^{L} p_g(g_i) = \sum_{i=min}^{L} p_f(f_i) \qquad (2-6)$$

对于连续的情况，有

$$\int_{g_{min}}^{g} p_g(g) \mathrm{d}g = \int_{f_{min}}^{f} p_f(f) \mathrm{d}f \qquad (2-7)$$

式 $(2-7)$ 表明，落在输入图像灰度区间 $[f_{min}, f]$ 的所有像素等于输出图像中落在灰度区间 $[g_{min}, g]$ 的所有像素。图 2.6 表明了这种转换关系，其中，$p_f(f)$ 为原图像的概率密度函数，$p_g(g)$ 为经变换后的概率密度函数，$T(f)$ 为变换函数。

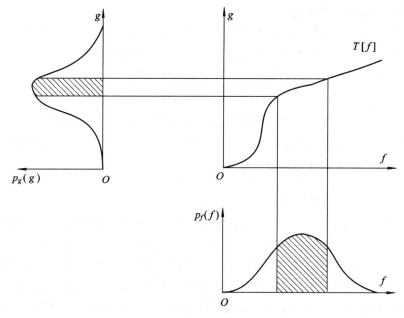

图 2.6　直方图变换中的概率密度函数变换

2) 直方图均衡化

在某些特殊情况下，为使输出图像的概率密度保持均匀分布，要进行直方图均衡化，则

$$p_g(g) = \frac{1}{g_{max} - g_{min}}, \quad g_{min} \leqslant g \leqslant g_{max} \tag{2-8}$$

将上式代入式(2-7)中，得

$$\int_{g_{min}}^{g} p_g(g)\mathrm{d}g = \int_{g_{min}}^{g} \frac{1}{g_{max} - g_{min}}\mathrm{d}g = \int_{f_{min}}^{f} p_f(f)\mathrm{d}f$$

$$= \frac{1}{g_{max} - g_{min}}(g - g_{min}) = p_f(f) \tag{2-9}$$

此时直方图均衡转换函数为

$$T = (g_{max} - g_{min})p_f(f) + g_{min} \tag{2-10}$$

3) 直方图规定化

变换原图像的直方图为规定的某种形态的直方图称为直方图调整，亦称直方图匹配，它属于非线性反差增强的范畴。上述直方图均衡化只不过是直方图调整的一个特例而已。直方图调整方法如图 2.7 所示[4]。把现有的直方图为 $p_a(a_k)$ 的图像 $a(x, y)$ 变换到具有某一指定直方图 $p_c(c_k)$ 的图像 $c(x, y)$，一般分两步进行：先把图像 $a(x, y)$ 变换为具有均衡化直方图的中间图像 $b(x, y)$，然后再将 $b(x, y)$ 变换到 $c(x, y)$。

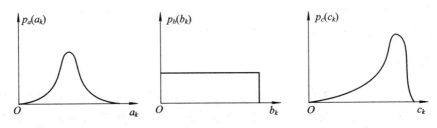

图 2.7　直方图 $p_a(a_k) \Rightarrow p_c(c_k)$ 的调整

人为设计的某些直方图难以用数学模型来描述，要实现调整就得用规定化处理，其过程概括如下：

(1) 假定 a_k 和 c_k 的取值范围相同，则分别对 $p_a(a_k)$ 和 $p_c(c_k)$ 作均衡化处理，使 a_k 映射成 g_m，c_k 映射成 y_n。此时，g_m 和 y_n 的直方图都应当是近似均匀分布的。然后查找 g_m 和 y_n 的对应关系，在 $g_m \approx y_n$ 的位置上找到分别对应于 g_m 和 y_n 的原来灰度级 a_k 和 c_k，然后把 a_k 映射成 c_k，即 $a_k \approx c_k$。

(2) 把两次映射组合成一个函数，使得可由 a_k 直接映射成 c_k。若令

$$g_m = T(a_k), \quad y_n = G(c_k) \tag{2-11}$$

式(2-11)中，$T(\cdot)$ 和 $G(\cdot)$ 分别是 $a_k \Rightarrow g_m$ 和 $c_k \Rightarrow y_n$ 的变换函数，则在 $g_m \approx y_n$ 处有

$$c_k = G^{-1}(y_n) = G^{-1}(g_m) = G^{-1}[T(a_k)] \tag{2-12}$$

式(2-12)中，G^{-1} 是 $c_k \Rightarrow y_n$ 的反变换函数。由此便可得到映射 $a_k \Rightarrow c_k$ 及其 $p_c(c_i)$。

2.2.2　频率域增强

卷积理论是频域技术的基础。设函数 $f(x, y)$ 与线性位不变算子 $h(x, y)$ 的卷积结果

是 $g(x, y)$，即 $g(x, y) = h(x, y) * f(x, y)$，那么根据卷积定理在频域有

$$G(u, v) = H(u, v)F(u, v) \tag{2-13}$$

其中 $G(u, v)$、$H(u, v)$、$F(u, v)$ 分别是 $g(x, y)$、$h(x, y)$、$f(x, y)$ 的傅立叶变换，即相应的频谱。该式为频率域滤波的基本运算式，$H(u, v)$ 称为滤波系统的传递函数。根据具体的增强要求设计适当的 $H(u, v)$，再与 $F(u, v)$ 作乘法运算，可获得频谱改善的 $G(u, v)$，从而实现低通、高通和带通等不同形式的滤波，然后再求 $G(u, v)$ 的傅立叶逆变换，便可获得频率域滤波增强的图像 $g(x, y)$[5]。

1. 频域低通滤波

低通滤波器的功能是让低频率通过而滤掉或衰减高频，其作用是过滤掉包含在高频中的噪声。所以低通滤波的效果是图像的去噪声平滑增强，但同时也抑制了图像的边界，造成图像不同程度上的模糊。应当指出的是，对于理想低通滤波器，其截止频率 D_0 的大小决定了滤波后所保存的能量的多少。D_0 越小，通过的能量越少，平滑所带来的模糊越严重。合理地选取 D_0 是低通滤波平滑效果的关键。

2. 频域高通滤波

衰减或抑制低频分量，让高频分量通过称为高通滤波，其作用是使图像得到锐化处理，突出图像的边界。经理想高频滤波后的图像把信息丰富的低频去掉了，丢失了许多必要的信息。一般情况下，高通滤波对噪声没有任何抑制作用，若简单地使用高通滤波，图像质量可能由于噪声严重而难以达到满意的改善效果。为了既加强图像的细节又抑制噪声，可采用高频加强滤波。这种滤波器实际上是由一个高通滤波器和一个全通滤波器构成的，这样便能在高通滤波的基础上保留低频信息。

2.2.3 彩色增强

在现实世界中，人们面对的大多是彩色图像。对于彩色图像的增强，增强噪声环境下的图像细节是一个方面，但和灰度图像相比，彩色图像还存在彩色信息，因此彩色图像增强的目的在于能够在增强图像细节的同时使得图像更加生动、色彩鲜艳，但不能带来失真。彩色增强处理一般分为伪彩色(Pseudo-color)增强处理和假彩色(False color)增强处理。

1. 伪彩色增强

在记录和显示图像时，根据黑白图像各像素灰度大小，按一定的规则赋给它们不同的彩色，就将黑白图像变成了彩色图像，这种由灰度到彩色的映射称为伪彩色处理。其目的是利用人眼对彩色的敏感性，增强观测者对目标物的检测性，提高人对图像的分辨能力。这种映射实际上是输入和输出图像对应像素间的一对一映射变换，不涉及像素空间位置的改变。变换后所获得的伪彩色图像的颜色与原始物体的颜色不存在一致关系。

由色度学原理可知，各种彩色均可由红、绿、蓝这三种基色按适当的比例合成。伪彩色处理将图像灰度映射到三维色度空间，用三基色的某种合成色彩来表示某一灰度，即对原始图像 $f(x, y)$ 的像素，按某一给定的函数逐点进行三个独立的映射变换，得到相应的三基色分量 $R(x, y)$、$G(x, y)$、$B(x, y)$（分别表示红、绿、蓝分量）：

$$\begin{cases} R(x, y) = T_R[f(x, y)] \\ G(x, y) = T_G[f(x, y)] \\ B(x, y) = T_B[f(x, y)] \end{cases} \tag{2-14}$$

这样就完成了灰度到彩色的映射变换。式$(2-14)$中，T_R、T_G、T_B分别为产生 R、G、B 三基色分量的映射变换函数。适当地选择三个变换函数，使不同的灰度值映射成不同的三基色组合，然后加以合成即可获得不同的色彩。图 2.8 给出了一种典型的变换关系。

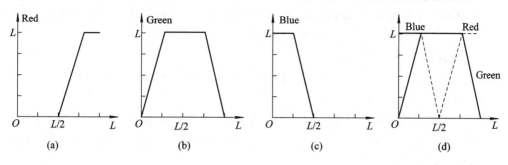

图 2.8　一种典型的伪彩色变换函数

2. 假彩色增强

假彩色增强处理是从彩色到彩色的映射，它将一幅真实自然的彩色图像或遥感多光谱图像逐点映射到三基色所确定的三维色度空间，然后加以合成，形成新的色彩，使目标物体在重新显示后呈现出不同于原始的自然本色。

假彩色映射的一般表达式为

$$\begin{bmatrix} R_g \\ G_g \\ B_g \end{bmatrix} = \begin{bmatrix} \alpha_1 & \beta_1 & \gamma_1 \\ \alpha_2 & \beta_2 & \gamma_2 \\ \alpha_3 & \beta_3 & \gamma_3 \end{bmatrix} \begin{bmatrix} R_f \\ G_f \\ B_f \end{bmatrix} \qquad (2-15)$$

式中，R_f、G_f、B_f为原始图像某点上的三基色亮度；R_g、G_g、B_g为处理后图像某点上的三基色亮度。

多光谱图像的假彩色映射的一般表达式为

$$\begin{cases} R_g = T_R[f_1, f_2, \cdots, f_n] \\ G_g = T_G[f_1, f_2, \cdots, f_n] \\ B_g = T_B[f_1, f_2, \cdots, f_n] \end{cases} \qquad (2-16)$$

式中，f_i表示第 i 波段的图像，R_g、G_g、B_g表示假彩色图像的三基色亮度，$T_R[\cdot]$、$T_G[\cdot]$、$T_B[\cdot]$为相应的变换函数。通过假彩色处理可以达到如下增强效果：

（1）增强图像比原始图像的自然色彩更加引人注目[6]。

（2）根据人眼的生理特点，可将感兴趣而又不易分辨的细节赋上人眼较为敏感的颜色。如人眼对绿色的亮度响应最为敏捷，对蓝色的对比度响应最为敏感，因此可把目标物体的细小部分变成绿色，把细节丰富的部分赋上深浅不一的蓝色。

（3）将多光谱图像合成彩色图像，不仅使图像看起来更自然、逼真，而且可从合成图像中获得各波段的综合信息。

2.2.4　多光谱增强

遥感多光谱图像的波段多，例如应用最为广泛的 Landsat 的 TM 图像有 7 个波段。而高光谱图像则包含有几十个甚至数百个很窄的波段，包含了大量的信息，但这些图像的数据量过大，运算时需耗费大量的时间，并占据大量的磁盘空间。多光谱增强采用对多光谱图像进行线性变换的方法，减少各波段信息之间的冗余，达到保留主要信息、压缩数据量、增强和提取更具有目视解译效果的新波段数据的目的。遥感多波段图像的光谱增强是在多光谱空间中进行的。

多光谱增强主要有两种变换：K-L(Karhunen-Loeve)变换，又称为主成分分析；K-T(Kauth-Thomas)变换，又称为缨帽变换。

1. 主成分分析(K-L 变换)

K-L 变换又称为主成分变换(Principal Component Analysis，PCA)或霍特林(Hotelling)变换。它的原理如下：

对某一 n 波段的多光谱图像进行一个线性变换，即对该多光谱图像组成的光谱空间 X 乘以一个线性变换矩阵 A，产生一个新的光谱空间 Y，即产生一幅新的具有 n 个波段的多光谱图像。其表达式为

$$Y = AX$$

式中：X 为变换前多光谱空间的像元矢量；Y 为变换后多光谱空间的像元矢量；A 为一个 $n \times n$ 的线性变换矩阵。

根据主成分变换的数学原理，A 是 X 空间的协方差矩阵 Σ_x 的特征向量矩阵的转置矩阵，即

$$A = \boldsymbol{\Phi}^{\mathrm{T}} = \begin{bmatrix} \varphi_{11} & \varphi_{12} & \cdots & \varphi_{1n} \\ \varphi_{21} & \varphi_{22} & \cdots & \varphi_{2n} \\ \vdots & \vdots & & \vdots \\ \varphi_{n1} & \varphi_{n2} & \cdots & \varphi_{nn} \end{bmatrix} \tag{2-17}$$

因此，式(2-17)可以写成

$$\begin{bmatrix} y_1 \\ y_2 \\ \vdots \\ y_i \\ \vdots \\ y_n \end{bmatrix} = \begin{bmatrix} \varphi_{11} & \varphi_{12} & \cdots & \varphi_{1n} \\ \varphi_{21} & \varphi_{22} & \cdots & \varphi_{2n} \\ \vdots & \vdots & & \vdots \\ \varphi_{n1} & \varphi_{n2} & \cdots & \varphi_{nn} \end{bmatrix} \begin{bmatrix} x_1 \\ x_2 \\ \vdots \\ x_i \\ \vdots \\ x_n \end{bmatrix} \tag{2-18}$$

从上式可以看出，A 的作用实际上是对各分量加一个权重系数，实现线性交换。Y 的各分量均是 X 的各分量的线性组合，它综合了原有各分量的信息而不是简单地取舍，这使得新的 n 维随机向量 Y 能够较好地反映事物的本质特征。

变换后的矢量 Y 的协方差矩阵 Σ_y 是对角矩阵，且作为 Y 的各分量 y_i 的方差的对角元素就是 Σ_x 的特征值，即

$$\Sigma_y = \begin{bmatrix} \lambda_1 & 0 & \cdots & 0 \\ 0 & \lambda_2 & \cdots & 0 \\ \vdots & \vdots & \ddots & \vdots \\ 0 & 0 & \cdots & \lambda_n \end{bmatrix} \tag{2-19}$$

这里 $\lambda_i(i=1, 2, 3, \cdots, n)$ 按由小到大的顺序排列。K-L 变换后新的坐标轴 $y_1, y_2, \cdots, y_n$ 为各特征矢量的方向。式(2-19)表明这实际上是选择分布的主要分量作为新的坐标轴。

$\boldsymbol{\Sigma}_y$ 的对角化表明了新的分量彼此之间是互不相关的,即变换后的图像 $\boldsymbol{Y}$ 的各分量 y_i 之间的信息是相互独立的。

K-L 变换实际是作了一个旋转变换,由 $\boldsymbol{X}$ 空间变为 $\boldsymbol{Y}$ 空间。在一个 n 维的光谱空间中,如果每个输入波段的数据都是正态分布或近似正态分布,那么将形成椭圆(2 维)、椭球(3 维)或超椭球(大于三维)。

经过旋转之后,新的坐标轴指向特征矢量的方向,这正是数据分布的主要分量的方向。对于二维空间来说,若数据分布为椭圆形态,则特征矢量正好位于椭圆的两个轴上。将特征值由大到小排列,即 $\lambda_1 > \lambda_2$,则 $\boldsymbol{\Phi}_1$ 在长半轴,$\boldsymbol{\Phi}_2$ 在短半轴。因此,新的坐标轴将会指向椭圆的长半轴和短半轴这两个主分量的方向。对于多维空间,则有 $\lambda_1 > \lambda_2 > \cdots > \lambda_n$,轴长逐次递减。

特征值的大小反映了这一方向上主分量所具有信息量的多少及每个分量的相对重要性。其中,与椭圆的主轴(最长轴)一致的断面称为数据的第一主分量,第一主分量的方向即第一特征向量 $\boldsymbol{\Phi}_1$ 的方向,它的长度为第一特征值 λ_1。因此,第一主分量表示了数据的最大变化量,它包括了全部信息量的大部分。第二主分量是与第一主分量正交的最大断面。因此,第二主分量表示了没有被第一主分量表示的数据的最大变化量。在二维空间中,第二主分量与椭圆的短轴一致。

对于 n 维的情况,有 n 个主分量,其随后的主分量依次为:

(1) 在 $\boldsymbol{Y}$ 空间中与前一主分量垂直的椭圆的最大断面;

(2) 表示数据中依次减少而没有被前面的主分量表示的最大变化量。

第一主分量相当于原来各波段的加权和,而且每个波段的加权值与该波段的方差大小成正比(方差大,说明该波段影像所包含的信息量大,在第一主分量中占的比重就大),反映了地物总的反射强度。其余各主分量相当于不同波段组合的加权差值影像。

2. 缨帽变换(K-T 变换)

缨帽变换也称 K-T 变换,是 1976 年 Kauth 和 Thomas 发现的另外一种线性变换。与主分量分析不同,其旋转后坐标轴方向并不指向主分量方向,而是指向与地面景物有密切关系的方向,特别是与植物生长过程和土壤有关的方向。

缨帽变换的变换公式如下:

$$y = \boldsymbol{B}x \tag{2-20}$$

式中,x 表示变换前多光谱空间的像元矢量;y 表示变换后的新坐标空间的像元矢量;$\boldsymbol{B}$ 为变换矩阵。缨帽变换的应用主要是针对 TM 数据和曾经广泛使用的 MSS 数据。它抓住了地面景物,特别是植被和土壤在多光谱空间中的特征,这对于扩大陆地卫星 TM 影像数据分析在农业方面的应用有重要意义。

2.3 图像校正

一般情况下,图像经过预处理后,才能得到高质量的清晰图像。图像的配准特别是亚像素级配准的精度与图像校正的精确性有着密切的关系。通常,影响图像配准精度的因素主要有几何变形、辐射变形和随机噪声等;几何变形中包括有非线性变形,而非线性变形会大大增加配准的难度,使得配准精度很难达到预定的要求。只有通过精确的几何校正后，图像的配准才有可能达到一个满意的要求。

在图像配准中，影像的几何校正是一个重要环节。几何校正的一般步骤如下：

(1) 确定校正方法：根据图像几何畸变的性质和可用于校正的数据确定几何校正的方法。

(2) 确定校正公式：确定原始输入图像上的像点和几何校正后的图像上的像点之间的变换公式，并根据控制点等数据确定变换公式中的未知参数。

(3) 验证校正公式的有效性：检查几何畸变能否得到充分的校正，若几何畸变不能得到有效的校正，则分析其原因，提出其他的校正方法。

(4) 对原始输入图像进行重采样，得到消除几何畸变的图像。

由于引起图像几何畸变的因素是多方面的，特别是由动态遥感器获得的图像，除了遥感器高度和姿态角的变化、大气折光、地球曲率、地形起伏等因素引起遥感图像几何变形外，还要考虑动态扫描过程中地球旋转和遥感器本身结构性能引起的图像几何变形。上述因素引起的图像几何变形，有的是系统畸变，而有的是随机畸变，但总的效果是使图像中的几何图形与该物体在所选定的地图投影中的几何图形产生差异，使图像产生了几何形状或位置的失真，主要表现为位移、旋转、缩放、仿射、弯曲和更高阶的歪曲，或者表现为像元相对地面实际位置产生挤压、伸展、扭曲或偏移。对于系统畸变，可以用严格的数学表达式来描述，但对于随机畸变，则难以用明确的数学表达式来描述，此时通常选择一个适当的多项式来近似地描述校正前后相应点的坐标关系。利用控制点对的图像坐标和参考坐标系中的理论坐标建立方程组，按最小二乘原理求解出多项式中的系数，然后以此多项式对图像进行几何校正。在实际使用中，图像的几何校正大多是依据一定量的地面控制点 (Group Control Point，GCP) 来进行的。

2.3.1 多项式几何校正

多项式近似法是实践中经常使用的一种方法，因为它的原理比较直观，并且计算较为简单，特别是对地面相对平坦的情况，具有足够好的校正精度。

该法直接对影像变形的本身进行数学模拟，它认为遥感图像的总体变形可以看做是平移、缩放、旋转、仿射、偏扭、弯曲以及更高次的基本变形的综合作用结果，因而校正前后影像相应点之间的坐标关系可以用一个适当的多项式来表达。

设原图像上的像点坐标 (x, y) 和校正后相应像点的坐标 (X, Y) 可用下面的多项式表示：

$$\begin{cases} X = a_{00} + a_{10}x + a_{01}y + a_{20}x^2 + a_{11}xy + a_{02}y^2 + a_{30}x^3 + \cdots \\ Y = b_{00} + b_{10}x + b_{01}y + b_{20}x^2 + b_{11}xy + b_{02}y^2 + b_{30}x^3 + \cdots \end{cases} \tag{2-21}$$

式中 a_{ij}、b_{ij} 为待求系数。利用一定数量的控制点在图像坐标系的坐标和参考坐标系中的理论坐标可以列出一组误差方程，按最小二乘原理求解多项式的系数，然后以此多项式为校正公式对图像进行几何校正以求得校正后的图像坐标 (X, Y)。

采用多项式校正时，校正的精度与地面控制点的精度、分布、数量和校正范围有关。地面控制点的数量应最少为 $(n+1)(n+2)/2$，其中 n 为方程组的次数，并且 GCP 应尽可能在整幅图像内均匀分布。采用的多项式的次数一般不宜超过三次。

一般多项式解算简便，运算量较小，但忽略了地形起伏引起的影像变形，仅适合于地形起伏平缓地区的影像校正。

2.3.2　基于薄板样条的表面拟合校正

在进行图像配准时，给定两幅图像中的控制点对 (x_i, y_j) 与 (X_i, Y_j)，$i=1, 2, \cdots, n$，我们的目的是找到配准函数 $f(x, y)$ 和 $g(x, y)$，使得

$$\begin{cases} X_i = f(x_i, y_i) \\ Y_i = g(x_i, y_i) \end{cases} \qquad (2-22)$$

得到映射函数后，图像中的其他点可以通过插值得到。

薄板样条的表面拟和校正原理如下：假设在空间 (x, y, X) 中有一个无限薄的平板，它以 (x, y) 为水平变量，值为 X。在此平板上对应于参考图像的控制点 (x_i, y_i)，$i=1, 2, \cdots, n$ 处加点负载，使得其发生凹凸变化，而在控制点处的高度值等于失配图像相应控制点的 X 坐标 X_i，并要求该板保持光滑。当此板无限薄时退化为我们所求的曲面，它就是从参考图像到失配图像的 X 分量的映射函数。同时，可以建立 Y 坐标的曲面，从而获得 Y 分量的映射函数。

由于控制点 (x_i, y_j) 对于曲面在点 (x, y) 处的影响随着点 (x_i, y_j) 到 (x, y) 距离的增加而减小，因此映射函数更敏感于局部形变。

上面的通过点负载而构造的曲面可以由表面样条函数获得，其形式如下：

$$f(x, y) = a_0 + a_1 x + a_2 y + \sum_{i=1}^{n} F_i r_{i1}^2 \ln r_{i1}^2 \qquad (2-23)$$

式中，n 为控制点的个数，$r_{i1}^2 = (x - x_i)^2 + (y - y_i)^2$，$(x_i, y_j)$ 为参考图像中第 i 个控制点的位置。这里的 $f(x, y)$ 就是对 X 分量的映射函数。同理，可以对 Y 分量的映射函数作相应的构造。将所有的 n 对控制点代入方程，参数 a_0、a_1、a_2 和 F_i，$i=1, 2, \cdots, n$ 可以通过下面的方程组获得：

$$\begin{cases} \sum_{i=1}^{n} F_i = 0 \\ \sum_{i=1}^{n} F_i x_i = 0 \\ \sum_{i=1}^{n} F_i y_i = 0 \\ f(x, y) = a_0 + a_1 x + a_2 y + \sum_{i=1}^{n} F_i r_{i1}^2 \ln r_{i1}^2 \\ \cdots \\ f(x, y) = a_0 + a_1 x + a_2 y + \sum_{i=1}^{n} F_i r_{in}^2 \ln r_{in}^2 \end{cases} \qquad (2-24)$$

基于薄板样条的表面插值技术使得图像在控制点上达到了精确的吻合，且能够很好地反映图像的局部形变。然而，该方法在计算每一点的坐标映射时，图像中所有的控制点都参加运算，这一方面使得很远的控制点仍然会对当前点的映射关系产生影响；另一方面来说当控制点很多时，计算量过大。该方法属于全局表面拟合技术，不适合于校正控制点多的超大图像。

2.3.3 三角网法几何校正

不同于薄板样条的全局表面拟和技术，三角网法校正是把参考空间分成若干分块，对各块使用不同的校正函数。分块的大小由地貌复杂程度和参考点的分布密度决定。

根据图像的特性选择合适的控制点构成三角形，每个三角形的顶点都是控制点。假设某一个三角形的顶点在参考图像中的坐标为(x_1, y_1)，(x_2, y_2)，(x_3, y_3)，对应的在待配准图像中的坐标为(X_1, Y_1)，(X_2, Y_2)，(X_3, Y_3)。

根据线性变换关系：

$$\begin{cases} X = a_0 x + a_1 y + a_2 \\ Y = b_0 x + b_1 y + b_2 \end{cases} \tag{2-25}$$

可以建立如下方程组：

$$\begin{cases} X_1 = a_0 x_1 + a_1 y_1 + a_2 \\ Y_1 = b_0 x_1 + b_1 y_1 + b_2 \\ X_2 = a_0 x_2 + a_1 y_2 + a_2 \\ Y_2 = b_0 x_2 + b_1 y_2 + b_2 \\ X_3 = a_0 x_3 + a_1 y_3 + a_2 \\ Y_3 = b_0 x_3 + b_1 y_3 + b_2 \end{cases} \tag{2-26}$$

解上面的方程组得到a_0，a_1，a_2，b_0，b_1，b_2。利用三角网法可以对三角区域包含的局部区域进行校正。对图像中所有的三角区进行校正则可以达到对整幅图像的校正。

采用三角网法进行校正要考虑各相邻三角区域的连续性，此处采用二元一次方程，保证了区域的连续性。三角网法是对图像的一种强制的校正方法，能够保证控制点区域的闭合差为0，所以这种方法需要大量的地面控制点，控制点越多，校正精度越高。这种方法适用于已被破坏原始几何连续性的图像和地形起伏很大的区域的影像校正。

2.4　图　像　去　噪

图像在形成、传输、接收和处理的过程中，由于通过的传输介质的实际性能和接收设备性能的限制，不可避免地存在着外部干扰和内部干扰，因此会产生各种各样的噪声。这将导致图像呈现出随机分布的黑白相间的噪声点，极大地降低了图像的质量，给后继图像处理带来麻烦。因此，减少或消除图像中的噪声是一项重要的研究内容。

滤除噪声的要求是：既要滤除图像中的噪声，又要尽量保留图像的细节。常用的滤波算法有很多，但这些算法在平滑噪声点的同时也导致了图像模糊，损失了图像细节信息。传统的图像滤波算法有邻域平均法、中值滤波、高斯滤波。

2.4.1 邻域平均法

邻域平均法是一种空间域局部处理方法。对于位置(i, j)处的像素点，其灰度值为$f(i, j)$，平滑后的灰度值为$g(i, j)$，则$g(i, j)$由包含(i, j)邻域的若干像素的灰度平均值所决定，即用式(2-27)得到平滑像素的灰度值

$$g(i, j) = \frac{1}{M} \sum_{(x, y) \in A} f(x, y), \ x, \ y = 0, \ 1, \ 2, \cdots, \ N-1 \qquad (2-27)$$

式中 A 表示以 (i, j) 为中心的邻域点的集合，M 是 A 中像素点的总数，N 是图像的长度或宽度(以像素为单位，且认为长宽相同)。

邻域平均法的平滑效果与所使用的邻域半径有关。半径越大，平滑效果越好，但平滑图像的模糊程度也越大。

邻域平均法的优点在于算法简单，计算速度快，主要缺点是在降低噪声的同时使图像产生模糊，特别是在边缘和细节处，邻域越大，模糊程度越厉害。

2.4.2　中值滤波

中值滤波也是一种局部平均平滑技术，它是一种非线性滤波。由于它在实际运算过程中并不需要图像的统计特性，所以使用起来比较方便。

中值滤波采用一个含有奇数个点的滑动窗口，用窗口中各点灰度值的中值来替代窗口中心像素点的灰度值。这里将一个含奇数个点的窗口中的所有像素点排成一个序列 f_1，$f_2, \cdots, f_{2n+1}$，用式(2-28)求它们的中值

$$g_i = \mathrm{Med}\{f_1, \ f_2, \ f_3, \cdots, \ f_{2n+1}\} \qquad (2-28)$$

式中，$\mathrm{Med}\{\cdots\}$ 表示取各参数排序后的中值。

中值滤波的优点是可以克服线性滤波器所带来的图像细节模糊，而且对于滤除脉冲干扰及颗粒噪声最为有效。但是对于一些细节多，特别是点、线、尖顶等细节多的图像不宜采用中值滤波的方法。

2.4.3　高斯滤波

高斯滤波是用一个如式(2-29)所示的模板对原图像进行卷积运算来达到滤波目的的：

$$h = \frac{1}{16} \begin{bmatrix} 1 & 2 & 1 \\ 2 & 4 & 2 \\ 1 & 2 & 1 \end{bmatrix} \qquad (2-29)$$

从式(2-29)可知，由于待检测点像素所对应的权值为4，大于它的邻域像素点所对应的权值，待检测像素点所起的作用大，故它的去噪效果不是很好。

2.5　图像配准

图像配准是20世纪80年代以来发展迅速的图像处理技术之一。随着科学技术的迅速发展，图像配准技术已成为现代信息技术特别是图像信息处理领域的一项非常重要的技术，并在计算机视觉、模式识别、医学图像分析、图像镶嵌、时序分析、遥感数据处理、计算机辅助设计等领域得到了广泛的应用。

图像配准是图像融合的一个基础问题，简单来说，图像配准就是对不同时间、不同视场、不同成像模式的两幅或多幅图像进行空间几何变换，使得各个图像在几何上能够匹配对应起来。对同一场景使用相同或不同的传感器(成像设备)，不同条件下(天气、照度、摄像位置和角度等)获取的两个或多个图像一般会有所不同。同一场景多幅图像的差别可以

表现为不同的分辨率、不同的灰度属性、不同的位置(平移和旋转)、不同的缩放、不同的非线性变换等。在实际工作中，通常取其中的一幅图像作为配准的基准，称为参考图像，另一幅图像称为待配准图像(或浮动图像)。

图像配准的主要目的是去除或者抑制待配准图像和参考图像之间几何上的畸变，包括平移、旋转和形变。造成图像畸变的原因多种多样，对于遥感图像而言，传感器噪声，由传感器视点变化或平台不稳定造成的透视变化，被拍摄物体的移动、变形或生长，闪电和大气等变化以及阴影和云层遮盖都会使图像产生不同形式的畸变。本质上，图像配准需要分析各分量图像上的几何畸变，然后采用一种几何变换将图像归化到统一的坐标系统中。图像配准的基本问题就是找出一种图像转换方法，用以纠正图像的畸变。它是图像分析和处理的关键步骤，是图像融合的必要前提。

如文献[7]所述，所有图像配准方法都可以归纳为对以下三元素的选择问题：特征空间、相似性准则和搜索策略。特征空间从图像中提取用于配准的信息，搜索策略从图像转换集中选择用于匹配的转换方式，相似性准则决定配准的相对价值，然后，基于这一结果继续搜索直到找到能使相似性有令人满意的结果的图像转换方式。根据图像配准的这三个基本元素选择的区别，一般将图像配准方法分为三类：基于灰度信息的方法、基于变换域的方法以及基于图像特征的方法。

2.5.1　图像配准的数学模型

图像配准可以定义为两幅图像在空间位置和灰度上的双重映射。如果用二维矩阵 I_1 和 I_2 代表两幅图像，$I_1(x, y)$ 和 $I_2(x, y)$ 分别表示相应位置 (x, y) 上的灰度值，则图像间的映射可表示为

$$I_2(x, y) = g(I_1(f(x, y)))　　　　　　　(2-30)$$

式中 f 表示一个二维空间坐标变换，即

$$(x', y') = f(x, y)$$

且 g 是一维灰度或辐射变换。

配准问题就是找到最优的空间和灰度变换，使得在此变换下两幅图像达到最大程度的对齐。通常灰度变换 g 是不需要的，但在传感器变化(如光学到雷达)等应用中可能要用到。大多数情况下，寻找空间或几何的变换是解决配准问题的关键所在，所以上式可以改变为更一般的形式：

$$I_2(x, y) = I_1(f(x, y))　　　　　　　(2-31)$$

常见的简单变换有：

平移：　　　　$\begin{cases} X = x + a \\ Y = y + b \end{cases}$

旋转：　　　　$\begin{cases} X = x \cos\theta - y \sin\theta \\ Y = x \sin\theta + y \cos\theta \end{cases}$

缩放：　　　　$\begin{cases} X = \dfrac{x}{c} \\ Y = \dfrac{y}{d} \end{cases}$

噪声：将原图像加入噪声，如高斯噪声、瑞利噪声等。

平滑与锐化：这是原图像与点扩散函数的卷积。

2.5.2　图像变换

各种配准技术都要建立自己的变换模型，变换空间的选取和图像的变形特性有关。图像的几何变换可分为全局和局部两类。全局变换对整幅图像都有效，通常涉及矩阵代数，典型的变换参数存在对空间的依赖性。由于局部变换随图像像素位置的变化而变化，变化规则不完全一致，因此需要进行分段小区域处理。

经常用到的主要变换有刚体变换、仿射变换、投影变换和非线性变换[3]（如图 2.9 所示），下面分别进行详细的介绍。

1. 刚体变换（Rigid body transformation）

如果第一幅图像中两个点的距离变换到第二幅图像后仍然保持不变，则称这种变换为刚体变换。刚体变换可分解为平移、旋转和反转（镜像）。在二维空间中，点(x, y)经刚体变换到(x', y')的变换公式为：

$$\begin{bmatrix} x' \\ y' \end{bmatrix} = \begin{bmatrix} \cos\varphi & \pm\sin\varphi \\ \sin\varphi & \mp\cos\varphi \end{bmatrix} \begin{bmatrix} x \\ y \end{bmatrix} + \begin{bmatrix} t_x \\ t_y \end{bmatrix} \tag{2-32}$$

其中，φ 为旋转角度，$\begin{bmatrix} t_x \\ t_y \end{bmatrix}$ 为平移量。

2. 仿射变换

经过变换后的第一幅图像上的直线映射到第二幅图像上仍然为直线，并且保持平衡关系，这样的变换称为仿射变换。仿射变换可以分解为线性（矩阵）变换和平移变换。在二维空间中，变换公式为

$$\begin{bmatrix} x' \\ y' \end{bmatrix} = \begin{bmatrix} a_{11} & a_{12} \\ a_{21} & a_{22} \end{bmatrix} \begin{bmatrix} x \\ y \end{bmatrix} + \begin{bmatrix} t_x \\ t_y \end{bmatrix} \tag{2-33}$$

其中 $\begin{bmatrix} a_{11} & a_{12} \\ a_{21} & a_{22} \end{bmatrix}$ 为实数矩阵。

3. 投影变换

经过变换后的第一幅图像上的直线映射到第二幅图像上仍为直线，但平行关系基本不保持，这样的变换称为投影变换。投影变换可用高维空间上的线性（矩阵）变换来表示。变换公式为

$$\begin{bmatrix} x' \\ y' \end{bmatrix} = \begin{bmatrix} a_{11} & a_{12} & a_{13} \\ a_{21} & a_{22} & a_{23} \end{bmatrix} \begin{bmatrix} x \\ y \end{bmatrix} + \begin{bmatrix} t_x \\ t_y \\ 1 \end{bmatrix} \tag{2-34}$$

4. 非线性变换

非线性变换就是把直线映射为曲线。它一般使用多项式函数，如二次、三次函数以及薄板样条函数 B-Spline 等。在二维空间中，可以用以下公式表示：

$$(x', y') = F(x, y) \tag{2-35}$$

其中，F 表示把第一幅图像映射到第二幅图像上的任意一种函数形式。在二维空间中，多项式函数可写成如下形式：

$$\begin{cases} x' = a_{00} + a_{10}x + a_{01}y + a_{20}x^2 + a_{11}xy + a_{02}y^2 + \cdots \\ y' = b_{00} + b_{10}x + b_{01}y + b_{20}x^2 + b_{11}xy + b_{02}y^2 + \cdots \end{cases} \quad (2-36)$$

非线性变换比较适合于那些具有全局性形变的图像配准问题，以及整体近似刚体但局部有形变的配准情况。

在图像配准中，采用不同的图像变换模型说明了图像直接的映射变换将会不同。因此，对于不同类型的图像，选取恰当的图像变换模型可以适当地提高图像的配准精度。在对需配准的图像进行空间变换后，要对变换图像进行重采样，以取得变换后的像素值。

图 2.9 所示是四种空间几何变换的图例。

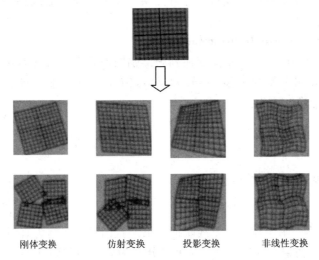

刚体变换　　　　仿射变换　　　　投影变换　　　　非线性变换

图 2.9　四种空间几何变换图例

2.5.3　基于灰度信息的图像配准

基于灰度信息的图像配准方法一般不需要对图像进行复杂的预处理，而是直接利用图像本身具有的一些灰度统计信息来度量图像的相似程度。其主要特点是实现简单，精度高，但对目标的旋转、形变以及遮挡比较敏感，同时也对图像的灰度变化比较敏感，尤其是非线性的光照变化将大大降低算法的性能，在最优变换的搜索过程中往往需要巨大的运算量，因此应用范围较窄，不能直接用于校正图像的非线性形变。

如图 2.10 所示为基于图像灰度的配准方法。

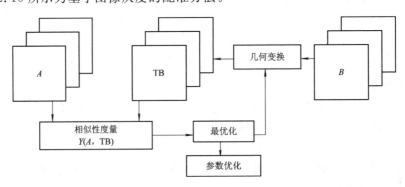

图 2.10　基于图像灰度的配准方法

其基本思想是：首先，对待配准图像做几何变换；然后，根据灰度信息的统计特性定义一个目标函数，作为参考图像与待配准图像之间的相似性度量，使得配准参数在目标函数的极值处取得，并以此作为配准的判决准则和配准参数最优化的目标函数，从而将配准问题转化为多元函数的极值问题；最后通过一定的最优化方法求得正确的几何变换参数。在两幅图像灰度信息相似的情况下，常用的匹配方法有互相关方法[8]、基于 FFT 的频域相位匹配方法[9]等。

1982 年 Rosenfeld 提出的互相关匹配算法是最基本的基于灰度统计的图像配准方法[10]，通常被用来进行模板匹配和模式识别。互相关匹配要求参考图像和待配准图像具有相似的尺度和灰度信息。以参考图像作为模板窗口在待配准图像上进行遍历搜索，计算每个位置处参考图像和待配准图像对应部分的互相关函数，互相关最大的位置便是待配准图像中与参考图像相对应的位置。对一幅图像 I 和相对于图像小尺度的模板 T，归一化二维交叉相关函数表示了模板在图像上每一个位移位置的相似程度，即

$$C(u, v) = \frac{\sum\limits_{x} \sum\limits_{y} T(x, y) I(x-u, y-v)}{\left[\sum\limits_{x} \sum\limits_{y} I^2(x-u, y-v)\right]^{\frac{1}{2}}} \qquad (2-37)$$

如果除了一个灰度比例因子外，模板和图像在位移 (i, j) 处匹配，则交叉相关就会在 $C(i, j)$ 处出现峰值。在这里，交叉相关必须归一化，否则局部图像灰度将影响相似度的度量。

一个类似的准则，称为相关系数，在某些情况下具有更好的效果，其形式如下：

$$\frac{\text{coraviance}(I, T)}{\delta_I \delta_T} = \frac{\sum\limits_{x} \sum\limits_{y} [T(x, y) - \mu_T][I(x, y) - \mu_I]}{\left[\sum\limits_{x} \sum\limits_{y} (I(x, y) - \mu_I)^2 \sum\limits_{x} \sum\limits_{y} (T(x, y) - \mu_T)^2\right]^{\frac{1}{2}}} \qquad (2-38)$$

其中，μ_T 和 δ_T 分别是样本 T 的均值和方差，μ_I 和 δ_I 分别是图像 I 的均值和方差，并假设 T 和 I 具有相同的大小。相关系数的特点是在一个绝对尺度 $[-1, 1]$ 内度量相关性，并且在适当的假设下，相关系数的值与两图像间的相似性成线性关系。互相关匹配方法思路虽然简单，但是随着图像的增大，其运算量也将变大。为此，人们提出了以下加速算法，大大提高了大尺度图像下相关性的计算效率。

1. FFT 相关匹配方法

FFT 相关匹配方法把图像从空间域变换到频率域，即将参考图像和待配准图像在空间域上的互相关运算转换成了频率域上频谱的复数乘法运算（即卷积）。在频率域中，图像在空间域中的平移、旋转、尺寸变化都有对应的表达部分；而且可以排除频率相关的噪声，从而获得鲁棒的匹配方法；同时傅立叶变换可以通过硬件实现，大大提高了运算效率。

2. 参考图像与待配准图像差的绝对值

由于计算互相关时需要很多的乘积运算，为节省运算时间，通常选用参考图像与待配准图像差的绝对值作为度量匹配准则。一般采用如下三种形式：

$$\text{MD}(m, n) = \max_{x, y} |f_1(x, y) - f_2(x+m, y+n)|$$

$$\text{SAD}(m, n) = \sum\limits_{x} \sum\limits_{y} |f_1(x, y) - f_2(x+m, y+n)| \qquad (2-39)$$

$$\text{SSD}(m, n) = \sum\limits_{x} \sum\limits_{y} (f_1(x, y) - f_2(x+m, y+n))^2$$

3. 基于多分辨率的匹配方法

图像的金字塔模型在实际中已经得到了广泛的应用,它可以由粗到精地分析图像数据。在图像匹配中,粗分辨率上所获得的模板位置可以传递到精细分辨率上,指导在精细分辨率上模板可能存在位置的搜索过程[11]。如采用分层匹配算法[12]的基于 Laplacian 多分辨率模型,累加所有层上的互相关值作为新的相似性度量,通过这种方法不仅可以正确地检测到模板的位置,而且能够大大地减小计算量。

2.5.4　基于变换域的图像配准

最主要的变换域方法就是傅立叶变换。傅立叶变换有多种性质可被用于图像配准。图像的旋转、平移、镜像和比例变换在傅立叶变换频域中都有对应的形式,而且使用频域方法的好处是对噪声干扰有一定的抑制能力,同时傅立叶变换可以采用 FFT(快速傅立叶变换)的方法提高执行速度。另外,傅立叶变换有成熟的快速算法,并且易于由硬件实现,因此傅立叶变换是变换域配准中常用的方法之一。

相位相关是用于配准两幅图像的平移失配的典型方法[13],其依据为傅立叶变换的平移特性。对于仅差一个平移量(d_x, d_y)的两幅图像 I_1 和 I_2,有

$$I_2(x, y) = I_1(x - d_x, y - d_y)$$

则它们之间的傅立叶变换 F_1 和 F_2 间的关系为

$$F_2(\xi, \eta) = e^{-j(\xi d_x + \eta d_y)} F_1(\xi, \eta) \tag{2-40}$$

可见,这两者之间的傅立叶频谱幅度相同,仅差一个与平移量(d_x, d_y)相关的相位差。根据位移原理,这一相位差等于两幅图像的交叉功率谱:

$$\frac{F_1(\xi, \eta) F_2^*(\xi, \eta)}{\mid F_1(\xi, \eta) F_2^*(\xi, \eta) \mid} = e^{j2\pi(\xi d_x + \eta d_y)} \tag{2-41}$$

其中 * 表示复共轭。相位差的傅立叶反变换在平移量(d_x, d_y)处为一冲激函数,指示了图像配准的平移位置。在实际应用中,需以离散傅立叶变换代替连续傅立叶变换,从而在配准位置上是一个单位脉冲。通过这一方法,图像配准问题即找到交叉功率谱的傅立叶反变换的峰值位置。由于相位差对所有频率相同,因此这一技术适用于混有窄带噪声的图像间的配准。对不同照明条件下获得的图像,照明函数通常变化缓慢且集中于低频部分,因此应用相位相关技术也可获得较好的效果。同时,由于对谱能量的变化不敏感,所以相位相关对从不同传感器获取的图像配准也有一定的作用。

直接利用相位相关技术可以得到具有平移失配的图像间的平移量,Reddy 对相位相关技术进行了扩展,使其适用于图像间具有平移、旋转、缩放关系的图像配准问题[14]。其基本原理是通过坐标变换,在对数极(log-polar)坐标下使旋转和缩放转化为平移量。

当两幅图像 I_1 和 I_2 间除了平移量(d_x, d_y)外,还相差一个旋转角度 θ_0 时,图形间的关系为

$$I_2(x, y) = I_1(x \cos\theta_0 + y \sin\theta_0 - d_x, -x \sin\theta_0 + y \cos\theta_0 - d_y) \tag{2-42}$$

根据傅立叶变换的平移和旋转性质,I_1 和 I_2 的傅立叶变换间的关系为

$$F_2(\xi, \eta) = e^{-j2\pi(\xi d_x + \eta d_y)} \times F_1(\xi \cos\theta_0 + \eta \sin\theta_0, -\xi \sin\theta_0 + \eta \cos\theta_0)$$

由于平移信息仅存在于图像频谱的辐角中,令 M_1 和 M_2 表示 F_1 和 F_2 的模,利用取模操作即可分离出旋转信息:

$$M_2(\xi, \eta) = M_1(\xi \cos\theta_0 + \eta \sin\theta_0, -\xi \sin\theta_0 + \eta \cos\theta_0)$$

可以看到，图像间频谱的辐角仅相差一个旋转角度 θ_0，通过将坐标转化为极坐标，可将旋转参数转化为平移参数，从而利用相位相关法求得：

$$M_2(\rho, \theta) = M_1(\rho, \theta - \theta_0)$$

同理，如果图像间还存在缩放因子 s，则在极坐标下其傅立叶变换频谱的模之间的关系为

$$M_2(\rho, \theta) = M_1(\rho/s, \theta - \theta_0)$$

令 $\xi = \lg \rho$，$d = \lg s$，则上式变换为

$$M_2(\xi, \theta) = M_1(\xi - d, \theta - \theta_0) \tag{2-43}$$

可见通过将坐标系转换为对数极坐标，可将旋转和缩放参数都转化为平移量，从而利用相位相关技术得出。在得到旋转和缩放量后，可对图像进行校正，校正后的图像仅相差一个平移量，也可利用相位相关求出。

除了上述的经典方法外，还有其他在傅立叶变换域实现图像配准的方法。变换域配准方法在噪声的敏感性和计算的复杂度上有一定的优势，但从上面的分析可以看出，它受限于傅立叶变换的不变性，只适用于在傅立叶变换中有相应定义形式（如旋转、平移等）的图像转换，一般应用于具有仿射变换的图像配准中，对于图像转换形式较复杂的情况则无能为力，此时需要采用基于图像特征的方法来解决。

2.5.5　基于特征信息的图像配准

基于图像灰度信息的匹配方法虽然比较直观，容易实现，但是通常情况下，图像的灰度值通常会受到光照条件的影响，非线性的不均匀光照会造成较大的匹配偏差。同时，图像的比例变化、旋转、遮挡等都会显著地影响匹配结果。基于图像特征的配准方法可以在很大程度上避免这些缺点。

基于特征的方法主要利用图像中显著的目标特征，这些特征分为内在特征和外在特征。内在特征是人为设置于图像内专门用于图像配准的标志，它与图像数据无关并且容易辨认。但为了配准图像而人工设置标志要耗费大量人力物力，在大数据量自动化配准应用中是无法实现的。外在特征即利用某种方法由图像数据中提取出来的特征，这种特征的提取只是一个数字图像处理过程，自动化程度和代价均优于前者，如果特征选择得合适也能取得较好的配准效果（此后论述的特征专指外在特征）。由于特征的多样性，这一类方法的数量非常多。与直接方法不同，基于特征的方法利用的是图像的高层信息，这种方法适合照度变化和多传感器分析的场合。

基于图像特征的方法是图像配准中最常见的方法，对于不同特性的图像，选择图像中容易提取并能够在一定程度上代表待配准图像间相似性的特征作为依据。基于特征的方法在图像配准方法中具有最强的适应性，而根据特征选择和特征匹配方法的不同所衍生出的具体配准方法也是最多样的。这类方法主要的共同之处是首先要对两幅图像特征进行匹配，通过特征的匹配关系建立图像之间的配准映射变换。基于特征的方法做图像配准的基本步骤和方法是一致的（如图 2.11 所示），即包括：

（1）图像预处理：用来消除或减小图像之间的灰度偏差和几何变形，使图像配准过程能够顺利地进行。

（2）特征抽取：在参考图像与待配准图像上，人为选择边界、线状物交叉点、区域轮廓线等明显的特征，或者利用特征提取算子自动提取特征，根据图像性质提取适用于图像配准的几何或灰度特征。

（3）特征匹配：采用一定的匹配算法，实现两幅图像上对应的明显特征点的匹配，将匹配后的特征点作为控制点或同名点。控制点的选择应注意以下几个方面：一是分布尽量均匀；二是在相应图像上有明显的识别标志；三是要有一定的数量特征。然后将两幅待配准图像中提取的特征作一一对应，删除没有对应的特征。

（4）空间变换：利用匹配好的特征代入符合图像形变性质的图像转换（仿射、多项式等）以最终配准两幅图像。

（5）重采样：通过灰度变换，对空间变换后的待配准图像的灰度值进行重新赋值。

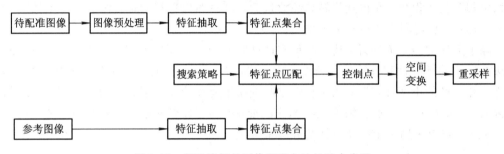

图 2.11　基于特征的图像配准方法的基本步骤

由于图像中存在很多种可以利用的特征，因而产生了多种基于特征的方法。文献报道中常用到的图像特征有：点特征（包括角点、高曲率点等）、直线段、边缘、轮廓、闭合区域特征结构以及统计特征（如矩不变量、重心）等。

点特征是配准中最常用到的图像特征，其中主要应用的是图像中的角点。角点主要是考虑像素点邻域的灰度变化，通过计算点的曲率及梯度检测到的。基于角点的图像配准的主要思路是：首先在两幅图像中分别提取角点，再以不同的方法建立两幅图像中角点的相互关联，从而确立同名点，最后以同名点作为控制点确定图像之间的配准变换。控制点可以是用户提供的，也可以由算法估计。然后对控制点进行匹配，估计几何变换参数并进行配准。角点在计算机视觉、模式识别以及图像配准领域都有非常广泛的应用，因而针对角点检测的算法也有很多报道，这里不再赘述。

直线段是图像中另一个易于提取的特征。Stockman 和 Medioni 等都曾通过匹配图像中提取的直线段来配准图像[15-17]。Hough 变换是提取图像中直线的有效方法。Hough 变换可以将原始图像中给定形状的曲线或直线上所有的点都集中到变换域上的某一个点位置从而形成峰值。这样，原图像中的直线或曲线的检测问题就变成寻找变换空间中的峰点问题。正确地考虑直线段的斜率和端点的位置关系，可以构造一个指示这些信息的直方图，并通过寻找直方图的聚集束达到直线段的匹配。

近十几年来，随着图像分割、边缘检测等技术的发展，基于边缘、轮廓和区域的图像配准方法逐渐成为配准领域的研究热点。分割和边缘检测技术是这类方法的基础，目前已报道的有很多图像分割方法可以用来做图像配准需要的边缘轮廓和区域的检测，比如canny边缘提取算子、拉普拉斯-高斯算子（LOG）、动态域值技术、区域增长等。尽管方法很多且各具特点，但没有某种方法对所有种类的图像都能获得最佳效果，大多数的分割技术都是依赖于图像本身的(image-dependent)。

Goshtasby 等人最早应用分割区域来配准图像[18]。他们在文章中提出用具有闭合边界的区域的重心作为控制点来配准图像。首先必须选择一种合适的分割方法，要求能分割出尽量多的独立的有闭合边界的区域。该文使用由 Ohlander 等人提出的一种迭代阈值方法进行图像分割[19]，提取出孤立的分割区域，以各个区域的重心作为控制点。直方图聚集束法被用来确定两幅图像的控制点之间的相互关联，最后用关联好的控制点计算图像的配准变换。在文献[19]中，作者对基于区域重心的方法进行了改进，主要贡献是提出了一种区域边界的优化算法，这样使得两幅图像中相对应的闭合区域有了更好的相似性，最终提高了其控制点(重心)的精度，使得配准精度达到亚像素级。

Ton 等人提取图像中的片状区域并以其质心作为控制点，他们使用松弛迭代的方法建立控制点的对应关系，最终完成有平移和旋转变形的 Landsat 图像的配准[20]。但是他们的方法假设至少要有一般的控制点。

1994 年 Flusser 等人提出利用矩不变量来建立两幅图像闭合区域之间的关联，并对有弱仿射变换失配的图像进行了配准[21]。仿射矩不变量(Affine Moment Invariants，AMI)是基于矩的平面形状描述子，它们在标准的仿射变换下是不变量。一个二值的形状 G 的 $p+q$ 阶中心矩 μ_{pq} 定义为

$$\mu_{pq} = \sum_x \sum_y (x - \bar{x})^p (y - \bar{y})^q f(x, y) \tag{2-44}$$

这里$(\bar{x}, \bar{y})$是 G 的重心，$p+q$ 称为中心矩的阶。对各阶矩进行组合运算可以得到一系列在平移、旋转、缩放、仿射等变换下保持恒定的不变量。

Flusser 等人专门对仿射不变矩进行了推导和性质讨论[22]。在图像配准中他们使用了四个简单的仿射不变量(见式(2-45))。该方法进行图像配准的第一步仍然是对图形进行分割，获取闭合区域，4 个仿射矩不变量用来作为闭合区域的形状描述。通过由这 4 个仿射矩不变量构成的 4 维欧式空间的距离度量可以建立两幅图像中分别提取的闭合区域之间的初始对应关系，利用图像信息的优化算法来去除可能出现的误匹配区域，最后如果能剩余 3 对以上的正确对应区域，它们的重心将作为控制点最终确定配准仿射变换。

$$I_1 = \frac{1}{\mu_{00}^4} (\mu_{20}\mu_{02} - \mu_{11}^2)$$

$$I_2 = \frac{1}{\mu_{00}^{10}} = (\mu_{30}^2\mu_{03}^2 - 6\mu_{30}\mu_{21}\mu_{12}\mu_{03} + 4\mu_{30}\mu_{12}^3 + 4\mu_{03}\mu_{21}^3 - 3\mu_{21}^2\mu_{12}^2)$$

$$I_3 = \frac{1}{\mu_{00}^7} [\mu_{20}(\mu_{21}\mu_{03} - \mu_{12}^2) - \mu_{11}(\mu_{30}\mu_{03} - \mu_{21}\mu_{12}) + \mu_{02}(\mu_{30}\mu_{12} - \mu_{21}^2)] \tag{2-45}$$

$$I_4 = \frac{1}{\mu_{00}^{11}} (\mu_{20}^3\mu_{03}^2 - 6\mu_{20}^2\mu_{11}\mu_{12}\mu_{03} - 6\mu_{20}^2\mu_{02}\mu_{21}\mu_{03} + 9\mu_{20}^2\mu_{02}\mu_{12}^3 + 12\mu_{20}\mu_{11}^2\mu_{21}\mu_{03}$$
$$+ 6\mu_{20}\mu_{11}\mu_{02}\mu_{30}\mu_{03} - 18\mu_{20}\mu_{11}\mu_{02}\mu_{21}\mu_{12} - 8\mu_{11}^3\mu_{30}\mu_{03} - 6\mu_{20}\mu_{02}^2\mu_{30}\mu_{12} + 9\mu_{20}\mu_{02}^2\mu_{21}^2$$
$$+ 12\mu_{20}\mu_{11}\mu_{02}\mu_{30}\mu_{12} - 6\mu_{11}\mu_{02}^2\mu_{30}\mu_{21} + \mu_{02}^3\mu_{30}^2)$$

Dai 等人提出了一种将链码匹配和矩不变量形状描述子相结合来确定图像提取区域之间可能的匹配关联的方法[23]。该方法首先以结合平滑约束的 LOG 算子获得边缘图像，再通过弱边缘消除和边缘跟踪等手段去除碎的和弱的边缘，只保留强而连续的边缘，再从剩

下的边缘中找到闭合边缘，从而提取区域和区域轮廓。为了更有效地建立区域之间的对应关系，该方法综合了链码和矩不变量描述方法。针对平移、旋转和缩放变形，该参考文献提取了 7 个矩不变量，以 7 个矩不变量构成的 7 维欧式距离作为区域相似性度量之一。区域的轮廓以链码表示，建立链码之间的相似准则作为区域相似性的另一种度量。两种相似性度量的结合使得闭合区域对应关系的建立简单而又准确了。最后，在至少找到三对对应区域的前提下仍然以区域重心作为控制点获得配准变换参数。

　　Li 等人使用的方法不但匹配闭合区域，对强的开轮廓边缘也设法加以利用，矩不变量和链码相关的结合仍然被用来匹配有闭合轮廓的区域[24]。对于开的区域边缘，首先检测边缘上的曲率极大值点，以极大值点周围的边缘片断作为匹配模板，与另一幅图像的相应边缘做匹配。值得指出的是，这一步是在闭合区域达到匹配并建立了初始配准结果的基础上进行的，因此它对于区域匹配关系的建立并没有贡献，只对最终建立配准函数的精度有贡献。该参考文献的另一个主要贡献是针对光学图像（如 SPOT 图像）和 SAR 图像之间的配准提出了一种基于活动轮廓分割闭合区域的方法。由于 SAR 图像含有较多的斑纹噪声，一般方法很难分割出好的闭合边缘。该参考文献针对这一困难采用容易得到闭合边缘的活动轮廓方法。这里的假设条件是两幅图像已经经过了人工和先验的预配准，使得它们之间每个像素的失配在 5 个像素以内。这样，光学图像分割出的闭合边缘可以直接映射到 SAR 图像作为活动轮廓方法的初始边界，然后用活动轮廓法分割出准确的闭合区域，并以闭合区域重心作为控制点来确定图像的配准变换。该方法虽然对一些光学图像和 SAR 图像的配准取得了较好的效果，然而对于仅仅有平移和旋转失配的图像，若再辅之以人工预配准，则降低了其实际应用价值。

　　基于边缘和区域轮廓的图像配准方法还包括 Bourret 等人提出的分割能量函数极小化方法[25]，以及 Wang 等人提出的先分割图像形成闭区域，然后利用闭区域的重心作为特征点，并连接特征点组成线段，通过线段的角度差和线长度的比率而获得匹配特征点对的方法[26] 等。

　　从以上文献中可以看到，在一些情况下基于边缘轮廓和闭合区域的方法是具有鲁棒性的有效配准方法，它还适用于一部分多模态图像。然而，这类方法完全依赖于对图像的边缘提取和分割技术，使得它也具有相当的局限性。这要求图像必须适合于分割算法，并且图像中的边缘信息必须有很好的保留，以便能分割得到足够的闭合区域轮廓等。对于多数待配准的图像来说，这通常是苛刻的。实际情况往往是要么无法得到足够的闭合轮廓，要么区域之间重叠干扰现象严重，很难区分提取的边缘图像，也常常因过于细碎很难得到强的闭合完整边缘。这些都会给基于边缘和区域的方法带来难以克服的困难。另外，如果图像的尺寸很大，对全图进行分割或边缘提取运算的耗时程度也不容忽视。

2.6　图像重采样

　　在图像配准中，首先根据参考图像与待配准图像对应的点特征，求解两幅图像之间的变换参数；然后将待配准图像作相应的空间变换，使两幅图像处于同一坐标系下；最后，通过灰度变换，对空间变换后的待配准图像的灰度值进行重新赋值，即重采样。常用的重采样方法有最近邻法、双线性插值法、双三次卷积法。

1. 最近邻法

最近邻法是将距 (u_0, v_0) 点最近的整数坐标 (u, v) 点的灰度值取为 (u_0, v_0) 点的灰度值,如图 2.12 所示。

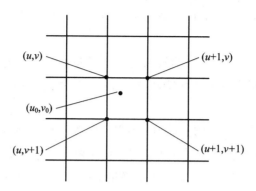

图 2.12　最近邻法

最近邻法的优点在于简单直观,易于实现,适合于实时处理场合,但当 (u_0, v_0) 点相邻像素间灰度差很大时,这种灰度估值方法会产生较大的误差,使得像素不连续,出现锯齿现象。

2. 双线性插值法

双线性插值法是对最近邻法的一种改进,即用线性内插方法,根据 (u_0, v_0) 点的 4 个相邻点的灰度值,插值计算出 $f(u_0, v_0)$ 值,如图 2.13 所示。

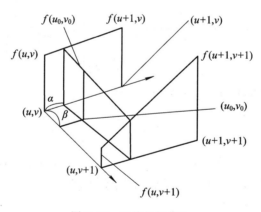

图 2.13　双线性插值法

双线性插值法的具体过程如下:

(1) 根据 $f(u, v)$ 及 $f(u+1, v)$ 插值求 $f(u_0, v)$:
$$f(u_0, v) = f(u, v) + \alpha[f(u+1, v) - f(u, v)]$$

(2) 根据 $f(u, v+1)$ 及 $f(u+1, v+1)$ 插值求 $f(u_0, v+1)$:
$$f(u_0, v+1) = f(u, v+1) + \alpha[f(u+1, v+1) - f(u, v+1)]$$

(3) 根据 $f(u_0, v)$ 及 $f(u_0, v+1)$ 插值求 $f(u_0, v_0)$:
$$
\begin{aligned}
f(u_0, v_0) &= f(u_0, v) + \beta[f(u_0, v+1) - f(u_0, v)] \\
&= (1-\alpha)(1-\beta)f(u, v) + \alpha(1-\beta)f(u+1, v) \\
&\quad + (1-\alpha)\beta f(u, v+1) + \alpha\beta f(u+1, v+1)
\end{aligned}
$$

上述 $f(u_0, v_0)$ 的计算过程，实际是根据 $f(u_0, v_0)$ 邻近的 4 个点的灰度值作两次线性插值而得到的。上述 $f(u_0, v_0)$ 的计算方程可改写为

$$f(u_0, v_0) = [f(u+1, v) - f(u, v)]\alpha + [f(u, v+1) - f(u, v)]\beta$$
$$+ [f(u+1, v+1) + f(u, v) - f(u, v+1) - f(u+1, v)]\alpha\beta + f(u, v)$$

$$(2 - 46)$$

双线性插值法的计算量大，但缩放后的图像质量高，不会出现图像像素不连续的情况。双线性插值法具有低通滤波器的特性，使高频分量受损，所以，图像的边缘变得模糊。

3. 双三次卷积法

为了得到点 (u_0, v_0) 更精确的灰度值，不仅需要考虑与点 (u_0, v_0) 直接相邻的 4 个点，还要考虑该点周围 12 个间接邻点的灰度值对它的影响，此时可采用双三次卷积法。双三次卷积法实质上是利用一个三次多项式来近似理论上的最佳插值函数 $\sin c(x)$ 的，如图 2.14 所示。

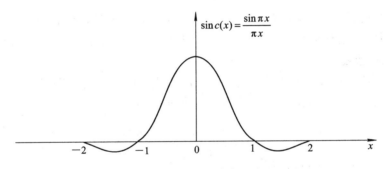

图 2.14　双三次卷积法

这个双三次多项式的表达式为

$$s(x) = \begin{cases} W(x) = 1 - 2x^2 + |x|^3 & , 0 \leqslant |x| \leqslant 1 \\ W(x) = 4 - 8|x| + 5x^2 - |x|^3 & , 1 \leqslant |x| \leqslant 2 \\ W(x) = 0 & , 2 \leqslant |x| \end{cases} \quad (2 - 47)$$

利用上述插值函数，可采用下述步骤插值计算出 $f(u_0, v_0)$。

(1) 计算 α 和 β：

$$\alpha = u_0 - [u_0]$$
$$\beta = v_0 - [v_0]$$

(2) 根据 $f(u-1, v), f(u, v), f(u+1, v), f(u+2, v)$ 计算 $f(u_0, v)$：

$$f(u_0, v) = s(1+\alpha)f(u-1, v) + s(\alpha)f(u, v)$$
$$+ s(1-\alpha)f(u+1, v) + s(2-\alpha)f(u+2, v)$$

同理可得 $f(u_0, v-1), f(u_0, v+1), f(u_0, v+2)$。

(3) 根据 $f(u_0, v-1), f(u_0, v), f(u_0, v+1), f(u_0, v+2)$ 计算 $f(u_0, v_0)$：

$$f(u_0, v_0) = s(1+\beta)f(u_0, v-1) + s(\alpha)f(u_0, v)$$
$$+ s(1-\beta)f(u_0, v+1) + s(2-\beta)f(u_0, v+2)$$

上述计算过程可以用矩阵表述为

$$f(u_0, v_0) = \mathbf{ABC} \tag{2-48}$$

$$\mathbf{A} = [s(1+\alpha), s(\alpha), s(1-\alpha), s(2-\alpha)]$$

$$\mathbf{C} = [s(1+\beta), s(\beta), s(1-\beta), s(2-\beta)]^{\mathrm{T}}$$

$$\mathbf{B} = \begin{bmatrix} f(u-1, v-1) & f(u-1, v) & f(u-1, v+1) & f(u-1, v+2) \\ f(u, v-1) & f(u, v) & f(u, v+1) & f(u, v+2) \\ f(u+1, v-1) & f(u+1, v) & f(u+1, v+1) & f(u+1, v+2) \\ f(u+2, v-1) & f(u+2, v) & f(u+2, v+1) & f(u+2, v+2) \end{bmatrix}$$

与前面两种方法比较，双三次卷积函数重采样能够保持灰度连续和保留高频信息，其误差约为双线性插值法的 1/3，精度高，能得到较高的图像质量，特别是能保持较好的图像细节，但其计算量较大。

几种插值算法的性能比较如表 2.1 所示。

表 2.1　几种插值算法的性能比较

方　法	优　点	缺　点	建　议
最近邻法	简单易用，计算量小	处理后的图像亮度具有不连续性，精度不高	最大可能产生 0.5 个像素的位置误差，虽然精度不高但却易实现，适合于实时处理场合
双线性插值法	精度明显提高，特别是对亮度不连续现象有明显的改善	计算量增加，且对图像起到平滑作用，从而使对比度明显的分界线变得模糊	鉴于该方法的计算量和精度适中，只要不影响所需的精度，便可作为可取的方法而被采用
双三次卷积法	更好的图像质量，细节表现得更为清楚	涉及矩阵间的卷积运算，计算量很大	该方法要求位置校正过程更精确，即对控制点选取的均匀性要求更高

2.7　本章小结

本章首先介绍了图像增强、图像校正、图像去噪、图像配准、图像重采样等基本理论。由前文分析可知，图像增强的方法往往具有针对性，对某类图像增强效果好的增强方法未必一定适用于另一类图像；图像校正及去噪是实现图像配准的必要保证，同样也是图像融合中的重点环节；在图像配准中重点介绍了基于灰度信息、基于变换域和基于特征信息的图像配准方法。通过对各类图像配准方法的研究我们可以看到，图像配准方法是强依赖于图像本身的，往往不同的图像配准方法都针对的是不同类型图像的配准问题。到目前为止，还不存在哪种图像配准方法能适用于各种图像配准问题的情况。因此，图像配准方法研究的两个重要的目标是：一方面提高算法对于适用图像的有效性、准确性和鲁棒性，另一方面也力求能扩展其适用性和应用领域。

参 考 文 献

［1］　李介谷，等. 图像处理技术. 上海：上海交通大学出版社，1988.

［2］　Pratt W K. Digital Image Processing. New York：John Wiley & Sons，Inc. ，1978.

［3］　Rosenfeld A and Kak A C. Digital Picture Processing，Vol. I and II. Orlando：Academic Press，1982.

［4］　Castleman K R. Digital Image Processing. New Jersey：Prentice-Hall，Englewood Cliffs，1979.

［5］　Gonzalez R C，Wintz P. Digital Picture Processing. Massachusetts：Addison-Wesley，Reading，1977.

［6］　孙即祥. 数字图像处理. 石家庄：河北教育出版社，1993.

［7］　Ghaffary B K，Sawchuk A A. A survey of new techniques for image registration and mapping［C］. Proc. SPIE：Applications of Digital Image Processing，1983(432)：222-239.

［8］　Pratt W K，Wiley John. Digital Image Processing. 2nd ed New York，Wiley，1991.

［9］　Kuglin C D，Hines D C. The Phase Correlation Image Alignment Method［C］. Proc. IEEE 1975 Int. Conf. Cybernetics and Society，September 1975，163-165.

［10］　Rosenfeld A and Kak A C. Digital Picture Processing，Vol. I and II. Orlando：Academic Press，1982.

［11］　Vlexandrov V V，Gorsky N D and Mysko S N. A fast technique for recursive scene matching using pyramids［J］. Pattern Recognition Letters，1985，PRL(3)：413-419.

［12］　Bonmassar G，Schwartz E L. Improved cross-correlation for template matching on the Laplacian pyramid［J］. Pattern Recognition，1998，19(8)：763-970.

［13］　Kuglin C D，Hines D C. The Phase Correlation Image Alignment Method［A］. Proc. IEEE 1975 Int. Conf. Cybernetics and Society，September 1975：163-165.

［14］　Reddy B Srinivasa，Chatterji B N. An FFT-Based Technique for Translation，Rotation，and Scale-Invariant ［A］. Image Registration，IEEE Trans. on Image Processing，1996，5 (8)：1266-1271.

［15］　Stockman G C，Kopstein S and Benett S. Matching images to models for registration and object detection via clustering［A］. IEEE Transactions on Pattern Analysis and Machine Intelligence，1982，4：229-241.

［16］　Medioni G，Nevatia R. Matching Images using Linear Features［A］. IEEE Trans. on Pattern Analysis and Machine Intelligence，PAMI-6，1984：675-685.

［17］　Kennedy J，Eberhart R C. Particle swarm optimization. Proceedings of the 1995 IEEE International Conference on Neural Networks (Perth，Australia)［A］. IEEE Service Center，Piscataway，NJ，IV：1942-1948.

［18］　Goshtasby A，Stockman G C，Page C V. A region-based approach to digital image registration with subpixel accuracy［A］. IEEE Trans. on Geoscience and Remote Sensing，1986，GE-24(3)：390-399.

［19］　Ohlander R，Price K，Reddy R. Picture segmentation using recursive region splitting method［J］. Computer Graphics Image Processing，1978，vol. 8，pp：313-333.

［20］　Ton J，Jain A K. Registration Landsat images by point matching［A］. IEEE Trans. on Geoscience and Remote Sensing，1989，27：642-651.

［21］　Flusser J，Suk T. A moment-based approach to registration of images with affine geometric distortion［A］. IEEE Trans. on Geoscience and Remote Sensing，1994，32(2)：382-387.

［22］　Flusser J，Suk T. Pattern recognition by affine moment invariants［J］. Pattern Recognition，1993，vol. 26：167-174.

［23］　Dai Xiaolong，Khorram Siamak. A feature-based image registration algorithm using improved chain-code representation combined with invariant moments［A］. IEEE Trans. on Geoscience and

Remote Sensing，1999，37(5)：2351-2362.

[24] Li Hui，Manjunath B S，Mitra S K. A contour-based approach to multisensor image registration [A]. IEEE Trans. on Image Processing，1995，4(3)：320-334.

[25] Bourret P，Cabon B. A neural approach for satellite image registration and pairing segmented areas [J]. SPIE，1995，(2579)：22-26.

[26] Wang Wen Hao，Chen Yung chang. Image registration by control points pairing using the invariant properties of line segments[J]. Pattern Recognition Letters，1997，18(3)：269-274.

第3章　图像成像特性和图像
融合性能评价

3.1　引　　言

图像传感器成像的过程中，受传感器噪声、传感器视角的变换、光线和天气变化、异类传感器图像成像特性不同等诸多因素的影响，同一场景的不同图像传感器所获取的图像往往会有很大的差异。多幅图像的差异可以表现为：具有不同的灰度属性和物理意义、不同的空间分辨率及不同的光谱特性等[1]。

现有的图像融合算法，大多数没有对图像传感器的成像机理、源图像的成像特性等先验信息进行综合分析，而仅仅从源图像本身入手，将待融合图像作为一种普通的二维信号来处理，因而并不能得到优良的融合效果。我们认为，应根据图像类型及图像融合目的的不同，分析各种图像传感器的成像机理、源图像的成像特性，采取与图像成像特性相适应的融合策略，以获取满意的融合效果。因此，本章首先系统阐述各种图像传感器的成像机理及其对应图像的成像特性，然后从主客观两方面介绍常用的图像融合性能评价指标。

3.2　各种图像成像特性分析

获取图像的传感器除了可见光黑白摄像仪、多光谱成像仪、红外摄像仪和紫外线摄像仪外，还包括合成孔径雷达(SAR)在内的各种雷达等。这些传感器通过不同载体、不同高度、不同空间分辨率、不同波谱段和不同时相获得对目标观测的图像数据。以下重点分析几种图像传感器所成图像的特性。

3.2.1　多聚焦可见光图像成像特性

由于光学镜头的景深有限，人们在摄影时很难获取一幅所有景物均聚焦清晰的图像。在一个场景中，聚焦良好的物体，可获取清晰的图像，该物体前后一定距离外的所有物体，都将呈现不同程度的模糊。解决该问题的有效方法之一是对同一场景拍摄多幅聚焦点不同的图像，称之为多聚焦图像。由于聚焦点的不同，多聚焦图像中具有不同的清晰区域和模糊区域。

在几何光学条件以及线性不变假设条件下，离焦光学系统主要取决于其点扩展函数[2,3]（Point Spread Function，PSF），离焦模糊图像 $g(x,y)$ 与理想调焦像函数 $g_r(x,y)$ 的关系可以表示为

$$g(x, y) = h(x, y) * g_r(x, y) + n(x, y) \qquad (3-1)$$

其中，$n(x, y)$ 为随机噪声函数，$h(x, y)$ 为离焦成像系统的点扩展函数，$*$ 表示卷积运算。

点扩展函数 $h(x, y)$ 可以通过如下方法获得。如图 3.1 所示，图中 P 点表示点物，U 表示物距，V 表示准焦距，D 表示透镜的孔径，Z 表示离焦量，Q 表示 P 的调焦像，i 表示摄像平面。当传感器的靶面和像平面重合时，即在聚焦良好的情况下，点物 P 经透镜成像在 Q 点处；而当传感器的靶面和像平面不重合时，即在离焦情况下，点物 P 经透镜成像在靶面 i 上时就形成了一定大小的模糊光斑，该模糊光斑称为点物 P 的离焦像。调焦像平面距摄像平面越远，这个模糊光斑的半径 R 就越大。R 通过透镜原理可表示为

$$R = \frac{1}{2} D(V + Z) \left(\frac{1}{f} - \frac{1}{U} - \frac{1}{V + Z} \right) \tag{3-2}$$

则相应的点扩展函数 $h(x, y)$ 可以定义为

$$h(x, y) = \begin{cases} 1, & \sqrt{x^2 + y^2} \leqslant R \\ 0, & \sqrt{x^2 + y^2} > R \end{cases} \tag{3-3}$$

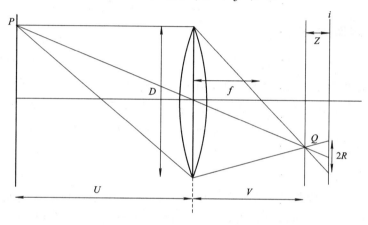

图 3.1　离焦光学系统

点扩展函数 $h(x, y)$ 的二维傅立叶变换，即光学成像系统的光学传输函数（Optical Transfer Function，OTF），可以表示为

$$H(f_x, f_y) = 2\pi R \frac{J_1(2\pi R \sqrt{f_x^2 + f_y^2})}{\sqrt{f_x^2 + f_y^2}} \tag{3-4}$$

其中，$J_1(\cdot)$ 为第一类一阶贝塞尔函数。OTF 反映了成像系统对输入图像中不同频率成分的响应程度。由式（3-4）知，在离焦量确定，即光斑半径 R 大小确定的前提下，光学成像系统的 $H(f_x, f_y)$ 主要取决于函数 $J_1(x)/x$ 的特性。图 3.2 给出了 $J_1(x)/x$ 的函数曲线图。从图 3.2 可以得知函数 $J_1(x)/x$ 的能量主要集中在"0"附近，从而也表明函数 $H(f_x, f_y)$ 的能量主要集中在低频区域，即函数 $H(f_x, f_y)$ 具有低频滤波特性。因而离焦成像系统可近似为一种低通滤波器。离焦成像系统作为一个低通滤波器，大大抑制了原始图像的高频细节信息，使得离焦图像具有模糊特性，而聚焦良好的图像则具有丰富的高频细节信息，因此，对于多聚焦图像，可以根据相应区域或位置（像素）处的高频细节信息确定该区域或位置（像素）的聚焦特性。图像的方差、区域梯度能量、空间频率、清晰度等因子在某种程度上都能反映图像的高频细节信息，因而能够很好地反映多聚焦图像的聚焦特性，能够很好地区分多聚焦图像中的清晰区域与模糊区域[4]。

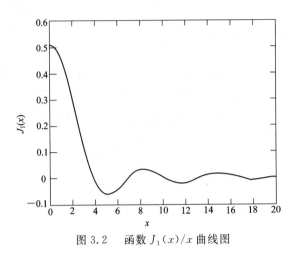

图 3.2　函数 $J_1(x)/x$ 曲线图

3.2.2　红外图像成像特性

红外图像传感器工作在中红外区域(波长为 $3\sim5~\mu\mathrm{m}$)或远红外区域(波长为 $8\sim12~\mu\mathrm{m}$)。通过探测物体发出的红外辐射,红外图像传感器产生一个实时的图像,从而提供一种景物的热图像,并将不可见的辐射图像转变为人眼可见的、清晰的图像。这种热图像与物体表面的热分布场相对应,物体的温度越高,则红外辐射越强。辐射的频谱分布或波长与物体的性质和温度有关。衡量物体辐射能力大小的量,称为辐射系数。红外传感器具有以下两个特性[5]:

(1) 大气、烟云等吸收可见光和近红外线,但是对 $3\sim5~\mu\mathrm{m}$ 和 $8\sim14~\mu\mathrm{m}$ 的热红外线却是透明的。因此,这两个波段被称为热红外线的"大气窗口"。利用这两个窗口,红外传感器可以在完全无光的夜晚或是在烟云密布的条件下,清晰地获取到前方的情况。

(2) 物体的热辐射能量的大小,直接和物体表面的温度相关。热辐射的这个特点使红外传感器可以对物体进行无接触温度测量和热状态分析。

按照线性系统理论,热成像系统的空间响应模型为

$$I(i, j, t) = O(i, j, t) * W(i, j, t) \tag{3-5}$$

其中,$I(i, j, t)$ 和 $O(i, j, t)$ 分别表示图像和场景在空间域的分布函数,$W(i, j, t)$ 为系统的响应函数或点扩散函数(PSF),i、j、t 分别表示空间域和时间域坐标。式(3-5)说明系统的响应卷积过程导致热图像的模糊。

根据上述理论,结合实际热成像系统的输出结果,红外热图像具有以下特点:

(1) 红外传感器只敏感于目标场景的辐射(主要由景物的辐射系数及温差决定),用以表征景物的温度分布,对景物的亮度变化不敏感,因此红外图像明显缺乏景物的光谱信息。

(2) 黑色或表面颜色较深的物体辐射系数大,辐射较强。亮色或表面颜色较浅的物体辐射系数小,辐射较弱。反映在红外图像中,深色物体的灰度值较高,而浅色物体的灰度值则较低。

(3) 由于景物热平衡、光波波长较长、传输距离远、大气衰减等原因,造成红外图像空

间相关性强、对比度低、视觉效果模糊。

（4）外界环境的随机干扰和热成像系统的不完善，给红外图像带来多种多样的噪声，比如热噪声、散粒噪声、光子电子涨落噪声等。这些分布复杂的噪声使得红外图像的信噪比比通常的可见光图像低。

（5）由于红外热探测仪各探测单元的响应特性不一致、光机扫描系统存在缺陷等原因，带来多种多样的噪声，造成红外图像的非均匀性，体现为图像的固定图案噪声、串扰、畸变等。

从上面的分析可以得知，红外图像一般较暗，且目标图像与背景对比度低，边缘模糊。

3.2.3　SAR 图像成像特性

SAR 的全称是 Synthetic Aperture Radar，即合成孔径雷达。SAR 是一种主动式、高分辨率的微波遥感雷达传感器，它利用脉冲压缩技术提高距离分辨率，用综合孔径原理提高方位分辨率，从而获取距离上和方位上的高分辨率微波图像。

SAR 和其他大多数雷达一样，是通过精确测量脉冲发射与接收到的目标回波之间的时间差来确定距离值的。不同的是，SAR 是向一侧发射电磁波脉冲的，如图 3.3 所示，不同距离地物散射回来的回波被记录下来，同时通过飞行器的运动和记录胶片（或磁带）的运动配合形成条带影像的另一维。图像中平行于飞行航线的方向称为方位向，垂直于航线的方向称为距离向。SAR 得到的原始数据并不是图像，只是一组包含强度、位相、极化、时间延迟和频移等信息的大矩阵。这些原始数据信号经过复杂的处理最终得到图像表示。从上述 SAR 成像原理可知：在典型的二维 SAR 图像中，距离是沿雷达平台的航迹测量的，它只是其中的一个像元。另外一个像元是方位，它与距离保持垂直。方位分辨率与波束宽度成反比关系。

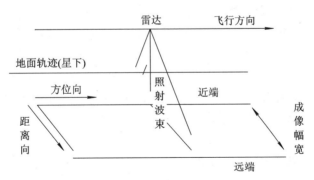

图 3.3　侧视雷达成像原理

SAR 图像的亮度由相应目标景象区域返回的部分发射能量确定，返回能量的多少取决于雷达截面积（RCS）。目标 RCS 值取决于许多因素，包括反射面的特性、种类和方向，潮湿状况，脉冲极化，天线的相对角度和雷达的频率等[1]。平直且光滑的表面，例如道路或积水的宽阔区域等，在 SAR 图像中通常较暗，因为它们只能以直角反射能量，偏离了发射机方向。另外，向接收机方向倾斜的表面或建筑物群将能量直接反射回发射机，在 SAR 图像中显得非常明亮。粗糙的表面可能会在所有方向上反射能量，所以它们的图像亮度比较适中。综上所述，SAR 图像具有以下特性：

（1）SAR 具有穿透云层和雨云的能力，不受日昼的限制，是一种全天候的遥感器。

（2）SAR 比可见光更能深入地穿入植被。改变 SAR 的波长可以得到植被下层甚至地下的信息。

（3）SAR 的测试工作方式带给图像的显著优点是图像的地物之间的边缘轮廓比较清楚。

3.2.4　遥感传感器及其成像特性

遥感（Remote Sensing）是一种远距离的、非接触的目标探测技术和方法。它通过对目标进行探测来获取目标的信息，然后对所获取的信息进行加工处理，从而实现对目标进行定位、定性或定量的描述。它是一种以物理手段、数学方法和地学分析为基础的综合应用技术[1]。目标信息的获取主要利用了从目标反射和辐射来的电磁波。新型传感器不断涌现，已从单一传感器发展到多传感器，初步形成了由系列卫星和多种传感器组合为主体的对地观测网。随着现代遥感技术的发展，由各种卫星传感器对地观测获取的同一地区的多源遥感图像数据越来越多，这些数据可以提供包括多时相、多光谱、多平台和多分辨率的图像。它们为资源调查、环境监测等提供了丰富而又宝贵的资料，从而构成了用于全球变化研究、环境监测与评估、资源调查和灾害动态监测与防治等多层次应用。

遥感图像的最大特点是信息获取的多源性。由于平台载体的多层次，不同遥感平台的高度、运行速度、观测范围、图像分辨率等都不相同。不同的遥感平台可以提供同一地区的不同光谱分辨率、不同时间分辨率和不同空间分辨率的遥感图像。遥感图像的特性在很大程度上取决于其成像过程，它与遥感平台所携带的遥感传感器密切相关。遥感传感器发展到今天，种类非常繁多。下面重点分析几种遥感传感器所成图像的特性。

1. 多光谱图像传感器及其特性

对同一地区、在同一时刻摄取多个波段影像的摄影机称为多光谱摄影机。采用多光谱摄影的目的，是充分利用地物在不同光谱区有不同的反射特征，来增加获取目标的信息量。常用的多光谱摄影机有单镜头和多镜头两种形式。单镜头型多光谱摄影机在物镜后利用分光装置，将收集的光束分离成不同的光谱成分，而形成地物不同波段的影像。多镜头多光谱摄影机利用多个物镜获取地物在不同波段的反射信息，其镜头的数量决定了其获取多光谱图像的波段能力。

2. SPOT 卫星全光谱 HRV 扫描仪

SPOT 全称 Satellite Probatoire Pourl'Observation de la Terre，即地球观察测试卫星。法国 SPOT – 1.2.3 卫星上装载的高分辨率可见光传感器（High Resolution Visible imaging System，HRV）是一种线阵列推扫式扫描仪。它可以以两种形式成像。一种是多光谱形式的 HRV，每个波段的线阵列探测器组由 3000 个 CCD 元件组成，每个元件形成的像元对应的地面面积为 20 m×20 m，一行 CCD 探测器形成的影像线，对应的地面面积为 20 m×60 km。另一种是全光谱 HRV，它用 6000 个 CCD 元件组成一行，地面上的总宽度仍然为 60 km，因此每个像元对应的地面面积为 10 m×10 m。SPOT 上 HRV 的观测数据的光谱范围见表 3.1。图 3.4 是 SPOT 卫星的谱响应图。

表 3.1　SPOT - 1.2.3 上 HRV
的观测参数

波段	波长/μm	空间分辨率/m
XS_1	0.50～0.59	20
XS_2	0.61～0.68	20
XS_3	0.78～0.89	20
PAN	0.51～0.71	10

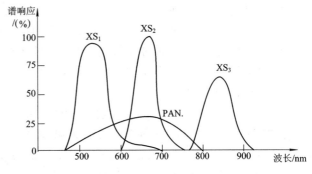

图 3.4　SPOT 卫星全色谱、多谱成像的谱响应

3. TM 图像特性分析

TM 的全称是 Thematic Mapper，即专题绘图仪。它是在 1972 年美国发射的地球观测卫星 Landsta 4、5 号上搭载的一种多光谱扫描仪，其数字产品是 TM 磁带。TM 遥感图像因其丰富的多光谱信息而被广泛使用。

TM 所采用的光机扫描仪是对地表的辐射分光后进行观测的机械扫描型辐射计，它把卫星的飞行方向与利用旋转镜式摆动镜对垂直飞行方向的扫描结合起来，从而能接收到二维信息。这种遥感器主要由采光、分光、扫描、探测元件、参照信号等部分构成。这种机械扫描型辐射计与推扫式扫描仪相比具有扫描条带较宽、采光部分的视角小、波长间的位置偏差小以及分辨率高等特点，但在信噪比方面劣于像面扫描方式的推扫式扫描仪[4]。

TM 的波谱范围大，工作波段多。TM 有 7 个波段，每个波段范围较窄，因而谱分辨率较高。TM 的空间分辨率为 30 m，亮度数字化级数是 256，某一场景的 TM 影像数据对应的地面面积为 185 km×185 km，每一波段大约有 5965 个扫描行，每个扫描行大约有 6967 个像元点，每个像元点对应的实际地面大小为 30 m×30 m。TM 图像的光谱范围见表3.2。

表 3.2　TM 图像的光谱范围

波　段	波长/μm	空间分辨率/m
TM1	0.45～0.52	30
TM2	0.52～0.60	30
TM3	0.63～0.69	30
TM4	0.76～0.90	30
TM5	1.55～1.75	30
TM6	10.4～12.5	60
TM7	2.08～2.35	30

3.2.5　医学图像成像特性

在医学上常用的成像方式有 CT 成像、MRI 成像、PET 成像等。

CT(Computed Tomography)即计算机断层扫描成像。CT 是用 X 射线束对人体某部一定厚度的层面进行扫描。由于人体内不同的组织或器官拥有不同的密度与厚度，故其对 X 射线产生不同程度的衰减作用，从而形成不同组织或器官的灰阶影像对比分布图。由探测器接收透过人体某部层面的 X 射线，转变为可见光后，由光电转换变为电信号，再经模拟/数字转换器转换为数字信号，输入计算机处理。扫描所得信息经计算而获得每个体素的 X 射线衰减系数或吸收系数，排列成矩阵，即数字矩阵，经数字/模拟转换器把数字矩阵中的每个数字转换为由黑到白不等灰度的小方块，即像素，并按矩阵排列，即构成 CT 图像。所以，CT 图像是重建图像。每个体素的 X 射线吸收系数可以通过不同的数学方法算出。

MRI(Magnetic Resonance Imaging)即核磁共振成像。人体内含有非常丰富的氢原子（即质子），且每一个氢原子核都如同一个小磁铁，而人体内不同物质、组织或器官彼此之间所含的氢原子核密度皆不相同，因此 MRI 利用均匀的强磁场和可改变区域磁场强度的特定频率的射频脉冲，经由各种脉冲程序的控制，使得氢原子核产生磁矩的回旋动力的变化，然后依据法拉第电磁感应定律，将这种变化转换成电流信号并记录下来，最后由电脑处理而形成不同物质、组织或器官的灰阶影像对比分布图，其所呈现的为断层切面且分辨率高的影像，所提供的是人体解剖结构方面的图像。

PET(Positron Emission Tomography)即正电子发射断层成像。PET 利用回旋加速器加速带电粒子轰击靶核，通过核反应产生带正电子的放射性核素，并合成显像剂，引入体内定位于靶器官，它们在衰变过程中发射带正电荷的电子，这种正电子在组织中运行很短距离后，即与周围物质中的电子相互作用，发生湮没辐射，发射出方向相反、能量相等的两光子。PET 成像采用一系列成对的互成 180°排列后接复合线路的探头，在体外探测示踪剂所产生的湮没辐射的光子，采集的信息通过计算机处理，显示出靶器官的断层图像并给出定量的生理参数。

CT 和 MRI 得到的均是断层扫描图像。CT 图像中图像亮度与组织密度有关，骨骼在 CT 图像中的亮度高，一些软组织在 CT 图像中无法反映；MRI 图像中图像亮度与组织中的氢原子等的数量有关，一些软组织在 MRI 图像中的亮度高，而骨骼在 MRI 图像中无法显示。由于这些固有特点，两种图像包含的信息是"互补"的，可以近似认为是由不同聚焦而生成的，只是离焦部分目标高度模糊，基本不可见，而且聚焦点和离焦点并不是通常多聚焦图像中的一个或两个，而是有无穷多个。同时，核磁共振成像中为节省成像时间，往往只采集部分信号，余下部分用 0 补足，致使融合后的图像容易产生吉布斯效应[6, 7]。PET 从分子水平出发，是一种反映分子代谢的显像，它把组织病理学检查延伸为组织局部生物化学的显示，提供的是单一放射性药物在人体器官中的分布图像。PET 图像单调、简单、容易分析，当疾病早期处于分子水平变化阶段，病变区的形态结构尚未呈现异常，CT、MRI 检查还不能明确诊断时，PET 检查即可发现病灶所在，并可获得三维影像，还能进行定量分析，达到早期诊断，这是目前其他影像检查所无法比拟的。

3.2.6　毫米波图像成像特性

毫米波一般指电磁波谱中频率为 30～300 GHz 的这一部分，对应的波长为 1～10 mm。毫米波段位于微波和红外线之间，它的特性既不同于红外线又不同于微波。毫米波探测技术具有指向性好、抗干扰能力强、探测性能好、区别金属目标和周围环境的能力强等突出特点。在毫米波探测技术中，毫米波辐射成像由于能获取目标的直观形状特征或基本结构等丰富的目标信息，而成为研究热点。

与微波相比，毫米波有如下特点：

(1) 精度高。近感装置的探测精度取决于对目标的空间分辨率，即取决于角度和距离分辨率。若近程雷达截面的角分辨率为 R_Δ，则有

$$R_\Delta = \theta R = K_h \frac{\lambda}{D} \tag{3-6}$$

式中：θ 为半功率点波束宽度；R 为目标与雷达间的距离；λ 为雷达的工作波长；D 为天线的直径；K_h 决定于天线类型及加权函数的比例系数。

从式(3-6)可见，与厘米波相比，毫米波波长短，其系统的角分辨率比厘米波高。由于多普勒频率的大小反比于工作波长，因此，在毫米波波段内，多普勒雷达灵敏度响应高，有利于对极低速目标的测量及跟踪。

(2) 抗干扰能力强。在相同的几何尺寸下，毫米波系统的波束窄，因而毫米波雷达信号的空间体积小，抗干扰能力强。

在相同的带宽下，毫米波系统频率高，绝对带宽大，在电子对抗中可迫使敌方干扰机功率分散，难以达到堵塞和干扰的目的。被动式毫米波系统不发射信号，敌人难以侦察到，更难以开展电子对抗。

对于毫米波近程探测系统，由于雷达接收机的发射功率小，接收机灵敏度低，再加之大气对毫米波的衰减影响，敌人往往难以侦察。要对该系统施放干扰必须发射很大的功率。特别当近感装置采用非大气窗口频率时，大气的强烈衰减对作用距离为几十厘米至几百米的近感装置的影响可以忽略，但可迫使敌人大幅度地提高施放干扰的功率，因而能增强近感装置的抗干扰能力[8]。

(3) 仰角探测性好。在一般微波系统中，当雷达探测仰角低于一个波束以下的目标时，天线的方向性对反射波失去抑制作用，将产生严重的多路径效应，引起测角和测速的误差。目前，实现低仰角跟踪的有效方法是通过缩减波束宽度来减少投射到地面的电磁能。毫米波波段的波束窄，地物散射小，可以减少多路径干扰和地物杂波。

(4) 受大气衰减和雨的影响较大。毫米波系统的作用距离受大气传播特性的限制较大。引起衰减的主要原因是：晴朗天气时大气对水蒸气分子的吸收，散射和雾雨天气时大气对凝聚水滴的吸收及散射等。毫米波系统的工作频率可选择为 35 GHz、94 GHz、140 GHz 和 220 GHz 四个吸收较小的大气窗口波段。由于近感装置工作距离近，可忽略大气衰减的影响，甚至也可工作于非大气窗口频率。

与红外相比毫米波还有另外一些特点：

(1) 受气象和烟尘的影响较小。红外探测系统在云雾、战场烟尘、施放烟雾等的遮蔽下，往往很难工作。而毫米波系统，特别是工作于毫米波低端的近感系统，战场烟尘、人工烟雾均对其影响不大，具有全天候工作能力。

(2) 区别金属目标和周围环境的能力较强。物体辐射的能量可表达为物体的表观温度：

$$T_{ap} = \varepsilon T \tag{3-7}$$

式中：T 为物体本身的温度(也叫物理温度)；ε 为物体的辐射率。

对于热平衡状态的物体，其辐射率

$$\varepsilon = 1 - \rho \qquad\qquad (3-8)$$

式中：ρ 为物体的反射率。

不同物体的辐射率差异很大，金属目标的毫米波辐射率近似为 0。当应用被动式毫米波辐射计探测地面金属目标时，无论金属目标处于高温还是低温，由于其毫米波辐射为零，故其辐射温度也为零。它仅能反射空气的毫米波辐射温度，此温度往往比地面温度（例如，草地可近似为 1）低很多。因此地面上的金属目标相对于草地可近似被看做是"冷"的，就很容易从地面检测出金属目标。对于红外，只有金属目标本身发热时才易检测，当金属目标与周围地面温度相同时，红外探测器无法检测和区分处于地面上的金属目标。

如上所述，由于具有全天时、全天候的成像特性，并且可以提供微波和红外成像不能提供的信息，所以毫米波辐射在军事制导中得到了广泛的应用。通过毫米波辐射计分别飞越金属目标与水泥（草）地面，当探测距离、探测角度、天线特性一定时，输出电压信号的波形幅度只与目标和背景的辐射特性（辐射率）差异有关。毫米波导引头和末敏弹的毫米波被动制导系统就是通过比较目标与背景的辐射特性差异，进行被动探测与寻的制导的[9]。

3.3　图像融合性能评价

对图像的观察者而言，图像的含义主要包括两个方面：一是图像的逼真度，另一个是图像的可懂度。图像的逼真度描述被评价图像与标准图像的偏离程度，通常使用归一化均方差来度量。而图像的可懂度则是表示图像能向人提供信息的能力。多年来，人们总是希望能够给出图像逼真度和可懂度的定量测量方法，以作为评价图像质量和设计图像系统的依据。但是由于目前对人的视觉系统功能还没有充分地理解掌握，对人的心理因素还找不出定量的描述方法，因此这个问题一直没有很好地解决。

在多数情况下，图像融合，尤其是像素级图像融合属于一种中间步骤，即融合结果将作为下一步处理（如地物分类、目标识别等）的输入数据，因此，融合结果质量的评价标准将随其应用目的和领域的不同而有所变化。目前，融合图像质量的评价仍然缺乏统一的准则，通常采用主观视觉判断为主，客观定量分析为辅的原则。能够作为融合结果质量的客观评价参数有很多，在进行质量评价时，必须根据融合算法的特点、融合的目的以及融合结果的用途等实际情况选择适当的参数。下面将对融合图像质量的主观评价方法和客观评价参数分别予以介绍。

3.3.1　图像质量的主观评价

采用主观评价法评价图像的质量受不同的观察者、图像的类型、应用场合和环境条件的影响较大，其只能在统计意义下进行，比较容易实现。图像的主观评价就是以人为观察者，对图像的优劣做出主观定性的评价。选择主观评价的观察者可考虑两类人：一类是未受训练的"外行"观察者，一类是训练有素的"内行"。

主观评价分为两种类型：绝对评价和相对评价。绝对评价是由观察者根据一些事先规定的评价尺度或自己的经验，对被评价图像提出质量判定。有些情况下，也可提供一组标准图像作为参考，帮助观察者对图像质量作出合适的评价。图像主观评价的尺度（即评分标准)往往要根据应用场合等因素来选择和制定。表 3.3 给出了国际上规定的五级质量尺度和妨碍尺度(亦称主观评价的 5 分制)。

表 3.3　　主观评价尺度评分表

分　　数	质　量　尺　度	妨　碍　尺　度
5 分	非常好	丝毫看不出图像质量瑕疵
4 分	好	能看出图像质量瑕疵,但并不妨碍观看
3 分	一般	能清楚地看出图像质量瑕疵,对观看稍有妨碍
2 分	差	对观看有妨碍
1 分	非常差	非常严重地妨碍观看

对一般人多采用质量尺度,对专业人员则多采用妨碍尺度。为了保证图像主观评价在统计上有意义,参加评价的观察者应足够多。应该注意的是,如果图像是观察者很熟悉的内容,则观察者就容易挑出毛病,而给出较低分数;而那些不熟悉图像内容的观察者给出的较高分数并不能准确反映图像的质量。

图像的 MOS(Mean Opinion Score)值即图像的主观评价标准,一般情况下是选用一定数量的专业图像处理人员与非专业人员来为图像打分,再取平均值[10]。用 $A(i, k)$ 表示第 i 个人对第 k 幅图像的打分值,分值取在 5 分以内。因为人眼睛的分辨能力很有限,在五个级别的分值中有时候很难作出取舍,所以可以打半分,这样对第 k 幅图像的主观评价分计算如式(3 - 9)所示:

$$\text{MOS}(k) = \frac{1}{n} \sum_{i=1}^{n} A(i, k) \tag{3 - 9}$$

3.3.2　融合图像质量的客观评价

融合图像的主观评价容易受到人的视觉特性、心理状态等多方面的影响,因此主观评价在实际应用中比较困难。客观评价能够克服主观因素的影响。只有建立了对融合效果的定量评价方法和准则,才可能对各种图像融合方法的性能做出科学、客观的评价,以便开展更加深入的研究。而且,建立了图像融合效果的定量评价方法和准则,就可能使机器或计算机能够自动选取更适合当前任务的、性能更佳的融合方法。但是,当前的图像融合效果的客观评价问题一直没有得到很好的解决,原因是同一融合算法,对于不同类型的图像,其融合效果不同;同一融合算法,观察者感兴趣的部分不同,则认为效果不同;不同的应用要求图像的各项参数不同,由此导致选取的融合方法不同,其效果也不同[11]。目前常用的客观评价指标主要有以下几类。

1. 基于单一图像统计特征的评价指标

1) 均值(Average Value)μ

均值是图像中所有像元亮度值的算术平均值,均值在遥感图像中反映的是地物的平均反射强度,表示了地物的平均反射率,其大小由一级波谱信息决定,即

$$\mu = \frac{1}{M \times N} \sum_{i=1}^{M} \sum_{j=1}^{N} P(i, j) \tag{3 - 10}$$

其中,$P(i, j)$ 为点(i, j) 处的像素值;$M \times N$ 为图像 P 的大小。

2) 标准差(Standard deviation)σ

标准差描述了像元值与图像平均值的离散程度。在某种程度上,标准差也可用来评价图像反差的大小。标准差越大,则图像灰度级分布越分散,图像的反差越大;标准差越小,图像反差越小。σ的计算式为

$$\sigma = \sqrt{\frac{1}{M \times N} \sum_{i=1}^{M} \sum_{j=1}^{N} (P(i, j) - \mu)^2} \qquad (3-11)$$

3) 信息熵(Information Entropy)E

图像的熵值是衡量图像信息丰富程度的一个重要指标,熵值的大小表示图像所包含的平均信息量的多少。对于一幅单独的图像,可以认为其各像素的灰度值是相互独立的样本,则这幅图像的灰度分布为$P = \{P_0, P_1, \cdots, P_i, \cdots, P_n\}$,$P_i$表示图像中像素灰度值为$i$的概率,即灰度值为$i$的像素数$N_i$与图像像素数$N$之比,$L$为图像总的灰度级数。计算信息熵可以客观地评价图像在融合前后信息量的变化。根据Shannon信息论的原理,图像的信息熵定义为

$$E = -\sum_{i=0}^{L-1} P_i \, \text{lb} \, P_i \qquad (3-12)$$

图像的熵值越大,表示融合图像的信息量越大,融合图像所含的信息越丰富,融合质量越好。

4) 平均梯度(Average Grads)$\overline{G}$

平均梯度反映了图像中的微小细节反差表达能力和纹理变化特征,同时也反映了图像的清晰度,其定义为

$$\overline{G} = \frac{1}{M \times N} \sum_{i=1}^{M} \sum_{j=1}^{N} \sqrt{(\Delta P_x^2 + \Delta P_y^2)/2} \qquad (3-13)$$

一般来说,$\overline{G}$越大,表示图像越清晰,因此它可以用来反映融合图像在微小细节表达能力上的差异。

5) 空间频率(Space Frequency)SF

SF反映一幅图像空间的总体活跃程度,包括空间行频率RF和空间列频率CF。它们分别定义为

$$\text{RF} = \sqrt{\frac{1}{M \times N} \sum_{i=1}^{M} \sum_{j=2}^{N} [P(i, j) - P(i, j-1)]^2} \qquad (3-14)$$

$$\text{CF} = \sqrt{\frac{1}{M \times N} \sum_{i=2}^{M} \sum_{j=1}^{N} [P(i, j) - P(i-1, j)]^2} \qquad (3-15)$$

总体的空间频率为RF和CF的均方根,即

$$\text{SF} = \sqrt{\text{CF}^2 + \text{RF}^2} \qquad (3-16)$$

基于单一图像统计特征的评价指标计算比较简单,只需比较源图像与融合图像的统计特性值就可以看出融合前后的变化,也可以比较出采用不同融合方法所得到的不同融合图像质量的优劣。但是这类方法只考虑某一个统计特征,而统计特征在很多情况并不对应实际的主观评价效果,因此该方法有一定的局限性。

2. 基于参考图像的评价指标

此类评价指标主要是通过比较融合图像与标准参考图像之间的关系来评价融合图像的质量以及融合效果的好坏的。

1) 均方根误差(Root Mean Square Error)RMSE

RMSE 用来评价融合图像与标准参考图像之间的差异程度。融合图像 F 和标准参考图像 R 间的 RMSE 定义如下:

$$\text{RMSE} = \sqrt{\frac{1}{M \times N} \sum_{i=1}^{M} \sum_{j=1}^{N} [R(i, j) - F(i, j)]^2} \tag{3-17}$$

RMSE 值越小,表明融合图像与理想图像越接近,融合效果和质量越好。

2) 信噪比(Signal-to-Noise Ratio)SNR

融合图像的 SNR 定义为

$$\text{SNR} = 10 \lg \frac{\sum_{i=1}^{M} \sum_{j=1}^{N} F^2(i, j)}{\sum_{i=1}^{M} \sum_{j=1}^{N} [R(i, j) - F(i, j)]^2} \tag{3-18}$$

3) 峰值信噪比(Peak-to-peak Signal-to-Noise Ratio)PSNR

融合图像的峰值信噪比的定义为

$$\text{PSNR} = 10 \lg \frac{(L-1)^2}{\sum_{i=1}^{M} \sum_{j=1}^{N} [R(i, j) - F(i, j)]^2} \tag{3-19}$$

这里假定融合图像 F 与标准参考图像 R 的差异就是噪声,而标准参考图像就是信息。信噪比 SNR 和峰值信噪比 PSNR 反映了噪声是否得到有效抑制。

基于参考图像的评价指标由于在使用中需要标准参考图像,而在图像融合的实际应用中往往是没有标准参考图像的,所以此类评价指标的使用受到一定的限制。有时也可以采用一些仿真的方法得到参考图像[12],如在多聚焦图像的融合中,可以对不同聚焦点的图像进行剪切拼接,组合成一个理想中的融合图像,即可作为参考图像。

3. 基于源图像的评价指标

1) 交叉熵(Cross Entropy)CE

交叉熵可以用来测定两幅图像灰度分布的信息差异。设参与融合的两幅源图像分别为 A 和 B,融合图像为 F,则两源图像与融合图像的交叉熵分别为

$$\text{CE}_{A, F} = \sum_{i=0}^{L-1} P_{A_i} \text{lb} \frac{P_{A_i}}{P_{F_i}} \tag{3-20}$$

$$\text{CE}_{B, F} = \sum_{i=0}^{L-1} P_{B_i} \text{lb} \frac{P_{B_i}}{p_{F_i}} \tag{3-21}$$

其中,P_i 表示图像的灰度分布。交叉熵反应了两幅图像对应像素的差异,交叉熵越小,融合图像与源图像的差异越小,则该融合算法从源图像提取的信息量就越多,融合效果越好。

综合考虑 $\text{CE}_{A, F}$、$\text{CE}_{B, F}$,两幅源图像和融合后图像间的综合差异用平均交叉熵(Mean Cross Entropy)MCE 和均方根交叉熵(Root mean square Cross Entropy)RCE 表示如下:

$$\mathrm{MCE} = \frac{\mathrm{CE}_{A,F} + \mathrm{CE}_{B,F}}{2} \tag{3-22}$$

$$\mathrm{RCE} = \sqrt{\frac{\mathrm{CE}_{A,F}^2 + \mathrm{CE}_{B,F}^2}{2}} \tag{3-23}$$

2) 联合熵(United Entropy)UE

联合熵可以作为两幅图像之间相关性的量度，它反映了两幅图像之间的联合信息。图像 F 和图像 A 的联合熵定义为

$$\mathrm{UE}_{F,A} = \sum_{i=0}^{L-1} \sum_{j=0}^{L-1} P_{F,A}(i,j) \mathrm{lb} P_{F,A}(i,j) \tag{3-24}$$

其中，$P_{F,A}(i,j)$ 表示两幅图像的联合概率密度，即图像 F 和图像 A 的归一化联合灰度直方图。一般来说，融合图像与源图像的 UE 值越大，则图像所包含的信息越丰富，因此可以用它来评价融合图像信息增加程度。同理，我们还可以定义三幅或更多幅图像的联合熵。三幅图像 F、A、B 的联合熵定义为

$$\mathrm{UE}_{F,A,B} = \sum_{i=0}^{L-1} \sum_{j=0}^{L-1} \sum_{k=0}^{L-1} P_{F,A,B}(i,j,k) \mathrm{lb} P_{F,A,B}(i,j,k) \tag{3-25}$$

其中，$P_{F,A,k}(i,j,k)$ 表示三幅图像 F、A、B 的联合概率密度。

3) 互信息量(Mutual Information)MI

MI 可作为两个或多个变量之间相关性的度量，或一个变量包含另一个或多个变量的信息量的度量。这里利用交互信息量来衡量融合图像与源图像的互信息，从而评价融合的效果。图像 A、B、F 间的互信息量 $\mathrm{MI}((A,B):F)$ 定义如下：

$$\mathrm{MI}((A,B):F) = \sum_{i=0}^{L-1} \sum_{j=0}^{L-1} \sum_{k=0}^{L-1} P_{A,B,F}(i,j,k) \mathrm{lb} \frac{P_{A,B,F}(i,j,k)}{P_{A,B}(i,j) P_F(k)} \tag{3-26}$$

其中，$P_{A,B,F}(i,j,k)$ 是图像 F、A、B 间的归一化联合灰度直方图，$P_{A,B}(i,j)$ 是源图像 A、B 间的归一化联合灰度直方图。互信息量 MI 是反映融合效果的一种客观指标，MI 值越大，表示融合图像从源图像中获取的信息越丰富，融合效果越好。

4) 偏差指数(Difference Index)DI

DI 是指融合图像 F 各个像素灰度值与源图像 A 相应像素灰度值差的绝对值同源图像 A 相应像素灰度值之比的平均值，其定义如下：

$$\mathrm{DI}_{F,A} = \frac{1}{M \times N} \sum_{i=1}^{M} \sum_{j=1}^{N} \frac{|F(i,j) - A(i,j)|}{A(i,j)} \tag{3-27}$$

相对偏差 DI 值的大小表示融合图像与源图像平均灰度值的相对差异，用来反映融合图像与源图像在光谱信息上的匹配程度和将源高空间分辨率图像的细节传递给融合图像的能力。

5) 相关系数(Correlation Coefficient)CC

CC 反映融合图像 F 与源图像 A 之间光谱特征的相似程度，亦即保持光谱特性的能力。其定义如下：

$$\mathrm{CC}_{F,A} = \frac{\sum_{i=1}^{M} \sum_{j=1}^{N} [(F(i,j) - \mu_F)][(A(i,j) - \mu_A)]}{\sqrt{\sum_{i=1}^{M} \sum_{j=1}^{N} [(F(i,j) - \mu_F)]^2 [(A(i,j) - \mu_A)]^2}} \tag{3-28}$$

其中，μ_F 和 μ_A 分别为融合图像 F 与源图像 A 的灰度均值。通过比较融合前后的图像相关系数可以看出融合图像与源图像之间的关系。融合图像与高分辨率图像的相关系数能反映融合图像空间分辨率的改善程度。CC 值越大，说明融合图像从源图像中获得的信息越多，融合效果越好。

6）扭曲程度（Degree of Distortion）DD

DD 直接反映了融合图像的光谱失真程度，其定义如下：

$$DD_{F,A} = \frac{1}{M \times N} \sum_{i=1}^{M} \sum_{j=1}^{N} | F(i,j) - A(i,j) | \qquad (3-29)$$

DD 值越小，表明融合图像对光谱源图像的失真程度越小。

7）评价指标 Q

Wang 和 Bovik 提出了一种较为通用的融合图像质量评价标准，并比较了几种不同失真情况下的指标结果，指出该指标由于能够度量两幅图像结构上的失真，因而优于一些传统的评价指标，且具有一定的通用性，适用于评价不同的图像处理过程。

设两幅图像 a 和 b 的大小都为 $M \times N$，$\overline{a}$ 表示 a 的均值，σ_a^2 表示 a 的方差，σ_{ab} 表示 a 和 b 的协方差，即

$$\sigma_a^2 = \frac{1}{MN-1} \sum_{m=1}^{M} \sum_{n=1}^{N} [a(m,n) - \overline{a}]^2 \qquad (3-30)$$

$$\sigma_{ab} = \frac{1}{MN} \sum_{m=1}^{M} \sum_{n=1}^{N} [a(m,n) - \overline{a}][b(m,n) - \overline{b}] \qquad (3-31)$$

于是可以定义评价指标 Q_0，其计算公式如下：

$$Q_0(a,b) = 4\sigma_b \frac{\overline{ab}}{[(\overline{a}^2 + \overline{b}^2)(\sigma_a^2 + \sigma_b^2)]} \qquad (3-32)$$

$Q_0(a,b)$ 又可分解为三项的乘积，即：

$$Q_0(a,b) = \frac{\sigma_{ab}}{\sigma_a \sigma_b} \times \frac{2\overline{ab}}{\overline{a}^2 + \overline{b}^2} \times \frac{2\sigma_a \sigma_b}{\sigma_a^2 + \sigma_b^2} \qquad (3-33)$$

Wang 和 Bovik 利用 Q_0 来度量图像 a 和图像 b 间的结构失真。实际上，$Q_0(a,b)$ 是图像 a 和 b 之间的结构化相似度的一种度量，其值在 0 和 1 之间。式（3-33）中的第一项是 a 和 b 的相关系数；第二项是平均亮度失真，其值在 0 和 1 之间；第三项是对比度失真，其值也在 0 和 1 之间。当 $Q_0 = 1$ 时，说明 a 图和 b 图是相同的。

由于图像信号是非统计的随机信号，在图像处理中，通常先分块计算局部区域的 Q_0 值，再合成一个总体指标。一般采用滑动窗口的方法，这个窗口采用固定大小 ω，从 a、b 两幅图像的最左上点出发，一个像素接一个像素地滑动，直到到达两幅图像的最右下点。先计算图像 a 和 b 中对应窗口 ω 中的指标 $Q_0(a,b|\omega)$ 值，总体的指标就是这些局部指标的均值：

$$Q_0(a,b) = \frac{\sum\limits_{\omega \in W} Q_0(a,b|\omega)}{|W|} \qquad (3-34)$$

其中，W 是所有窗口的总和，$|W|$ 是 W 的集的势。

然而在图像融合问题中，由于图像往往是通过两幅源图像得到的，进行融合图像指标

评价时，要考虑到源图像 a、b 以及融合图像 f 这三者之间的关系，因此，可以构造函数 $Q(a, b, f)$ 来评价融合图像的质量，如下式：

$$Q(a, b, f) = \lambda_a Q_0(a, f) + \lambda_b Q_0(b, f) \tag{3-35}$$

$$\lambda_a(\omega) = \frac{s(a \mid \omega)}{s(a \mid \omega) + s(b \mid \omega)} \tag{3-36}$$

$$\lambda_b(\omega) = 1 - \lambda_a(\omega) \tag{3-37}$$

式中，$s(a \mid \omega)$ 和 $s(b \mid \omega)$ 是源图像 a、b 中窗口 ω 的某些显著特征，如对比度、方差、边缘信息、能量等。于是有

$$Q(a, b, f) = \frac{\sum_{\omega \in W}(\lambda_a(\omega)Q_0(a, f \mid \omega) + \lambda_b(\omega)Q_0(b, f \mid \omega))}{\mid W \mid} \tag{3-38}$$

用式(3-38)可以综合评价源图像 a、b 以及融合图像 f 之间的结构相似度。

然而在 $Q(a, b, f)$ 中，源图像 a 和 b 中每个窗口的贡献是相等的，考虑到人类视觉更加重视图像中在视觉感知上比较显著的区域，因而可以对每个窗口赋予不同的权值：

$$C(\omega) = \max\{s(a \mid \omega), s(b \mid \omega)\} \tag{3-39}$$

从而定义加权的融合图像质量评价标准：

$$Q_W(a, b, f) = \sum_{\omega \in W} c(\omega)(\lambda_a(\omega)Q_0(a, f \mid \omega)) \tag{3-40}$$

$$C(\omega) = \frac{C(\omega)}{\sum_{\omega' \in W} C(\omega')} \tag{3-41}$$

虽然权值 $C(\omega)$ 的计算还有其他方式，但是大量文献表明这里的计算方法更好地展示出了输入图像的重要区域。

另外考虑人类视觉特性的其他特性，如对边缘信息的敏感性，用梯度范数 a' 代替源图像中的灰度值 a，相应地得到 $Q_W(a', b', f')$，从而定义基于边缘的评价指标：

$$Q_E(a, b, f) = Q_W(a, b, f)^{1-\alpha} \times Q_W(a', b', f')^{\alpha} \tag{3-42}$$

式中，α 表示边缘图像对原始图像的贡献，$\alpha \in (0, 1)$，其值越接近 1，边缘图像的贡献越大。

以上三个指标 Q、Q_W 和 Q_E 的值都在 $[0, 1]$ 之间，越接近 1，表示融合图像的质量越高。

3.4 本章小结

本章系统阐述了各种图像的成像特性和图像融合性能的各种评价指标。对图像传感器成像机理的了解和熟悉是研究图像融合的前提，本章首先详细分析了多聚焦可见光图像、红外图像、SAR 图像、遥感图像、医学图像以及毫米波图像的成像特性；最后从主客观两方面介绍常用的图像融合性能评价指标，以作为后续各章算法研究的基础。

参 考 文 献

[1] 程英蕾. 多源遥感图像融合方法研究[D]. 西安：西北工业大学博士学位论文，2006.

[2] Eltoukhy H A, Kavusi S. A computationally efficient algorithm for multi-focus image reconstruction

　　　［C］. Proceedings of SPIE Electronic Imaging，2003，332-341.

［3］　张强. 基于多尺度几何分析的多传感器图像融合研究［D］. 西安：西安电子科技大学博士学位论文，2008.

［4］　那彦. 图像融合方法研究［D］. 西安：西安电子科技大学博士学位论文，2005.

［5］　张文峦. 基于伪彩色的图像融合算法研究［D］. 西安：西北工业大学硕士学位论文，2007.

［6］　林宙辰，石青云. 用二进小波消除磁共振图像中的振铃效应［J］. 模式识别与人工智能，1999，12（3）：320-324.

［7］　江铭炎. 基于小波变换的图像振铃效应去除方法［J］. 山东大学学报（自然科学版），2002，37（1）：58-60.

［8］　缪晨. 隐身目标毫米波辐射特性研究［D］. 南京：南京理工大学硕士学位论文，2004.

［9］　娄国伟，李兴国. 三毫米波段交流辐射计研究［J］. 微波学报，2000，16（3）：295-298.

［10］　苗启广. 多传感器图像融合方法研究［D］. 西安：西安电子科技大学博士学位论文，2005.

［11］　洪日昌. 多源图像融合算法及应用研究［D］. 合肥：中国科技大学博士学位论文，2007.

［12］　汤磊. 多分辨率图像融合方法与技术研究［D］. 南京：中国人民解放军理工大学博士学位论文，2008.

第4章　简单的图像融合方法

4.1　引　　言

在多分辨率分析技术如金字塔和小波分析被引入到图像融合领域以前，已有多种融合算法被提出并得到了广泛的应用。本章主要根据图像融合算法的不同分类，分别介绍其中最为常用的图像融合算法，包括线性加权图像融合、PCA 算法、非负矩阵分解算法、IHS 算法、Brovey 变换及多尺度分解变换等。

4.2　基于数学/统计学的图像融合

数学方法包括各种代数运算，例如图像差值和比率、添加一个通道到其他图像波段上等运算。统计学方法是在包括相关和滤波在内的统计学基础上建立起来的，例如 PCA（主分量分析）、非负矩阵分解等都属于这类方法。基于数学/统计学的融合方法种类较多，比较常用的主要包括线性加权融合、PCA 融合、非负矩阵分解融合等。

4.2.1　加权平均融合

以两幅源图像的融合过程为例来说明融合过程和方法，多个源图像融合的情形可以依此类推。假设参加融合的图像分别为 A，B，图像大小为 $M \times N$，经融合后得到的融合结果图像为 F，那么，对 A、B 两个源图像的像素灰度值加权平均的融合过程可以表示为

$$F(m, n) = \omega_1 A(m, n) + \omega_2 B(m, n) \qquad (4-1)$$

式中：m 为图像中像素的行号，$m=1, 2\cdots, M$；n 为图像中像素的列号，$n=1, 2, \cdots, N$；ω_1、ω_2 为加权系数，$\omega_1 + \omega_2 = 1$；若 $\omega_1 = \omega_2 = 0.5$，则为平均融合。权值的确定也可以通过计算两幅源图像的相关系数来确定[1-3]。相关系数的定义为

$$C(A, B) = \frac{\sum\limits_{m=1}^{M} \sum\limits_{n=1}^{N} (A - \overline{A})(B - \overline{B})}{\sqrt{\sum\limits_{m=1}^{M} \sum\limits_{n=1}^{N} (A - \overline{A})^2 \sum\limits_{m=1}^{M} \sum\limits_{n=1}^{N} (B - \overline{B})^2}} \qquad (4-2)$$

$$\omega_1 = \frac{1}{2}(1 - |C(A, B)|), \ \omega_2 = 1 - \omega_1 \qquad (4-3)$$

加权平均融合方法的特点在于简单直观，适合实时处理，当用于多幅图像的融合处理时，可以提高融合图像的信噪比。但是，这种平均融合实际上是对像素的一种平滑处理，这种平滑处理在减少图像中噪声的同时，往往在一定程度上使图像中的边缘、轮廓变得模糊了。而且，当融合图像的灰度差异很大时，就会出现明显的拼接痕迹，不利于人眼识别

和后续的目标识别过程。

4.2.2　基于 PCA 变换的图像融合

PCA(Principal Component Analysis)变换也叫主成分分析、K-L 变换，是统计特征基础上的多维正交线性变换，它是通过一种降维技术，把多个分量约化为少数几个综合分量的方法。PCA 变换广泛应用于图像压缩、图像增强、图像编码、随机噪声信号的去除以及图像旋转等领域。最早将 PCA 变换的思想运用到多传感器图像融合中的是 Chavez P. S. 等人，他们将 Landsat TM 多光谱与 Spot PAN 全色图像进行融合，取得了良好的效果[4]。

1. 基本思想

PCA 变换的基本思想是设法将原来众多具有一定相关性的分量(设为 p 个)，重新组合成一组新的相互无关的综合分量来代替原来的分量。数学上的处理就是将原来 p 个分量作线性组合，作为新的分量。第一个线性组合，即第一个综合分量记为 F_1。为了使该线性组合具有唯一性，要求在所有的线性组合中 F_1 的方差最大，那么它包含的信息也最多。如果第一个主成分不足以代表原来 p 个分量的信息，再考虑选取第二个主成分 F_2，并要求 F_1 已有的信息不出现在 F_2 中，即 $\mathrm{cov}(F_1, F_2)=0$。依此类推，直至可以充分表达原来的信息为止。实际上，求图像向量 $\boldsymbol{X}$ 的 PCA 变换问题，就是求图像协方差矩阵 $\boldsymbol{R}$ 的特征向量的问题。当对图像施加了 PCA 变换以后，由变换结果而恢复的图像将是原图像在均方意义下的最佳逼近。PCA 变换的具体过程参见文献[4]。

2. 主成分分析步骤

(1) 设有 n 幅图像，每幅图像观测 p 个分量，将原始数据标准化，得到：

$$\boldsymbol{X} = \begin{bmatrix} x_{11} & x_{12} & \cdots & x_{1p} \\ x_{21} & x_{22} & \cdots & x_{2p} \\ \vdots & \vdots & & \vdots \\ x_{n1} & x_{n2} & \cdots & x_{np} \end{bmatrix} \tag{4-4}$$

(2) 建立变量的协方差矩阵：

$$\boldsymbol{R} = (r_{ij})_{p \times p} \tag{4-5}$$

(3) 求 $\boldsymbol{R}$ 的特征值 $\lambda_1 \geqslant \lambda_2 \geqslant \cdots \geqslant \lambda_p > 0$ 及相应的单位特征向量：

$$\boldsymbol{A}_1 = \begin{bmatrix} a_{11} \\ a_{21} \\ \vdots \\ a_{p1} \end{bmatrix}, \boldsymbol{A}_2 = \begin{bmatrix} a_{12} \\ a_{22} \\ \vdots \\ a_{p2} \end{bmatrix}, \cdots, \boldsymbol{A}_p = \begin{bmatrix} a_{1p} \\ a_{2p} \\ \vdots \\ a_{pp} \end{bmatrix} \tag{4-6}$$

(4) 主成分：

$$F_i = A_{1i}X_1 + A_{2i}X_2 + \cdots + A_{pi}X_p, \ i = 1, 2, \cdots, p \tag{4-7}$$

3. 基于 PCA 变换的图像融合算法

以 TM 与 SAR 图像融合为例，首先对 TM 多光谱图像进行主成分变换，在这里没有采用 TM 波段间的协方差矩阵而是由相关矩阵求特征值和特征向量，然后求得各主成分，由相关矩阵求特征值和特征向量。若由协方差矩阵求特征值和特征向量，由于 TM 各波段图像的方差不同，则导致各波段重要程度不一致[5,6]。实验结果表明，对相关矩阵进行主成分变换后融合的效果更好。采用主成分变换法融合的具体步骤如下：

（1）计算参与融合的 n 波段 TM 图像的相关矩阵；

（2）由相关矩阵计算特征值 λ_i 和特征向量 $\boldsymbol{A}_i(i=1, 2, \cdots, n)$；

（3）将特征值按由大到小的次序排列，即 $\lambda_1 \geqslant \lambda_2 \geqslant \cdots \geqslant \lambda_n$，特征向量 $\boldsymbol{A}_i$ 也要作相应的变动；

（4）按下式计算各主成分图像：

$$PC_k = \sum_{i=1}^{n} d_i A_{ik}$$

式中：k 为主成分序数（$k=1, 2, \cdots, n$）；PC_k 为第 k 主成分；i 为输入波段序数；n 为总的 TM 波段数；d_i 为 i 波段 TM 图像数据值；A_{ik} 为特征向量矩阵在 i 行、k 列的元素。经过上述主成分变换，第一主成分图像的方差最大，它包含原多光谱图像的大量信息（主要是空间信息），而原多光谱图像的光谱信息则保留在其他成分图像中（主要在第二、三主成分中）；

（5）将空间配准的 SAR 图像与第一主成分图像作直方图匹配；

（6）用直方图匹配后生成的 SAR 图像代替第一主成分，并将它与其余主成分作逆主成分变换就得到融合的图像。其流程见图 4.1。

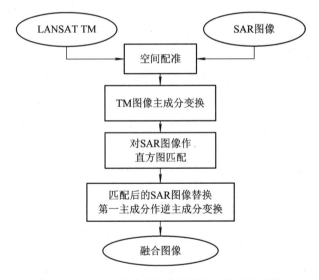

图 4.1　基于主成分变换的图像融合算法流程图

与 IHS 变换融合方法类似，PCA 变换的融合效果也取决于替换图像与第一主成分图像的相似程度。在融合低分辨率多光谱和高分辨率全色图像的场合，由于第一主成分表示最大变化的图像，而 IHS 变换中的 I 分量表示多光谱彩色图像的平均图像，因此第一主成分图像比 I 分量图像含有更多的空间细节，所以它与全色图像具有更相似的相关性。而在 SAR 与多光谱图像融合的场合，由于 SAR 图像与多光谱图像的相关性很低，因此，与 IHS 变换类似，用 SAR 图像直接替换第一主成分往往不能得到好的效果。但是，PCA 变换是基于统计和数值方法的变换，不像 IHS 变换那样受限于融合波段的数目。

4.2.3　基于非负矩阵分解的图像融合

非负矩阵分解（Non-Negative Matrix Factorization，NMF）是目前国际上提出的一种新的矩阵分解方法[7]，是目前研究的一个热点问题。尽管 NMF 出现的时间还不长，但已有一些成功的应用，如 Novak 和 Mammone 将 NMF 用于语言建模中的文法识别[8]，Feng 等人将 NMF 用于人脸识别[9]，Guillamet 和 Vitrià 等人将 NMF 用于人脸分类[10]、医学图像识别[11, 12] 等。在理论方面，Lee 和 Seung 分别以最小化剩余的 Frobenius-Norm 的欧氏距离和最小化修正的 Kullback-Liebler 散度作为目标函数，并对算法的迭代规则的收敛性进行了证明，从理论上保证了算法的收敛性[13]。

非负矩阵分解处理过程中，关键的一个限制条件就是：对于所有用到的矩阵均要求是非负矩阵，即矩阵中的每个元素都是非负的。其处理过程为：寻找元素均大于或等于 0 的矩阵 W 和 H，同时使一定的目标函数最小。非负性是对矩阵分解非常有效的条件限制，它导致了对于原始数据的基于部分的表示形式，即样本数据只允许加性的和非负的组合。算法所得到的非负基向量组具有一定的线性无关性和稀疏性，从而使得其对原始数据的特征及结构具有相当的表达能力，这使得该算法具有很强的应用背景。在真实环境中，因子是有具体的物理意义的，因子为正说明其起作用，因子为零说明其不起作用。因此，对于这一类问题如果能够保证因子在进行变换等推导时迭代运算中的非负性，将会更加有意义。同时非负性的条件限制符合许多问题的实际情况，如在图像处理中，图像像素的灰度值总是非负的，而正的混合也使得混合图像的像素灰度值是非负的，即分解算法得到的结果能直接表达一定的物理意义，这也是其他矩阵分解算法所无法比拟的。

1. 非负矩阵分解问题描述

非负矩阵分解问题可以描述为：已知非负矩阵 V，寻找适当的非负矩阵因子 W 和 H，使得

$$V \approx WH \tag{4-8}$$

即给定 n 维数据向量的集合 $V_{n \times m}$（其中 m 为集合中数据样本的个数），这个矩阵可以近似地分解为矩阵 $W_{n \times r}$ 和矩阵 $H_{r \times m}$ 的积。一般情况下，选择 r 小于 n 或 m，从而 W 和 H 将会小于原始矩阵 V，这样就得到了原始数据矩阵 V 的一个压缩模型。

若假设 v 和 h 是矩阵 V 和 H 所对应的列向量，则上式可以写成列向量的形式：

$$v \approx Wh \tag{4-9}$$

式（4-9）表明，每一个数据列向量 v 可以近似地看做为由以 h 的分量为权重的矩阵 W 的列向量的线性组合。故矩阵 W 可以看做为对数据矩阵 V 进行线性逼近的一组基。由于通常情况下可以用少量的基向量组来表示大量的数据向量，故当这些基向量能够代表数据之间潜在的结构关系时，将会获得很好的逼近效果。

2. 目标函数

为了寻求 $V \approx WH$ 的一个近似的分解，必须首先定义某个目标函数来保证其逼近的效果。这样的目标函数可以利用两个非负矩阵 A 和 B 的某些距离来定义。NMF 算法中，常用的目标函数有两个：

目标函数一：以最小化剩余的 Frobenius-Norm 的矩阵 A 和 B 之间的欧氏距离作为目标函数，即

$$\| \boldsymbol{A} - \boldsymbol{B} \|^2 = \sum_{ij} (A_{ij} - B_{ij})^2 \tag{4-10}$$

当且仅当 $\boldsymbol{A} = \boldsymbol{B}$ 时，上式取得最小值 0；

目标函数二：以最小化修正的 Kullback-Liebler 散度作为目标函数，即

$$D(\boldsymbol{A} \parallel \boldsymbol{B}) = \sum_{ij} \left(A_{ij} \log \frac{A_{ij}}{B_{ij}} - A_{ij} + B_{ij} \right) \tag{4-11}$$

当且仅当 $\boldsymbol{A} = \boldsymbol{B}$ 时，该式取得最小值 0。

若将以式（4-10）或式（4-11）作为目标函数的 NMF 算法看成是优化问题，则此两个优化问题可以描述如下：

问题一：subject to $\boldsymbol{W}$，$\boldsymbol{H} \geqslant 0$

Minimize $\| \boldsymbol{V} - \boldsymbol{WH} \|^2$，对于任意 $\boldsymbol{W}$，$\boldsymbol{H}$

问题二：subject to $\boldsymbol{W}$，$\boldsymbol{H} \geqslant 0$

Minimize $D(\boldsymbol{V} \parallel \boldsymbol{WH})$，对于任意 $\boldsymbol{W}$，$\boldsymbol{H}$

虽然目标函数 $\| \boldsymbol{V} - \boldsymbol{WH} \|^2$ 和 $D(\boldsymbol{V} \parallel \boldsymbol{WH})$ 对于单独的 $\boldsymbol{W}$ 或 $\boldsymbol{H}$ 来讲，均是凸函数，但是同时对于 $\boldsymbol{W}$ 和 $\boldsymbol{H}$ 来讲，却不是凸函数。因此要找到一个解决上述两个问题的全局最优解不太现实。但是，这些问题仍然可以运用很多优化的技巧来寻求一个局部最优解。梯度法也许是最简单、最易实现的方法，但是其收敛速度非常缓慢。而且基于梯度的收敛算法对于步长的选择非常敏感，因此它在实用中也非常不便。

目前为止，几乎所有有关 NMF 应用的文章均采用式（4-12）所示的 NMF 算法[13]。

$$\begin{cases} W_{ia} = W_{ia} \sum \dfrac{V_i}{(WH)_i} H_a & (4-12a) \\[3mm] W_{ia} = \dfrac{W_{ia}}{\sum_j W_{ja}} & (4-12b) \\[3mm] H_a = H_a \sum_i W_{ia} \dfrac{V_i}{(WH)_i} & (4-12c) \end{cases} \tag{4-12}$$

其中式（4-12b）是对 $\boldsymbol{W}$ 的列的归一化，以避免矩阵分解中的 Scaling 问题。该算法的收敛性已得到证明。由于这种算法是收敛的，且较易设计开发，所以实际应用的效果很好。其他算法可能在计算时间上更加有效，但是在具体设计上难度较大。在算法的每一步迭代过程中，$\boldsymbol{W}$ 和 $\boldsymbol{H}$ 的新值是通过当前值与一些因子的乘积来获得的。在实际应用中，只要根据迭代规则重复迭代，算法一定会保证收敛到某个局部最优解。

针对目标函数的这一非负矩阵分解过程，若设 ε 代表噪声，选取离散的 Possion 噪声作为 ε 的具体表达形式，则 NMF 算法可以表示为：$\boldsymbol{V} = \boldsymbol{WH} + \varepsilon$，可解释为在 $(WH)_{iu}$ 上加泊松噪声/高斯噪声从而产生了 V_{iu}。算法使得 ε 经过迭代趋于零，从而得到了 $\boldsymbol{V} \approx \boldsymbol{WH}$。如式（4-12）所示每步迭代过程采用交替梯度投影方法，即，首先固定 $\boldsymbol{H}$，将目标函数针对 $\boldsymbol{W}$ 用梯度下降法进行迭代；然后变换 $\boldsymbol{W}$ 和 $\boldsymbol{H}$ 的角色，固定 $\boldsymbol{W}$，将目标函数针对 $\boldsymbol{H}$ 用梯度下降法进行迭代，同时在算法中引进惩罚函数，以保持 $\boldsymbol{W}$ 的每一列的元素和为 1。由于上述算法是收敛的，因此逼近的效果是可以保证的。

3. 基于非负矩阵分解的图像融合方法

图像融合中，参与融合的观测图像本质上就是真实图像通过不同传感器所成的像。在

成像过程中，同时也引入了热噪声或者其他类型的噪声。在 NMF 算法中，假设 $V=WH+\varepsilon$（其中 ε 为噪声），通过式(4-12)所示的算法迭代，使得噪声 ε 趋于收敛，这一过程恰恰与图像融合的过程相吻合。所以，有理由假设观测图像 V 可以表示为真实图像 W 的加权图像与噪声 ε 之和，故 NMF 用于图像融合能够获得较好的效果。同时，由 NMF 算法理论可以知道，该算法能够获得对于原始数据 V 的基于部分的表示形式 WH。其中，W 的列数即特征基的数量 r 是一个待定量，它是非常重要的一个参数，直接决定了算法得到的特征子空间的维数。对于特定的数据集，隐藏在数据集内部的特征空间的维数是确定的，也就是说当选取的 r 与实际数据集的特征空间的维数一致时，所得到的特征空间以及特征空间的基最有意义。考虑 $r=1$ 的特殊情况，此时通过迭代算法将得到唯一的一个特征基，此特征基应该含有源数据的完整特征。

正是基于上述考虑，可以将非负矩阵分解算法应用到多传感器图像融合中。在图像融合中，参与融合的观测图像本质上就是真实图像通过不同传感器成像并且经过加噪得到的。对于通过同一个传感器(或不同传感器)获得的 k 幅大小为 $m\times n$ 的观测图像 f^1，f^2，…，f^k，可以理解为部分区域受噪声污染严重，而部分区域基本没有噪声污染。

将观测图像 f^i 的逐个元素按照行优先的方式存储到一个列向量中，得到 k 个列向量 v_1，v_2，…，v_k，其中：

$$v_i = [f_{1,1}, f_{1,2}, \cdots, f_{1,n}, f_{2,1}, f_{2,2}, \cdots, f_{2,n}, \cdots, f_{m,1}, f_{m,2}, \cdots, f_{m,n}]^T \qquad (4-13)$$

将 v_1，v_2，…，v_k 这 k 个列向量排列组成一个 $mn\times k$ 的新矩阵 $V=[v_1, v_2, \cdots, v_k]$。这样，就将 k 幅观测图像表示成为一个 $mn\times k$ 的矩阵 V，V 中的每一列代表着一幅图像的信息。设各个区域都清晰的景物的标准图像为 W，则这种运算可以表示为

$$W \Rightarrow V = [v_1, v_2, \cdots, v_k] \qquad (4-14)$$

对于这个观测矩阵 V，进行非负矩阵分解，分解时取 $r=1$，利用前述的非负矩阵分解算法进行迭代分解，就得到一个唯一的特征基 W，该特征基 W 包含了参与融合的 k 幅图像的完整特征。这个特征基 W，既包含了第一幅参与融合的图像的特征，也包含了参与融合的第 2，3，…，k 幅图像的特征，因此它可以用于源图像的近似再现。将特征基 W 还原到源图像的像素级上，就得到了比源图像效果都好的图像。

4.3　基于颜色空间的图像融合

4.3.1　颜色空间基本理论

颜色空间融合法的原理是充分利用颜色空间模型(如 RGB(红绿蓝)模型和 IHS(亮度、色度、饱和度)模型)在显示与定量计算方面的优势，把来自不同传感器的每一个源图像分别映射到一个专门的颜色通道，合并这些通道得到一幅假彩色融合图像。该类方法的关键是如何使产生的复合图像更符合人眼的视觉特性以及获得更多的有用信息。

4.3.2　基于 RGB 空间的图像融合

彩色空间模型是多种多样的，其中应用最广泛的是 RGB(红绿蓝)模型。根据人眼彩色

视觉特性，国际照明委员会(CIE)规定，以水银光谱中波长为 $\lambda_R = 700$ nm、$\lambda_G = 700$ nm、$\lambda_B = 700$ nm 的三种色光分别为红(R)、绿(G)、蓝(B)三基色。三基色各自独立，其中任一色均不能由另两色混合得到。将它们按不同比例进行混合，可产生各种彩色。根据这一原理对 RGB 三通道分别赋值，便得到彩色融合图像。

任何图像的彩色处理最终都将归结至 RGB 空间的转换，因此直接在 RGB 空间的假彩色融合具备的最大特点就是计算简单、速度快、便于硬件实现，实时处理容易。此类算法的原理依据如下事实：来自不同传感器的图像总存在着差异，并总是以不同传感器图像间不同的灰度分布为表征。因此，直接基于 RGB 空间的假彩色融合处理就是经过某种处理后，提取不同图像间的灰度差异，以某种组合方式送至 RGB 三通道直接显示。

目前已有的基于 RGB 空间的假彩色图像融合算法主要有 NRL 方法、MIT 方法、TNO 方法等。其中 MIT 方法是利用对抗受域和侧抑制特性的图像融合方法，可以获得良好的彩色夜视图像，但其核心技术从未公开且实现复杂。TNO 方法提取两幅图像的共有和独有部分，融合的图像色彩较鲜艳，但失真现象严重。而 NRL 方法计算简单，硬件不复杂，容易实时实现，其融合操作在对应像素上进行，不会减弱图像的分辨率，在实际中取得了广泛应用。

4.3.3　基于 IHS 空间的图像融合

彩色空间模型是多种多样的，其中应用最广泛的是 RGB(红绿蓝)模型，IHS 模型是另外一种彩色模型，它是基于视觉原理的一个系统，定义了三个互不想关、容易预测的颜色心理属性，即亮度 I、色度 H 和饱和度 S。其中，I 是光作用在人眼所引起的明亮程度的感觉；H 反映了彩色的类别；S 反映了彩色光所呈现彩色的深浅程度(浓度)。IHS 模型有两个特点：① I 分量与图像的彩色分量无关；② H 分量和 S 分量与人感受彩色的方式是紧密相连的。这些特点使得 IHS 模型非常适合于借助人的视觉系统来感知彩色特性的图像处理算法。

IHS 变换算法有很多种，例如球形变换、柱形变换、三角形变换等。这里采用柱形变换公式，定义如下[14]：

RGB 转化为 IHS(正变换)：

$$\begin{cases} I = \dfrac{1}{3}(R + G + B) \\[2mm] S = 1 - \dfrac{3 \times \min(R, G, B)}{(R + G + B)} \\[2mm] H = \arccos\left\{ \dfrac{\dfrac{(R-G)+(R-B)}{2}}{\sqrt{(R-G)^2 + (R-B) \times (G-B)}} \right\} \end{cases} \qquad (4-15)$$

如果 $B > G$，则

$$H = 2\pi - H$$

IHS 转化为 RGB(逆变换)：

如果 $H \geqslant 0$ 并且 $H < \dfrac{2\pi}{3}$，则

$$\begin{cases} R = I \times \left[1 + \dfrac{S \times \cos H}{\cos\left(\dfrac{\pi}{3} - H\right)}\right] \\ G = 3 \times I - B - R \\ B = I \times (1 - S) \end{cases} \tag{4-16}$$

如果 $\dfrac{2\pi}{3} \leqslant H < \dfrac{4\pi}{3}$，则

$$\begin{cases} R = I \times (1 - S) \\ G = I \times \left[1 + \dfrac{S \times \cos\left(H - \dfrac{2\pi}{3}\right)}{\cos(\pi - H)}\right] \\ B = 3 \times I - G - R \end{cases} \tag{4-17}$$

如果 $\dfrac{4\pi}{3} \leqslant H < 2\pi$，则

$$\begin{cases} R = 3 \times I - G - B \\ G = I \times (1 - S) \\ B = I \times \left[1 + \dfrac{S \times \cos\left(H - \dfrac{4\pi}{3}\right)}{\cos\left(\dfrac{5\pi}{3} - H\right)}\right] \end{cases} \tag{4-18}$$

以 SAR 与 Landsat TM 多光谱真彩合成图像融合为例，基于 IHS 变换的图像融合方法的一般步骤为：

（1）将 TM 图像的 R、G、B 三个波段进行 IHS 变换，得到 I、H、S 三个分量；

（2）将 SAR 图像与多光谱图像经 IHS 变换后得到的亮度分量 I，在一定的融合规则下进行融合，得到新的亮度分量（融合分量）；

（3）用第（2）步得到的融合分量代替亮度分量图像，并同 H、S 分量图像进行 IHS 逆变换，最后得到融合结果图像。

在上述步骤中，第（2）步的融合规则可以选取不同的融合算法，如直接替换法、加权平均法、直方图匹配法等。其中直方图匹配法是较为经典和常用的算法。在融合 SAR 图像与多光谱 TM 图像时，由于 SAR 图像的波谱特性与 TM 图像完全不同，相关性较低，所以如果用 SAR 图像直接替换 I 分量图像，则产生的融合图像很容易扭曲原始的光谱特性，产生光谱退化现象。为了消除这种差异，在进行 I 分量替换之前，需要以 I 分量图像为参考，对 SAR 图像进行直方图匹配，使得匹配后的图像与源多光谱图像保持较高的相关性，然后用直方图匹配后得到的融合 I 分量替换多光谱图像中原来的 I 分量，再进行 IHS 逆变换，得到最终融合结果。其算法流程如图 4.2 所示。

基于 IHS 变换的融合算法虽然实现较为简单，但是仍然存在较大的局限性：其一，该算法要求替换 I 分量的图像与 I 分量之间具有较大的相关性，但是在许多实际应用场合，这种要求并不能得到满足，如果二者的相关性很低，那么即使在融合前进行了直方图匹配也可能得到不好的融合效果；其二，这种算法仅适合于多光谱图像三个波段的处理，多于三个波段则无法进行。针对此问题，文献[15]提出了一种改进的 IHS 变换融合算法，该算法可以方便地将基于 IHS 变换的融合算法扩展到处理多个波段的多光谱图像。

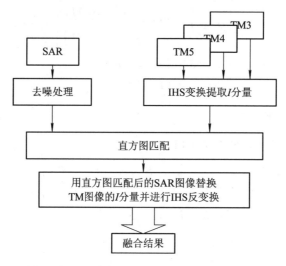

图 4.2 基于直方图匹配的 IHS 变换融合方法

4.3.4 基于 Brovey 变换的图像融合

Brovey 图像融合是一种比较简单的融合算法，又称为色彩标准化变换融合。它是将多光谱图像的像元空间分解为色彩和亮度成分并进行计算的。与 IHS 变换相比，其特点是简化了图像转换过程，又保留了多光谱数据的信息，提高了融合图像的视觉效果[16]。与上述算法类似，Brovey 融合算法比较适合多光谱图像和全色图像的融合。Brovey 图像融合表达式为

$$\begin{cases} R_{\mathrm{new}} = \dfrac{R \times \mathrm{PAN}}{R + G + B} \\[2mm] G_{\mathrm{new}} = \dfrac{G \times \mathrm{PAN}}{R + G + B} \\[2mm] B_{\mathrm{new}} = \dfrac{B \times \mathrm{PAN}}{R + G + B} \end{cases} \tag{4-19}$$

式中，R、G、B 为多光谱彩色图像的三个波段，PAN 为全色波段。Brovey 方法也只能处理三个波段的多光谱图像。

4.4 其他一些简单的图像融合方法

4.4.1 常用的基于空间域的图像融合

1. 假彩色图像融合

假彩色（False Color，FC）图像融合处理可以说是就目前的硬件技术条件而言较容易实现的图像融合方法，并且人类视觉系统对其融合结果也较容易分辨。假彩色的图像融合方法是在人眼对颜色的分辨率远超过对灰度等级的分辨率这一视觉特性的基础上提出的融合方法[17]。如果通过某种彩色化处理技术将蕴藏在原始图像灰度等级中的细节信息以彩色的方式来表征，则可以使人类视觉系统对图像的细节信息有更丰富的认识。其关键是要融

合图像的可视效果尽可能符合人的视觉习惯。一般是通过彩色映射的方法将输入图像映射到一个彩色空间中，得到一幅假彩色的融合图像。假彩色融合算法一般可分为基于 RGB 彩色空间的图像融合算法和基于 IHS 彩色空间的图像融合算法。Toet 将前视红外图像和微光夜视图像通过非线性处理映射到一个彩色空间中，增强了图像的可视性[18]。麻省理工学院林肯实验室的研究人员使用彩色元素的生物模型来融合微光夜视和热红外图像，形成彩色融合图像[19]。在文献[20]中的研究表明，通过彩色映射进行可见光和红外图像的融合能够提高融合结果的信息量，有助于提高检测性能。

2. 基于调制的图像融合

略。（详见 1.3.2 节"1.基于空间域的图像融合"的"3)基于调制的图像融合"。）

3. 基于统计的图像融合

略。（详见 1.3.2 节"1.基于空间域的图像融合"的"4)基于统计的图像融合"。）

4. 基于神经网络的图像融合

略。（详见 1.3.2 节"1.基于空间域的图像融合"的"5)基于神经网络的图像融合"。）

4.4.2　常用的基于变换域的图像融合

略。（详见 1.3.2 节"2.基于变换域的图像融合"的第一、二段和图 1.4。）

这些内容我们会在以后的章节中详细介绍。

4.5　本 章 小 结

本章主要讨论了比较常用的简单图像融合算法，介绍了各种融合算法的基本思想和融合原理。首先介绍基于数学/统计学的图像融合算法，其中：线性加权融合为简单的加权平均，PCA 变换可通过计算一个新的坐标系统来降低多光谱图像数据集合中的信息冗余，非负矩阵分解方法实质上得到的是原始矩阵的特征基。然后介绍了基于颜色空间的图像融合算法，其中：IHS 空间变换这种表示方法更接近人对图像的感知机理；Brovey 变换可用来增加图像的对比度，对于生成高对比度的彩色图像特别有用。鉴于其他一些常用的简单图像融合算法，包括基于调制的融合算法、基于统计的融合算法、基于神经网络的融合算法及基于多尺度分解的融合算法，已在第 1 章 1.3.2 节有较详细介绍，这里仅提及名称。

参 考 文 献

[1]　Yamamoto K，Yamada K. Image processing and fusion to detect navigation obstacles[C]. Proc. SPIE，1998，3364：337-346.

[2]　Burt P J，Kolcznski R J. Enhanced image capture through fusion[C]. IEEE 4th international Conf. on Computer Vision，1993. 4：173-182.

[3]　Shetigara V. A generalised component substitution technique for spatial enhancement of multispectral image using a higher resolution data set[J]. Photogrammetric Engineering and Remote Sensing，1992，58(5)：561-567.

[4]　Chavez P S，Sides S C，Anderson J A. Comparison of Three Difference Methods to Merge Multiresolution and Multispectral Data：Landsat TM and SPOT Panchromatic[J]. Photogrammetric Engineering and Remote Sensing，57，1991：295-303.

[5] 赵荣椿，赵忠明，等. 数字图像处理导论[M]. 西安：西北工业大学出版社，2000.

[6] 贾永红. TM 和 SAR 影像主分量变换融合法[J]. 遥感技术与应用，13(1)，1998：46-49.

[7] Lee D D, Seung H S. Learning the Parts of Objects by Non-negative Matrix Factorization[J]. Nature, 1999, 401(21)：788-791.

[8] Novak M, Mammone R. Use of Non-negative Matrix Factorization for Language Model Adaptation in a Lecture Transcription task[C]. In：Proceedings of IEEE International Conference on Acoustics, Speech and Signal Processing, Salt Lake , 2001. 541-544.

[9] Feng Tao, Li Z Stan, Shum Heung-Yeung, et al. Local Non-Negative Matrix Factorization as a Visual Representation[C]. In：Proceedings of the 2nd International Conference on Development and learning, Cambridge , 2002. 1-6.

[10] Guillamet D, Bressan M, Vitrià J. A Weighted non-negative matrix factorization for local representations[C]. In：Proceedings of the IEEE Computer Society Conference on Computer Vision and Pattern Recognition V1, Kauai, HI, 2001. 942-947.

[11] Guillamet David, Vitrià Jordi. Unsupervised learning of part-based representations[DB]. http：// citeseer. nj. nec. com/.

[12] Guillamet David, Vitria Jordi. Application of non-negative matrix factorization to dynamic positron emission tomography[DB]. http：//citeseer. nj. nec. com/554532. html.

[13] Lee D D, Seung H S. Algorithms for Non-negative Matrix Factorization[G]. In：Advances in Neural Information Processing Systems 13，2000：556-562.

[14] 章毓晋. 图像工程(上册)：图像处理和分析[M]. 北京：清华大学出版社，1999：19-21.

[15] Tu TeMing, Su ShunChi, Shyu HsuenChyun, et al. A New Look at IHS-like Image Fusion Methods [J]. Information Fusion, 2, 2001：177-186.

[16] Gillespie A R, Kahle A B, Walker R E. Color Enhancement of Highly Correlated Images：Ⅱ. Channel Ratio and 'Chromaticity' Transformation Techniques[J]. Remote Sensing of Environment, 22, 1987：343-365.

[17] Pohl C, Van Genderen J L. Multisensor image fusion in remote sensing：Concepts, methods, and applications[J]. International Journal of Remote Sensing, 1998, 19(5)：823 - 854.

[18] Toet A, Walraven J. New false color mapping for image fusion[J]. Optical Engineering, 1996, 35 (3)：650-658.

[19] Tu T M , Huang P S, Hung C L, et al. A fast intensity-hue-saturation fusion technique with spectral adjustment for IKONOS imagery[J]. IEEE Geoscience and Remote Sensing Letters, 2004, 1(4)：309 - 312.

[20] Li J L, Luo J C, Ming D P, et al. A new method for merging IKONOS Panchromatic and multispectral image data [C]. Proc. of IEEE International Geoscience and Remote Sensing SymPosium, 2005, 6：3916 - 3919.

第 5 章　基于金字塔变换的图像融合方法

5.1　引　　言

　　尽管简单的图像融合方法具有算法简单、融合速度快的优点，但在多数应用场合，简单的图像融合方法是难以取得满意的融合效果的。简单的像素灰度值加权平均往往会带来融合图像对比度下降等副作用；而像素灰度值的简单选择（选大或选小）只可能用于极少数场合，同时，其融合过程往往需要人工干预，不利于机器视觉及其目标的自动识别。

　　1983 年，Burt 和 Adelson 引入了拉普拉斯金字塔（Laplacian Pyramid，LP）作为图像的多分辨率表示[1]。在后续的研究中，许多学者将拉普拉斯金字塔变换应用于图像压缩、图像增强、图像去噪等的处理中，并取得了比较好的处理效果。拉普拉斯金字塔变换具有以下优点：

　　（1）拉普拉斯金字塔变换在每一级上只产生一个带通信号，即使对于多维信号（比如二维图像信号）也是一样。这样就可以在拉普拉斯金字塔上应用许多从粗糙到精细的多分辨率算法，取得较好的处理效果。

　　（2）与下一章将要介绍的小波变换相比，小波变换容易导致"混频"效果，而在拉普拉斯金字塔变换中，由于只是对下采样后的低频信号进行处理，所以不会产生这种问题。

　　由于图像的拉普拉斯金字塔变换是一种多尺度、多分辨率图像处理方法，因此将其应用于图像融合中能够获得较好的效果。基于图像的拉普拉斯金字塔分解的多传感器图像融合方法是将图像分解到不同尺度、不同分辨率下进行融合的，其融合过程是在不同尺度、不同空间分辨率、不同分解层上分别进行的。与简单的图像融合方法（如简单平均、像素取大、像素取小等）相比，基于金字塔变换的图像融合方法可以获得明显改善的融合效果。同时，基于塔形分解的多传感器图像融合方法具有适用场合广的特点。本章将重点介绍和研究以下多种基于塔形分解的多传感器图像融合方法：

　　（1）基于拉普拉斯塔形分解的多传感器图像融合方法；

　　（2）基于比率塔形分解的多传感器图像融合方法；

　　（3）基于对比度塔形分解的多传感器图像融合方法；

　　（4）基于梯度塔形分解的多传感器图像融合方法。

5.2　拉普拉斯金字塔变换

　　图像处理的塔形（亦称金字塔（Pyramid））方法是由 Burt 和 Adelson 在 1983 年首先提出[1, 3-11]的，用 Laplacian Pyramid 作为图像的多分辨率表示，用于图像的压缩处理[1, 4-6]以及机器的视觉特性/模型研究[7-9]。Burt 和 Adelson 提出的图像金字塔编码方法把原图像分解成许多不同空间分辨率的子图像，并把高分辨率(尺寸较大)的子图像放在下层，把低分辨率(尺寸较小)的子图像放在上层，从而构成了一个下大、上小的金字塔形。其利用拉普拉斯(Laplacian)金字塔，对金字塔的每一层分别量化、编码，并对视觉不敏感的粗层采用较少的码字进行量化和编码，便可以达到压缩的目的。

　　图像的金字塔方法也可用于计算机/机器视觉的多分辨率分析。利用图像的金字塔分解，能分析图像中不同大小的物体，例如，高分辨率层(下层)可用于分析细节，低分辨率层(高层)可用于分析较大的物体。同时，通过对低分辨率、尺寸较小的上层进行分析所得到的信息还可能用来指导对高分辨率、尺寸较大的下层进行分析，从而可以大大简化分析和计算。图像的拉普拉斯塔形分解提供了一种方便、灵活的图像多分辨率分析方法，可以将图像的重要特性(例如边缘)按照不同的尺度分解到不同的塔形分解层上。

　　要建立图像的拉普拉斯塔形分解首先要进行高斯塔形分解[2]，其建立步骤如下。

　　1) 建立图像的高斯塔形分解

　　设原图像为 G_0，以 G_0 作为高斯金字塔的零层(底层)，高斯金字塔的第 l 层图像 G_l 这样构造：

　　先将 $l-1$ 层图像 G_{l-1} 和一个具有低通特性的窗口函数 $w(m, n)$ 进行卷积，再把卷积结果做隔行隔列的降采样，即

$$G_l = \sum_{m=-2}^{2} \sum_{n=-2}^{2} w(m, n) G_{l-1}(2i+m, 2j+n), 0 < l \leqslant N, 0 \leqslant i < C_l, 0 \leqslant j < R_l$$

$$(5-1)$$

式中：N 为高斯金字塔顶层的层号；C_l 为高斯金字塔第 l 层图像的列数；R_l 为高斯金字塔第 l 层图像的行数；$w(m, n)$ 为 5×5 的窗口函数(亦称权函数、生成核)。

　　$w(m, n)$ 应满足以下约束条件：

　　(1) 可分离性：

$$w(m, n) = \widetilde{w}(m) \widetilde{w}(n), m \in [-2, 2], n \in [-2, 2] \qquad (5-2)$$

　　(2) 归一化性：

$$\sum_{-2}^{2} \widetilde{w}(n) = 1 \qquad (5-3)$$

　　(3) 对称性：

$$\widetilde{w}(n) = \widetilde{w}(-n) \qquad (5-4)$$

　　(4) 奇偶项等贡献性：

$$\widetilde{w}(-2) + \widetilde{w}(2) + \widetilde{w}(0) = \widetilde{w}(-1) + \widetilde{w}(1) \qquad (5-5)$$

　　按照上述约束条件可构造：

$$\widetilde{w}(0) = \frac{3}{8}$$

$$\widetilde{w}(1) = \widetilde{w}(-1) = \frac{1}{4}$$

$$\widetilde{w}(2) = \widetilde{w}(-2) = \frac{1}{16}$$

再根据约束条件(1)计算可得到窗口函数 $w(m,n)$ 表示式如下：

行号：　　-2　-1　0　1　2　　列号：

$$w = \frac{1}{256}\begin{bmatrix} 1 & 4 & 6 & 4 & 1 \\ 4 & 16 & 24 & 16 & 4 \\ 6 & 24 & 36 & 24 & 6 \\ 4 & 16 & 24 & 16 & 4 \\ 1 & 4 & 6 & 4 & 1 \end{bmatrix}\begin{matrix} -2 \\ -1 \\ 0 \\ 1 \\ 2 \end{matrix} \qquad (5-6)$$

为简化书写，引入缩小算子 Reduce，则(5-1)式可以记为

$$G_l = \text{Reduce}(G_{l-1}) \qquad (5-7)$$

由 G_0，G_1，$\cdots$，G_N 就构成了高斯金字塔，其中，G_0 为金字塔的底层，G_N 为金字塔的顶层，高斯金字塔的总层数为 $N+1$。可见，图像的高斯金字塔形分解是通过依次对低层图像与具有低通特性的窗口函数 $w(m,n)$ 进行卷积(此过程相当于对图像进行低通滤波)，再把卷积结果做隔行隔列的降 2 采样来实现的。由于窗口权函数 $w(m,n)$ 形状类似于高斯分布函数，因此，$w(m,n)$ 也可称为高斯权矩阵，同时，由此得到的图像金字塔就被称为高斯金字塔。

图 5.1 给出了一个对图像进行高斯金字塔形分解的例子。图中原图像为 256×256 像素的 Lena 图像，对其进行 0～3 层的高斯塔形分解(金字塔的总层数为 4 层)。图中高斯金字塔的底层(0 层)与原图像相同。从金字塔的底层到顶层，其各层尺寸依次减小，上层图

图 5.1　图像的高斯金字塔分解(Lena 图像，0～3 层分解)

像的大小依次为其下一层图像大小的 $1/4$。从图中可以看出，由于高斯金字塔在形成的过程中实施了一系列的低通滤波，因此，随着分解层的不断增加，图像逐渐变得模糊了。概括地讲，可以认为高斯金字塔是多分辨率、多尺度、低通滤波的结果。

2）由高斯金字塔建立图像的拉普拉斯金字塔

先将 G_l 内插放大，得到放大图像 G_l^*，使 G_l^* 的尺寸与 G_{l-1} 的尺寸相同。为此引入放大算子 Expand，即

$$G_l^* = \text{Expand}(G_l) \tag{5-8}$$

与式（5-1）相对应，Expand 算子定义为

$$G_l^* = 4 \sum_{m=-2}^{2} \sum_{n=-2}^{2} w(m, n) G_l'\left(\frac{i+m}{2}, \frac{j+n}{2}\right), 0 < l \leqslant N, 0 \leqslant i < C_l, 0 \leqslant j < R_l \tag{5-9}$$

式中

$$G_l'\left(\frac{i+m}{2}, \frac{j+n}{2}\right) = \begin{cases} G_l\left(\frac{i+m}{2}, \frac{j+n}{2}\right), & \text{当} \dfrac{i+m}{2}, \dfrac{j+n}{2} \text{为整数时} \\ 0 & \text{，其他} \end{cases}$$

Expand 算子是 Reduce 算子的逆算子。从式（5-9）可以看出，在原有像素间内插的新像素的灰度值是通过对原有像素灰度值的加权平均确定的。由于 G_l 是对 G_{l-1} 进行低通滤波得到的，即 G_l 是模糊化、降采样的 G_{l-1}，所以，G_l^* 所包含的细节信息少于 G_{l-1}。即 G_l^* 的尺寸与 G_{l-1} 相同，但 G_l^* 并不等于 G_{l-1}。下面考察 G_l^* 和 G_{l-1} 间的差别。

令：

$$\begin{cases} \text{LP}_l = G_l - \text{Expand}(G_{l+1})，\text{当} 0 \leqslant l < N \text{ 时} \\ \text{LP}_N = G_N，\quad\quad\quad\quad\quad\quad\quad \text{当} l = N \text{ 时} \end{cases} \tag{5-10}$$

式中，N 为拉普拉斯金字塔顶层的层号；LP_l 为拉普拉斯金字塔分解的第 l 层图像。

由 LP_0，LP_1，$\cdots$，LP_N 构成的金字塔即为拉普拉斯金字塔，它的每一层图像是高斯金字塔本层图像与其高一层图像经放大算子放大后图像的差，此过程相当于带通滤波。因此，拉普拉斯金字塔亦可称为带通塔形分解。

概括地讲，建立图像的拉普拉斯塔形分解有四个基本步骤：低通滤波、降采样（缩小尺寸）、内插（放大尺寸）和带通滤波。

图 5.2 给出了 Lena 图像的拉普拉斯金字塔形分解。图中原图像也为 256×256 像素的 Lena 图像，对其进行 0~3 层的拉普拉斯塔形分解（金字塔的总层数为 4 层）。如前面所述，先对 Lena 图像进行了高斯塔形分解（见图 5.1），然后按照上面的步骤得到了 Lena 图像的拉普拉斯塔形分解图像。从图中可以看出，图像的拉普拉斯塔形分解与高斯塔形分解一样，均为图像的多尺度、多分辨率分解。同时可以看到，拉普拉斯金字塔的各层（除顶层外）均保留和突出了图像的重要特征信息（如边缘信息），这些重要信息对于图像的压缩或进一步的分析、理解和处理有重要意义。在拉普拉斯金字塔中，这些特征信息被按照不同尺度分别分离在不同分解层上。

3) 由拉普拉斯金字塔重建原图像

由式(5-10)可得：

$$\begin{cases} G_N = \mathrm{LP}_N, & \text{当 } l = N \text{ 时} \\ G_l = \mathrm{LP}_l + \mathrm{Expand}(G_{l+1}), & \text{当 } 0 \leqslant l < N \text{ 时} \end{cases} \tag{5-11}$$

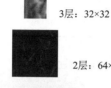
3层：32×32

2层：64×64

1层：128×128

0层：256×256

图 5.2　图像的拉普拉斯金字塔分解(Lena 图像，0~3 层分解)

上式说明，从拉普拉斯金字塔的顶层开始逐层由上至下，按照上式进行递推，可以恢复其对应的高斯金字塔，并最终得到原图像 G_0。若令：

$$G_{N,k} = \underbrace{\mathrm{Expand}[\mathrm{Expand}\cdots[\mathrm{Expand}(G_N)]]}_{\text{共 } k \text{ 个 Expand}}$$

$$\mathrm{LP}_{l,k} = \underbrace{\mathrm{Expand}[\mathrm{Expand}\cdots[\mathrm{Expand}(\mathrm{LP}_l)]]}_{\text{共 } k \text{ 个 Expand}}$$

由式(5-11)可递推得到：

$$G_0 = G_{N,N} + \sum_{l=0}^{N-1} \mathrm{LP}_{l,l} \tag{5-12}$$

因 $\mathrm{LP}_N = G_N$，故可以记 $\mathrm{LP}_{N,N} = G_{N,N}$，于是式(5-12)变为

$$G_0 = \sum_{l=0}^{N} \mathrm{LP}_{l,l} \tag{5-13}$$

式(5-13)表明，将拉普拉斯金字塔的各层图像经 Expand 算子逐步内插放大到与原图像一样大，然后再相加，即可精确重建原图像 G_0。这表明图像的拉普拉斯塔形分解是原图

像的完整表示，这是拉普拉斯塔形分解的重要特性之一。一层拉普拉斯金字塔变换的结构图如图 5.3 所示。

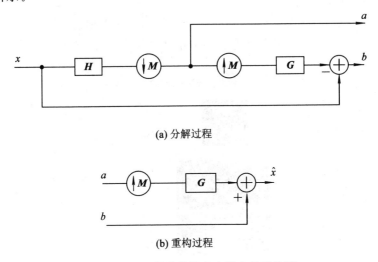

(a) 分解过程

(b) 重构过程

图 5.3　一层拉普拉斯金字塔变换结构图

　　图中 H、G 表示拉普拉斯金字塔变换的等效分解滤波器和重构滤波器，M 为采样矩阵。也就是说，给定 H 和 G 滤波器对，使用 LP 变换都可以实现原始信号的精确重构。

　　综上，拉普拉斯塔形分解的步骤如图 5.4 所示。图中 G 表示高斯金字塔的分解层，LP 表示拉普拉斯金字塔的分解层，Expand 为放大算子，Reduce 为缩小算子。图中拉普拉斯塔形分解层数为 4 层。图 5.5 给出了由拉普拉斯金字塔重建原图像的原理及步骤。

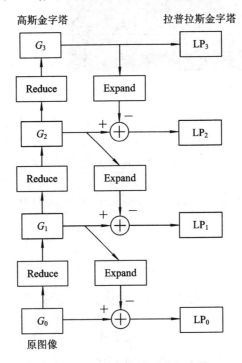

图 5.4　拉普拉斯塔形分解步骤

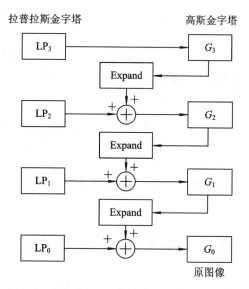

图5.5　由拉普拉斯塔形分解图像重建原图像

5.3　比率低通金字塔变换

图像的比率塔形分解是由 Toet 首先提出的[12]。比率塔亦称比率低通金字塔（Ratio of Low Pass，RoLP）。比率塔也是一种图像的金字塔形分解，它的建立也是以 Burt 和 Adelson的图像金字塔形分解理论为基础的。图像的比率塔形分解的建立步骤如下。

1. 建立图像的高斯塔形分解

按照本章 5.2 节有关内容，可以建立图像的高斯塔形分解。

设原图像为 G_0，以 G_0 作为高斯金字塔的零层（底层），高斯金字塔的第 l 层图像 G_l 这样构造：

先将 $l-1$ 层图像 G_{l-1} 和一个具有低通特性的窗口函数 $w(m, n)$ 进行卷积，再把卷积结果做隔行隔列的降采样，即

$$G_l = \sum_{m=-2}^{2} \sum_{n=-2}^{2} w(m, n)G_{l-1}(2i+m, 2j+n), 0 < l \leqslant N, 0 \leqslant i < C_l, 0 \leqslant j < R_l$$

$$(5-14)$$

式中：N 为高斯金字塔顶层的层号；C_l 为高斯金字塔第 l 层图像的列数；R_l 为高斯金字塔第 l 层图像的行数；$w(m, n)$ 为 5×5 的窗口函数（亦称权函数、生成核）。

由 $G_0, G_1, \cdots, G_N$ 就构成了高斯金字塔，其中 G_0 为金字塔的底层，G_N 为金字塔的顶层，高斯金字塔的总层数为 $N+1$。

2. 由图像的高斯金字塔建立比率塔形分解

图像的比率塔形分解定义为

$$\begin{cases} RP_l = \dfrac{G_l}{\text{Expand}(G_{l+1})}, & \text{当 } 0 \leqslant l \leqslant N-1 \text{ 时} \\ RP_N = G_N, & \text{当 } l = N \text{ 时} \end{cases}$$

$$(5-15)$$

式中：G_l 表示高斯金字塔的第 l 层图像；RP_l 表示比率金字塔的第 l 层图像；Expand 为放大算子(见式(5-8))。

这样，由 RP_0，RP_1，…，RP_l，…，RP_N 就构成了图像的比率塔形分解。

3. 由比率塔形分解图像重构原图像

图像的比率塔形分解同拉普拉斯塔形分解一样，都是被分解图像的完备表示，因此，由比率塔形分解图像也可精确地重构原被分解图像。根据式(5-15)，其重构步骤如下：

$$
\begin{cases}
G_N = RP_N & ，当 l = N 时 \\
G_l = RP_l * \mathrm{Expand}(G_{l+1}) & ，当 0 \leqslant l \leqslant N-1 时
\end{cases}
\tag{5-16}
$$

式(5-16)表明，从图像的比率塔形分解的顶层 RP_N 开始，由上至下是可以逐步精确地重构原被分解图像 G_0 的。

5.4　对比度金字塔变换

图像的对比度塔形分解也是一种图像的多尺度、多分辨率金字塔形分解，它的建立同样是以 Burt 和 Adelson 的图像金字塔形分解理论为基础的。图像的对比度塔形分解的建立步骤如下。

1. 建立图像的高斯塔形分解

亦如本章 5.2 节有关内容，可以建立图像的高斯塔形分解。

设原图像为 G_0，以 G_0 作为高斯金字塔的零层(底层)，高斯金字塔的第 l 层图像 G_l 这样构造：

先将 $l-1$ 层图像 G_{l-1} 和一个具有低通特性的窗口函数 $w(m, n)$ 进行卷积，再把卷积结果做隔行隔列的降采样，即

$$
G_l = \sum_{m=-2}^{2} \sum_{n=-2}^{2} w(m, n) G_{l-1}(2i+m, 2j+n), 0 < l \leqslant N, 0 \leqslant i < C_l, 0 \leqslant j < R_l
\tag{5-17}
$$

式中：N 为高斯金字塔顶层的层号；C_l 为高斯金字塔第 l 层图像的列数；R_l 为高斯金字塔第 l 层图像的行数；$w(m, n)$ 为 5×5 的窗口函数(亦称权函数、生成核)。其表达式见式(5-6)。

由 G_0，G_1，…，G_N 就构成了高斯金字塔，其中 G_0 为金字塔的底层，G_N 为金字塔的顶层，高斯金字塔的总层数为 $N+1$。

2. 由图像的高斯金字塔建立对比度塔形分解

先将 G_l 内插放大，得到放大图像 G_l^*，使 G_l^* 的尺寸与 G_{l-1} 的尺寸相同。为此引入放大算子 Expand，即

$$
G_l^* = \mathrm{Expand}(G_l)
\tag{5-18}
$$

Expand 算子定义为

$$
G_l^*(i, j) = 4 \sum_{m=-2}^{2} \sum_{n=-2}^{2} w(m, n) G'_l\left(\frac{i+m}{2}, \frac{j+n}{2}\right), 0 < l \leqslant N, 0 \leqslant i < C_l, 0 \leqslant j < R_l
\tag{5-19}
$$

式中

$$G'_l\left(\frac{i+m}{2}, \frac{j+n}{2}\right) = \begin{cases} G_l\left(\dfrac{i+m}{2}, \dfrac{j+n}{2}\right), & \text{当} \dfrac{i+m}{2}, \dfrac{j+n}{2} \text{为整数时} \\ 0 & \text{，其他} \end{cases}$$

我们知道，图像的对比度 C 通常定义为

$$C = \frac{g - g_b}{g_b} = \frac{g}{g_b} - I \tag{5-20}$$

式中：g 为图像某位置处的灰度值；g_b 为该位置处的背景灰度值；I 表示单位灰度值图像。

因窗口函数 $w(m, n)$ 具有低通滤波特性，所以 G^*_{l+1} 可以看做是 G_l 的"背景"，故可定义图像的对比度金字塔为

$$\begin{cases} \mathrm{CP}_l = \dfrac{G_l}{G^*_{l+1}} - I = \dfrac{G_l}{\mathrm{Expand}(G_{l+1})} - I, & \text{当} \ 0 \leqslant l \leqslant N-1 \ \text{时} \\ \mathrm{CP}_N = G_N & \text{，当} \ l = N \ \text{时} \end{cases} \tag{5-21}$$

式中：CP_l 表示对比度金字塔的第 l 层图像；G_l 表示高斯金字塔的第 l 层图像；I 表示单位灰度值图像。

这样，由 $\mathrm{CP}_0, \mathrm{CP}_1, \cdots, \mathrm{CP}_l, \cdots, \mathrm{CP}_N$ 就构成了图像的对比度金字塔形分解。由此看来，图像的对比度塔形分解不仅是图像的多尺度、多分辨率塔形分解，更重要的是其每一分解层图像均反映了图像在相应尺度、相应分辨率上的对比度信息。请注意，这里对比度塔形分解与上一节中 Toet 的比率塔形分解完全不同，而 Toet 将其建立的比率金字塔也称为对比度金字塔（即 Toet 对二者是不区分的）。

3. 由比率塔形分解图像重构原图像

图像的对比度塔形分解同拉普拉斯塔形分解一样，都是被分解图像的完备表示，因此，由对比度塔形分解图像也可精确地重构原被分解图像。由式(5-21)变换得，其重构步骤如下：

$$\begin{cases} G_N = \mathrm{CP}_N & \text{，当} \ l = N \ \text{时} \\ G_l = (\mathrm{CP}_l + I) * \mathrm{Expand}(G_{l+1}), & \text{当} \ 0 \leqslant l \leqslant N-1 \ \text{时} \end{cases} \tag{5-22}$$

式(5-22)表明，从图像的对比度金字塔($\mathrm{CP}_0, \mathrm{CP}_1, \cdots, \mathrm{CP}_l, \cdots, \mathrm{CP}_N$)的顶层 CP_N 开始，按照式(5-22)递推，依次令 $l = N, N-1, \cdots, 0$，逐层由上至下，可以依次得到高斯金字塔的各层 $G_N, G_{N-1}, \cdots, G_0$，最终可以精确地重构被分解的原始图像（高斯金字塔的最底层 G_0 即为原始图像）。

5.5　梯度金字塔变换

前面已介绍了图像的拉普拉斯塔形分解、比率塔形分解以及对比度塔形分解。拉普拉斯塔形分解在多个尺度上表示了图像的边缘信息，对比度塔形分解则在多个尺度上表示了图像的对比度信息。它们都是图像的多尺度、多分辨率分解，将它们用于图像融合均可取得较好的融合效果。然而，这几种塔形分解方法均不能提供图像的方向边缘和细节信息。下面介绍的图像的梯度塔形分解则可提供图像的方向边缘和细节信息。

图像的梯度塔形分解也是一种图像的多尺度、多分辨率分解，与图像的高斯塔形分解、拉普拉斯塔形分解、比率塔形分解和对比度塔形分解相比，梯度塔形分解还提供了图

像的方向边缘和细节信息。图像的梯度塔形分解的建立步骤如下。

1. 建立图像的高斯塔形分解

按照本章 5.2 节有关内容，可以建立图像的高斯塔形分解。

设原图像为 G_0，以 G_0 作为高斯金字塔的零层（底层），高斯金字塔的第 l 层图像 G_l 这样构造：

先将 $l-1$ 层图像 G_{l-1} 和一个具有低通特性的窗口函数 $w(m,n)$ 进行卷积，再把卷积结果做隔行隔列的降采样，即

$$G_l = \sum_{m=-2}^{2} \sum_{n=-2}^{2} w(m,n) G_{l-1}(2i+m, 2j+n),\ 0 < l \leqslant N,\ 0 \leqslant i < C_l,\ 0 \leqslant j < R_l$$

$$(5-23)$$

式中：N 为高斯金字塔顶层的层号；C_l 为高斯金字塔第 l 层图像的列数；R_l 为高斯金字塔第 l 层图像的行数；$w(m,n)$ 为 5×5 的窗口函数（亦称权函数、生成核）。

由 $G_0, G_1, \cdots, G_N$ 就构成了高斯金字塔，其中 G_0 为金字塔的底层，G_N 为金字塔的顶层，高斯金字塔的总层数为 $N+1$。

2. 建立图像的梯度金字塔形分解

对图像高斯金字塔的各分解层（最高层除外）分别进行四个方向的梯度方向滤波，便可得到其梯度塔形分解：

$$\mathrm{GP}_{lk} = d_k * (G_l + \dot{w} * G_l),\ 0 \leqslant l < N,\ k = 1,2,3,4 \qquad (5-24)$$

式中：GP_{lk} 表示第 l 层第 k 方向梯度塔形图像；G_l 表示图像高斯金字塔的第 l 层图像；d_k 为第 k 方向上的梯度滤波算子；k 表示方向梯度滤波下标，$k=1,2,3,4$ 分别对应水平、$45°$ 对角线、垂直、$135°$ 对角线四个方向；$\dot{w}$ 为 3×3 的核；$*$ 为卷积运算。

方向梯度滤波算子 d_k 的定义如下：

$$\begin{cases} d_1 = \begin{bmatrix} 1 & -1 \end{bmatrix} \\[4pt] d_2 = \begin{bmatrix} 0 & -1 \\ 1 & 0 \end{bmatrix} \dfrac{1}{\sqrt{2}} \\[10pt] d_3 = \begin{bmatrix} -1 \\ 1 \end{bmatrix} \\[10pt] d_4 = \begin{bmatrix} -1 & 0 \\ 0 & 1 \end{bmatrix} \dfrac{1}{\sqrt{2}} \end{cases} \qquad (5-25)$$

式（5-24）中 $\dot{w}$ 满足以下关系式：

$$w = \dot{w} * \dot{w} \qquad (5-26)$$

式中的 w 即为式（5-6）中的窗口函数。

若 $\dot{w}$ 的定义为

$$\dot{w} = \begin{bmatrix} 1 & 2 & 1 \\ 2 & 4 & 2 \\ 1 & 2 & 1 \end{bmatrix} \frac{1}{16} \qquad (5-27)$$

则可得到如下的窗口函数 w：

$$w = \frac{1}{256} \begin{bmatrix} 1 & 4 & 6 & 4 & 1 \\ 4 & 16 & 24 & 16 & 4 \\ 6 & 24 & 36 & 24 & 6 \\ 4 & 16 & 24 & 16 & 4 \\ 1 & 4 & 6 & 4 & 1 \end{bmatrix} \tag{5-28}$$

经过 d_1、d_2、d_3、d_4 对高斯金字塔各分解层(最高层除外,最高层为低频信息)的方向梯度滤波,在每一分解层上(最高层除外)均可得到包含水平、垂直以及两个对角线方向细节和边缘信息的四个分解图像。可见图像的梯度塔形分解不仅是一种多尺度、多分辨率分解,而且其每一分解层(最高层除外)又由分别包含四个方向细节和边缘信息的图像组成。

3. 由梯度塔形分解图像重构原图像

由图像的梯度塔形分解图像重构原图像的步骤如下:

(1) 由方向梯度塔形图像建立方向 Laplacian 塔形图像:

$$\overrightarrow{\mathrm{LP}}_{lk} = -\frac{1}{8} d_k * \mathrm{GP}_{lk} \tag{5-29}$$

式中:$\overrightarrow{\mathrm{LP}}_{lk}$ 表示第 l 层、k 方向的方向 Laplacian 塔形图像。

(2) 将方向 Laplacian 塔形图像变换为 FSD(Filter-Subtract-Decimate) Laplacian 塔形图像:

$$\hat{L}_l = \sum_{k=1}^{4} \overrightarrow{\mathrm{LP}}_{lk} \tag{5-30}$$

式中:$\hat{L}_l$ 表示第 l 层 FSD Laplacian 塔形图像。

(3) 将 FSD Laplacian 塔形图像变换为 Laplacian 塔形图像:

$$\mathrm{LP}_l \approx [1 + w] * \hat{L}_l \tag{5-31}$$

式中:LP_l 表示第 l 层 Laplacian 塔形图像。

(4) 由 Laplacian 塔形图像重构原图像:

由 Laplacian 塔形图像重构原图像的方法已在本章 5.2 节中介绍,其重构过程可表示为

$$\begin{cases} G_N = \mathrm{LP}_N & ,当 l = N 时 \\ G_l = \mathrm{LP}_l + \mathrm{Expand}(G_{l+1}) & ,当 0 \leqslant l < N 时 \end{cases} \tag{5-32}$$

上式说明,从拉普拉斯金字塔的顶层开始逐层由上至下,按照上式进行递推,可以恢复其对应的高斯金字塔,并最终得到原分解图像 G_0。

5.6　基于金字塔变换的图像融合方法

5.6.1　基于拉普拉斯金字塔变换的图像融合方法

1. 融合步骤与融合结构

现将图像的拉普拉斯金字塔形分解用于多传感器图像的融合处理,基于拉普拉斯 (Laplacian)塔形分解的图像融合方案如图 5.6 所示。这里也以两幅图像的融合为例,对于多幅图像的融合方法可由此类推。设 A、B 为两幅原始图像,F 为融合后的图像。其融合的

基本步骤如下：

（1）对每一源图像分别进行 Laplacian 塔形分解，建立各图像的 Laplacian 金字塔。

（2）对图像金字塔的各分解层分别进行融合处理。不同的分解层采用不同的融合算子进行融合处理，最终得到融合后图像的 Laplacian 金字塔。

（3）对融合后所得 Laplacian 金字塔进行逆塔形变换（即进行图像重构），所得到的重构图像即为融合图像。

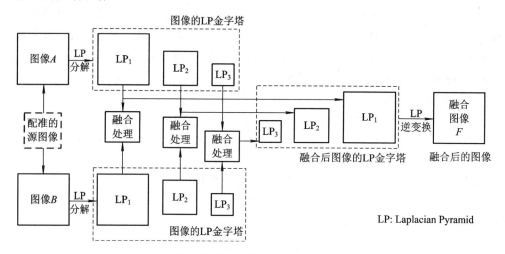

图 5.6　基于拉普拉斯塔形分解的图像融合结构

由此看来，这里图像 Laplacian 塔形分解的目的是将原始图像分别分解到不同的空间频带上，利用其分解后的塔形结构，对具有不同空间分辨率的不同分解层分别采用不同的融合算子进行融合处理，可有效地将来自不同图像的特征与细节融合在一起。Campbell、Robson[13] 以及 Wilson[14] 的实验与研究表明，人的视觉系统呈现多频道性，每个频道对应不同的空间频率调制，而且各频道的带宽不超过一个倍频程。视觉系统的这种带通特性，并不是由眼球的屈光系统，而是由视网膜形成的。其中视网膜中 Y 型神经节细胞对空间频率呈低通特性；X 型神经节细胞也呈低通特性。大脑视区中简单细胞呈窄带通特性，复杂细胞呈宽带通特性。也就是说，人的视网膜图像就是在不同的频率通道中进行处理的。基于 Laplacian 塔形分解的图像融合恰恰是在不同的空间频带上进行融合处理的，因而可能获得与人的视觉特性更为接近的融合效果。

2. 融合规则及融合算子

按照上面介绍的基于拉普拉斯塔形分解的图像融合方案，其图像融合过程是在各个分解层图像上分别进行的。现在要解决的问题是对来自不同图像的各对应分解层如何进行融合处理并形成融合图像对应的分解层，该问题就是融合规则及融合算子的确定问题。

在图像融合过程中，融合规则及融合算子的选择是至关重要的，其好坏直接影响融合图像的质量，是图像融合领域中至今尚未很好解决的难点问题之一。目前，广为采用的融合规则主要有两大类："基于像素"的融合规则和"基于区域"的融合规则。

Burt 首先提出了基于像素的融合规则[15]，这种融合规则的突出特点是仅根据同一个图像分解层上对应位置像素的灰度值来确定融合后图像分解层上该位置的像素灰度值，其融合的基本原理如图 5.7 所示。

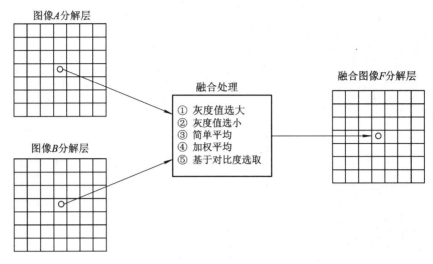

图 5.7　基于像素的融合规则

对像素的融合规则可以是以下几种：① 像素灰度值选大；② 像素灰度值选小；③ 像素灰度值的简单平均；④ 像素灰度值的加权平均；⑤ 基于对比度的选取[16]。基于像素的融合规则仅是以单个像素作为融合对象，并未考虑图像相邻像素间的相关性，因此通用性很强，但是融合结果不是很理想。

实际上，其对塔形分解的某一分解层图像的融合处理与上一章介绍的图像的简单融合方法类似，只不过这里的融合处理是多尺度、多分辨率、分层进行的。尽管对各分解层图像采用的融合规则与上一章的类似(或相同)，但由于这里利用了拉普拉斯塔形分解的多尺度、多分辨率及局域性特性，同时，不同分解层也可采用不同的融合规则或算子，因此，这里的融合处理将会获得更好的融合效果。

但是，由于图像的局域特征往往不是由一个像素所能表征的，它是由某一局部区域的多个像素来表征和体现的，同时，图像中某一局部区域内的各像素之间往往有较强的相关性，因此，这种基于像素的融合规则有其片面性，其融合效果还有待改善。

基于上述考虑，为了获得视觉特性更佳、细节更丰富、突出的融合效果，在考虑了图像相邻像素间的相关性后，Burt 和 Kolczynski[17] 首先提出了基于区域特性选择的加权平均融合规则，将像素值(或系数)的融合选取与其所在的局部区域联系起来。在 Li[18] 提出的融合规则中，在选取窗口区域中较大的像素值(或系数)作为融合后像素值(或系数)的同时，还考虑了与窗口区域其他像素(或系数)的相关性。Chibani 和 Houacine[19] 在其融合规则中，通过计算输入原图像相应窗口区域中像素绝对值相比较大的个数，决定融合像素的选取。Z Zhang 和 Blum[20] 提出的基于区域的融合规则是将图像中每个像素均看做区域或边缘的一部分，并用区域和边界等图像信息来指导融合像素的选取。采用这种融合规则的融合效果较好，但对复杂的图像不易于实现。

基于区域的融合规则的基本原理如图 5.8 所示。总的来说，基于区域的融合规则由于考虑相邻像素的相关性，因此减少了融合像素的错误选取概率，融合效果得到了提高，但是融合算法的复杂性也相对较高。

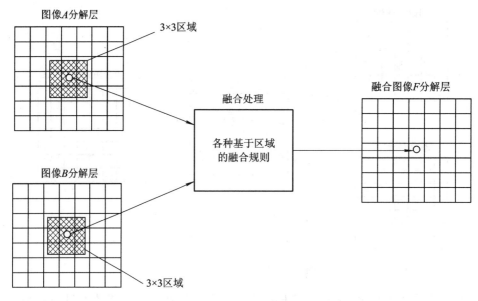

图 5.8　基于区域的融合规则

这里给出一种基于区域特性量测的融合规则，其融合算子采用选择及加权平均算子，基本思想是：在对某一分解层图像进行融合处理时，为了确定融合后的像素，不仅要考虑参加融合图像中对应的各像素，而且要考虑参加融合像素的局部邻域。局部区域的大小可以是 3×3、5×5、7×7 等。

这里的基于区域特性量测的融合规则及其融合算子的确定方法如下：

（1）分别计算两幅图像相应分解层上对应局部区域的"能量"$E_{l,A}$ 及 $E_{l,B}$：

$$E_l(n, m) = \sum_{n' \in J, m' \in K} w'(n', m')\left[LP_l(n+n', m+m')\right]^2 \qquad (5-33)$$

式中：$E_l(n, m)$ 表示 Laplacian 金字塔第 l 层上，以 (n, m) 为中心位置的局部区域能量；LP_l 表示 Laplacian 金字塔的第 l 层图像；$w'(n', m')$ 为与 L_l 对应的权系数；J、K 定义了局部区域的大小（例如 3×3、5×5、7×7 等），n'、m' 的变化范围在 J、K 内。

（2）计算两幅图像对应局部区域的匹配度 M_{AB}：

$$M_{l,AB}(n, m) = \frac{2 \sum_{n' \in J, m' \in K} w'(n', m')LP_{l,A}(n+n', m+m')LP_{l,B}(n+n', m+m')}{E_{l,A}(n, m) + E_{l,B}(n, m)}$$

$$(5-34)$$

其中的 $E_{l,A}$、$E_{l,B}$ 按式（5-33）计算。

（3）确定融合算子。先定义一匹配度阈值 T（通常取 0.5～1），若 $M_{l,AB}(n, m) < T$，则

$$\begin{cases} LP_{l,F}(n, m) = LP_{l,A}(n, m)，当 E_{l,A}(n, m) \geqslant E_{l,B}(n, m) 时 \\ LP_{l,F}(n, m) = LP_{l,B}(n, m)，当 E_{l,A}(n, m) < E_{l,B}(n, m) 时 \end{cases} \quad (0 \leqslant l < N)$$

$$(5-35)$$

若 $M_{l,AB}(n, m) \geqslant T$，则

$$
\begin{cases}
\mathrm{LP}_{l,\,F}(n,\,m)=W_{l,\,\max}(n,\,m)\mathrm{LP}_{l,\,A}(n,\,m)+W_{l,\,\min}(n,\,m)\mathrm{LP}_{l,\,B}(n,\,m),\\
\qquad 当\ E_{l,\,A}(n,\,m)\geqslant E_{l,\,B}(n,\,m)\ 时\\
\mathrm{LP}_{l,\,F}(n,\,m)=W_{l,\,\min}(n,\,m)\mathrm{LP}_{l,\,A}(n,\,m)+W_{l,\,\max}(n,\,m)\mathrm{LP}_{l,\,B}(n,\,m),\\
\qquad 当\ E_{l,\,A}(n,\,m)< E_{l,\,B}(n,\,m)\ 时
\end{cases}
\quad (0\leqslant l< N)
$$

$$(5-36)$$

其中

$$
\begin{cases}
W_{l,\,\min}(n,\,m)=\dfrac{1}{2}-\dfrac{1}{2}\left(\dfrac{1-M_{l,\,AB}(n,\,m)}{1-T}\right)\\
W_{l,\,\max}(n,\,m)=1-W_{l,\,\min}(n,\,m)
\end{cases}
\quad (0\leqslant l< N)
$$

以上各式中的 $\mathrm{LP}_{l,\,F}$ 表示融合后 Laplacian 金字塔的第 l 层图像。

从上面的算法可以看出，当两图像 A、B 对应分解层上对应局部区域间的匹配度小于阈值 T 时，说明两图像在该区域上的"能量"差别较大，此时选择"能量"大的区域的中心像素作为融合后图像在该区域上的中心像素（见式(5-35)）；反之，当两图像 A、B 对应局部区域间的匹配度大于或等于阈值 T 时，说明两图像在该区域上的"能量"相近（差别不大），此时采用加权融合算子确定融合后图像在该区域上的中心像素的灰度值（见式(5-36)）。由于局域能量较大的中心像素代表了原始图像中的明显特征，同时，图像的局部特征一般不只取决于某一像素，因此，这里采用的基于区域特性量测的选择及加权融合算子相对于仅根据单一独立像素的简单选择或简单加权来确定融合像素的方法来说[21-24]，显得更合理、更科学。实验也证明采用该融合算子取得了良好的视觉效果及融合质量，而且，该融合算子用于含噪声图像的融合时也明显优于简单的像素选择算子。

5.6.2　基于比率低通金字塔变换的图像融合方法

1. 融合步骤与融合结构

图像的比率金字塔形分解也是一种图像的多尺度、多分辨率分解，也可将其用于多传感器图像的融合处理。其图像融合过程的框图与基于拉普拉斯塔形分解的图像融合框图类似，如图 5.9 所示。这里也以两幅图像的融合为例，对于多幅图像的融合方法可由此类推。设 A、B 为两幅原始图像，F 为融合后的图像。

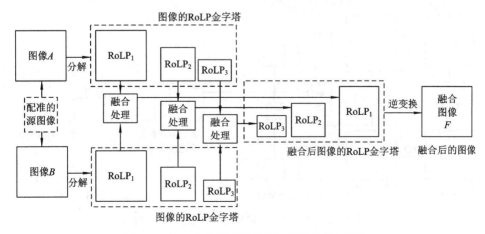

图 5.9　基于比率低通塔形分解的图像融合结构

其融合的基本步骤如下：

（1）对每一源图像分别进行比率塔形分解，建立各图像的比率金字塔。

（2）对图像金字塔的各分解层分别进行融合处理；不同的分解层可采用不同的融合算子进行融合处理，最终得到融合后图像的比率金字塔。

（3）对融合后所得比率金字塔进行逆塔形变换（即进行图像重构），所得到的重构图像即为融合图像。

2. 融合规则及融合算子

采用基于比率塔形分解的图像融合方法进行图像的融合处理时，仍然可以采用上一节介绍的基于像素的融合规则、基于区域特性量测的融合规则及其相应的融合算子。

Toet 在运用比率塔形分解进行图像融合的研究中，提出了一种基于像素对比度值选择的融合规则[23, 24]。若按照上节的定义，该融合规则实际上是一种基于像素的简单融合规则。Toet 的融合规则如下：

$$\mathrm{RP}_{l, F}(i, j) = \begin{cases} \mathrm{RP}_{l, A}(i, j), & \text{若 } |RP_{l, A}(i, j) - 1| > |RP_{l, B}(i, j) - 1| \\ \mathrm{RP}_{l, B}(i, j), & \text{其他} \end{cases}$$

$$(5 - 37)$$

式中：$\mathrm{RP}_{l, A}$、$\mathrm{RP}_{l, B}$ 分别表示参加融合的图像 A、B 的第 l 层比率塔分解图像；$\mathrm{RP}_{l, F}$ 为融合后图像的第 l 层比率塔分解图像；(i, j) 表示分解层图像的某一像素的位置；$\mathrm{RP}_{l}(i, j) - 1$ 可理解为 l 分解层上 (i, j) 处像素的对比度值。

式（5-37）表明，Toet 在对某分解层图像进行融合处理时，只选择对比度值大的像素作为融合图像在该层、该位置处的像素。Toet 采用该融合规则进行了一些图像融合的实验，并取得了良好的融合效果[22-24]。

5.6.3　基于对比度金字塔变换的图像融合方法

1. 融合步骤与融合结构

基于对比度塔形分解的图像融合方案如图 5.10 所示。这里以两幅图像的融合为例，对于多幅图像的融合方法可由此类推。设 A、B 为两幅原始图像，F 为融合后的图像。

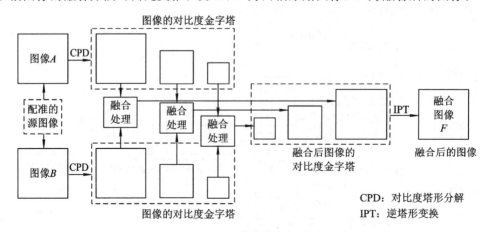

图 5.10　基于对比度塔形分解的图像融合结构

其融合的基本步骤如下：

（1）对每一源图像分别进行对比度塔形分解，建立各图像的对比度金字塔。

（2）对图像对比度金字塔的各分解层分别进行融合处理；不同的分解层可采用不同的融合算子进行融合处理，最终得到融合后图像的对比度金字塔。

（3）对融合后所得对比度金字塔进行逆塔形变换（即进行图像重构），所得到的重构图像即为融合图像。

2. 融合规则及融合算子

基于对比度塔形分解的图像融合方法的物理意义在于：

（1）对比度塔形分解将原始图像分别分解到具有不同分辨率、不同空间频率的一系列分解层上（从底层到顶层，空间频率依次降低），同时，每一分解层均反映了相应空间频率上图像的对比度信息。

（2）融合过程是在各空间频率层上分别进行的，这样就可能针对不同分解层的不同频带上的特征与细节，采用不同的融合算子，以达到突出特定频带上特征与细节的目的。基于对比度塔形分解的图像融合同样是在不同的空间频带上进行融合处理的，因而可能获得与人的视觉特性更为接近的融合效果。

（3）为了获得更好的融合效果并突出重要的特征细节信息，这里在进行融合处理时，同样可采用前面介绍的基于区域特性量测的融合规则及其相应的融合算子。也就是说，同一分解层上的不同局部区域上采用的融合算子也可能不同，这样就可能充分挖掘被融合图像的互补及冗余信息。

（4）人眼的视觉系统对于图像的对比度变化十分敏感，因此，基于对比度塔形分解的融合方法可有选择地突出被融合图像的对比度信息，以求达到良好的视觉效果。这一点可从本章及后面有关章节的融合实验中明显看出。

在采用基于对比度塔形分解的图像融合方法进行多传感器图像的融合处理时，既可采用前面介绍的基于像素的简单图像融合规则，也可采用本节给出的基于区域特性量测的融合规则及其融合算子。

5.6.4　基于梯度金字塔变换的图像融合方法

1. 融合步骤与融合结构

基于梯度塔形分解的图像融合方案如图 5.11 所示。这里也以两幅图像的融合为例，对于多幅图像的融合方法可由此类推。设 A、B 为两幅原始图像，F 为融合后的图像。图 5.11 中，仅示意性地对图像 A、B 均进行 3 层的梯度塔形分解，可以看到其每一分解层（最高层除外）均由同样大小的四个分解图像构成（它们分别包含了四个方向的边缘和细节信息）。在实际融合过程中，可根据需要对源图像进行 3～6 层的塔形分解。基于梯度塔形分解的图像融合的基本步骤如下：

（1）对每一源图像分别进行梯度塔形分解，建立图像的梯度金字塔。

（2）对图像梯度金字塔的各分解层分别进行融合处理；不同的分解层、不同方向细节图像可采用不同的融合算子进行融合处理，最终得到融合后图像的梯度金字塔。

（3）对融合后所得梯度金字塔进行逆塔形变换（即进行图像重构），所得到的重构图像即为融合图像。

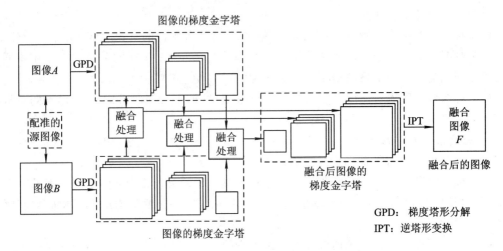

图 5.11　基于梯度塔形分解的图像融合结构

由此看来，图像梯度塔形分解不仅可将原始图像分别分解到不同的空间频带上，而且可分别对四个方向的边缘和细节信息进行分解。利用其分解后的塔形结构，对具有不同空间分辨率的不同分解层及其各方向细节图像，分别采用不同的融合算子进行融合处理，可有效地将来自不同图像的特征与细节融合在一起，并可有选择地突出不同图像分解层上、不同方向上的边缘和特征信息。

2. 融合规则及融合算子

采用梯度塔形分解的图像融合方法进行图像的融合处理时，既可采用基于像素的融合规则，也可采用基于区域特性量测的融合规则及其融合算子。由于图像的梯度塔形分解与前面介绍的几种塔形分解差别较大，因此其区域特性量测的融合规则也应做适当的调整。此处的融合规则及融合算子的确定方法如下：

（1）分别计算两幅图像相应分解层、对应方向上对应局部区域的能量 $E_{lk,A}$ 及 $E_{lk,B}$：

$$E_{lk}(n,m) = \sum_{n' \in J, m' \in K} w^{lk}(n',m')[\mathrm{GP}_{lk}(n+n',m+m')]^2 \qquad (5-38)$$

式中：$E_{lk}(n,m)$ 表示梯度金字塔第 l 层、第 k 方向上，以 (n,m) 为中心位置的局部区域能量；GP_{lk} 表示梯度金字塔的第 l 层、k 方向图像；$w^{lk}(n',m')$ 为与 GP_{lk} 对应的权系数；J、K 定义了局部区域的大小（例如 3×3、5×5、7×7 等），n'、m' 的变化范围在 J、K 内。

（2）计算两幅图像对应局部区域的匹配度 M_{AB}：

$$M_{lk,AB}(n,m) = \dfrac{2 \displaystyle\sum_{n' \in J, m' \in K} w^{lk}(n',m')\mathrm{GP}_{lk,A}(n+n',m+m')\mathrm{GP}_{lk,B}(n+n',m+m')}{E_{lk,A}(n,m) + E_{lk,B}(n,m)}$$

$$(5-39)$$

其中的 $E_{lk,A}$、$E_{lk,B}$ 按式(5-38)计算。

（3）确定融合算子。先定义一匹配度阈值 T（通常取 $0.5 \sim 1$），若 $M_{lk,AB}(n,m) < T$，则

$$\begin{cases} \mathrm{GP}_{lk,F}(n,m) = \mathrm{GP}_{lk,A}(n,m), & \text{当 } E_{lk,A}(n,m) \geqslant E_{lk,B}(n,m) \text{ 时} \\ \mathrm{GP}_{lk,F}(n,m) = \mathrm{GP}_{lk,B}(n,m), & \text{当 } E_{lk,A}(n,m) < E_{lk,B}(n,m) \text{ 时} \end{cases} \quad (0 \leqslant l < N)$$

$$(5-40)$$

若 $M_{lk,AB}(n,m) \geqslant T$，则

$$
\begin{cases}
\mathrm{GP}_{lk,\,F}(n,\,m) = W_{lk,\,\max}(n,\,m)\mathrm{GP}_{lk,\,A}(n,\,m) + W_{lk,\,\min}(n,\,m)\mathrm{GP}_{lk,\,B}(n,\,m), \\
\qquad 当\ E_{lk,\,A}(n,\,m) \geqslant E_{lk,\,B}(n,\,m)\ 时 \\
\mathrm{GP}_{lk,\,F}(n,\,m) = W_{lk,\,\min}(n,\,m)\mathrm{GP}_{lk,\,A}(n,\,m) + W_{lk,\,\max}(n,\,m)\mathrm{GP}_{lk,\,B}(n,\,m), \\
\qquad 当\ E_{lk,\,A}(n,\,m) < E_{lk,\,B}(n,\,m)\ 时
\end{cases} \quad (0 \leqslant l < N)
$$

$$(5-41)$$

其中

$$
\begin{cases}
W_{lk,\,\min}(n,\,m) = \dfrac{1}{2} - \dfrac{1}{2}\left(\dfrac{1 - M_{lk,\,AB}(n,\,m)}{1 - T}\right) \\
W_{lk,\,\max}(n,\,m) = 1 - W_{lk,\,\min}(n,\,m)
\end{cases} \quad (0 \leqslant l < N)
$$

以上的 $\mathrm{GP}_{lk,\,F}$ 表示融合后梯度金字塔的第 l 层、k 方向上的分解图像。

5.7 实验结果与分析

下面将本章介绍的基于拉普拉斯金字塔变换的图像融合方法、基于比率低通金字塔变换的图像融合方法、基于对比度金字塔变换的图像融合方法和基于梯度金字塔变换的图像融合方法进行实验分析与比较。通过多聚焦图像融合实验、曝光不同的可见光图像融合实验、红外与可见光图像融合实验和 CT 与 MRI 图像融合实验等四个实验对本章介绍的图像融合方法的正确性进行验证，并进行融合质量的客观评价。

5.7.1 多聚焦图像融合实验

取两幅标准多聚焦闹钟图像进行融合实验，图像大小为 512×512，塔形分解为 3 级，高频部分采用基于区域特性量测的融合规则及融合算子，3×3 矩形邻域窗口，低频部分进行平均融合。源图像与融合后图像如图 5.12 所示。

图 5.12(a) 中前景清晰，后景模糊；图 5.12(b) 中前景模糊，后景清晰。为了便于显示，文中图像作了统一的缩小，各种方法的融合结果分别如图 5.12(c)～(f) 所示。从融合结果上看，各种方法的融合图像都具有良好的视觉效果，都集中了两幅源图像中清晰部分的边缘和纹理信息，前景和后景均清晰可见，且均能分辨出图中的指针、字符、线条等信息。

(a) 源图像A   (b) 源图像B

(c) 拉普拉斯金字塔方法   (d) 比率低通金字塔方法

(e) 对比度金字塔方法   (f) 梯度金字塔方法

图 5.12　多聚焦图像融合实验

下面采用平均梯度(Average Grads)、熵(Entropy)、平均交叉熵(MCE)和均方根交叉熵(RCE)等评价指标对本章介绍的四种基于不同塔形分解的图像融合方法的融合效果进行定量评价。平均梯度可以反映出图像的清晰度(Sharpness);熵的大小表示图像所包含的平均信息量的多少;MCE 和 RCE 可以衡量两幅源图像和融合后图像间的综合差异,MCE和 RCE 越小,表示融合图像从源图像中提取的信息越多,融合效果越好。融合结果的客观评价见表 5.1。

表 5.1　多聚焦图像融合结果客观评价

图像融合方法	清晰度	熵	MCE	RCE
拉普拉斯金字塔方法	4.0379	**2.1234**	0.0834	0.0836
比率低通金字塔方法	2.8352	2.0983	**0.0443**	**0.0443**
对比度金字塔方法	**4.0689**	2.1060	0.0720	0.0724
梯度金字塔方法	3.2056	2.1185	0.0719	0.0719

从表 5.1 可见,四种方法中,基于对比度金字塔变换的图像融合方法所得融合图像的平均梯度是最高的;基于拉普拉斯金字塔变换的图像融合方法所得融合图像的熵是最高的,即所包含的平均信息量是最高的;而基于比率低通金字塔变换的图像融合方法所得融合图像的平均交叉熵和均方根交叉熵是最低的,即融合图像从源图像中提取的信息是相对最多的。从客观评价上看,这四种方法对于多聚焦图像的融合各有特点,融合效果都是较好的。

5.7.2　曝光不同的可见光图像融合实验

取两幅标准的曝光不同的航拍麦田图像进行融合实验，图像大小为 512×512，塔形分解为 3 级，高频部分采用基于区域特性量测的融合规则及融合算子，3×3 矩形邻域窗口，低频部分进行平均融合。图 5.13(a) 整体光线较弱，曝光不足，但图像下部中间有一明显亮度很高的目标；图 5.13(b) 整体光线较强，曝光过度，图像中部扇形区域的纹理和右下部田埂边深色目标较清晰。为了便于显示，文中图像作了统一的缩小，各种方法的融合结果分别如图 5.13(c)～(f) 所示。

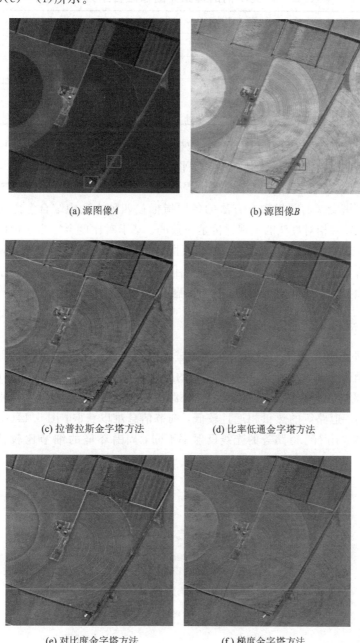

(a) 源图像 *A*　　　　　　　　　　(b) 源图像 *B*

(c) 拉普拉斯金字塔方法　　　　　(d) 比率低通金字塔方法

(e) 对比度金字塔方法　　　　　　(f) 梯度金字塔方法

图 5.13　曝光不同的可见光图像融合实验

从融合结果上看,各种方法所得图像都融合了源图像中的各种细节信息,图像下部中间的高亮度目标和右下部田埂边深色目标都很清晰。其中,基于拉普拉斯金字塔变换的图像融合方法、基于对比度金字塔变换的图像融合方法和基于梯度金字塔变换的图像融合方法的融合图像视觉效果较好,扇形区域的纹理都很清晰,其中基于拉普拉斯金字塔变换的图像融合方法的融合图像效果最好,各部分的层次更加合理;而基于比率低通金字塔变换的图像融合方法的融合图像视觉效果较差,扇形区域的纹理比较模糊,细节信息缺失较多。融合结果的客观评价见表 5.2。

表 5.2　曝光不同的可见光图像融合结果客观评价

图像融合方法	清晰度	熵	MCE	RCE
拉普拉斯金字塔方法	**13.4708**	**1.8571**	**1.5168**	**1.5178**
比率低通金字塔方法	6.2385	1.6770	1.7509	1.7602
对比度金字塔方法	11.1457	1.8149	1.5187	1.5200
梯度金字塔方法	12.1530	1.7904	1.6686	1.6756

从表 5.2 可见,四种方法中,基于拉普拉斯金字塔变换的图像融合方法所得融合图像的平均梯度是最高的,熵也是最高的(所包含的平均信息量是最高的),并且平均交叉熵和均方根交叉熵是最低的,即融合图像从源图像中提取的信息是相对最多的。从客观评价上看,基于拉普拉斯金字塔变换的图像融合方法的各项指标在四种方法中综合考虑起来是相对最优的,这与其融合效果相对最佳的主观评价是一致的。基于对比度金字塔变换的图像融合方法和基于梯度金字塔变换的图像融合方法的四项指标与基于拉普拉斯金字塔变换的图像融合方法相比差距不大,这也符合其融合效果较好的主观评价。而基于比率低通金字塔变换的图像融合方法的各项指标都是相对最差的,这与其融合效果相对最差的主观评价一致。

5.7.3　红外与可见光图像融合实验

取标准红外与可见光序列图像中的两幅进行融合实验,图像大小为 512×512,塔形分解为 3 级,高频部分采用基于区域特性量测的融合规则及融合算子,3×3 矩形邻域窗口,低频部分进行平均融合。图 5.14(a)所示红外源图像中目标人热量较高,清晰可见,周围环境如树木、山石、道路等的热量相近且较低,细节信息难以获取;图 5.14(b)所示可见光源图像中因为树木、山石、道路等的光线反射率不同,周围环境的细节比较清晰,而目标人

　　　(a) 红外源图像　　　　　　　　　(b) 可见光源图像

(c) 拉普拉斯金字塔方法　　　　　　　(d) 比率低通金字塔方法

(e) 对比度金字塔方法　　　　　　　(f) 梯度金字塔方法

图 5.14　红外与可见光图像融合实验

亮度较低，不够清晰。为了便于显示，文中图像作了统一的缩小，各种方法的融合结果分别如图 5.14(c)～(f)所示。

从融合结果上看，四种方法所得图像都融合了两幅源图像中的各种细节信息，如图像上部中间明显的目标点，地面 L 型的沟壑等，融合图像视觉效果较佳，融合后地面 L 型的沟壑更加清晰，树木、山石、道路的亮度更加适宜，细节更加突出。融合结果的客观评价见表 5.3。

表 5.3　红外与可见光图像融合结果客观评价

图像融合方法	清晰度	熵	MCE	RCE
拉普拉斯金字塔方法	3.9977	1.8160	0.9358	0.9358
比率低通金字塔方法	2.8973	1.7917	0.9969	0.9970
对比度金字塔方法	**5.1953**	**1.8341**	**0.9059**	**0.9064**
梯度金字塔方法	3.0401	1.7879	0.9693	0.9698

从表 5.3 可见，四种方法中，基于对比度金字塔变换的图像融合方法所得融合图像的平均梯度和熵都是最高的，表明其融合图像的清晰度和所包含的平均信息量都是相对最高的；平均交叉熵和均方根交叉熵都是最低的，表明其融合图像从源图像中提取的信息是相对最多的。而其他三种方法的客观评价指标除平均梯度外，与基于对比度金字塔变换的图像融合方法的都很接近，这也符合四种方法的融合效果都比较好这一主观评价结论。

5.7.4 CT 与 MRI 图像融合实验

　　取两幅标准的医学 CT 和 MRI 图像进行融合实验，图像大小都为 512×512，塔形分解为 3 级，高频部分采用基于区域特性量测的融合规则及融合算子，3×3 矩形邻域窗口，低频部分进行平均融合。图 5.15(a)所示为 CT 源图像，头骨清晰，头部软组织不可见；图 5.15(b)所示为 MRI 源图像，头部软组织清晰，头骨不可见。CT 和 MRI 两种图像包含的信息是"互补"的，可以近似认为是由不同聚焦而生成的，只是离焦部分目标高度模糊，基本不可见，而且聚焦点和离焦点并不是通常多聚焦图像中的一个或两个，而是有无穷多个。为了便于显示，文中图像作了统一的缩小，各种方法的融合结果分别如图 5.15(c)~(f)所示。

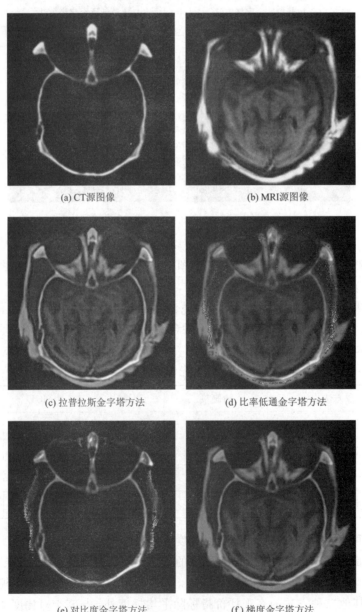

(a) CT源图像　　　　　　　　　　　　　(b) MRI源图像

(c) 拉普拉斯金字塔方法　　　　　　　　　(d) 比率低通金字塔方法

(e) 对比度金字塔方法　　　　　　　　　　(f) 梯度金字塔方法

图 5.15　CT 与 MRI 图像融合实验

从融合结果上看，基于拉普拉斯金字塔变换的图像融合方法和基于梯度金字塔变换的图像融合方法的融合效果较好，CT 和 MRI 图像中的互补信息有效地融合到了结果图像当中，骨骼和软组织都清晰可见，其中基于拉普拉斯金字塔变换的图像融合方法亮度适宜，视觉效果更好。而基于比率低通金字塔变换的图像融合方法和基于对比度金字塔变换的图像融合方法的融合效果较差，其中基于比率低通金字塔变换的图像融合方法基本融合了两幅图像中的互补信息，但是边缘出现了大量噪声点；基于对比度金字塔变换的图像融合方法的融合效果最差，丢失了大量细节信息，边缘处也出现了大量噪声点。融合结果的客观评价见表 5.4。

表 5.4　CT 与 MRI 图像融合结果客观评价

图像融合方法	清晰度	熵	MCE	RCE
拉普拉斯金字塔方法	4.6016	**1.8666**	0.7613	0.8568
比率低通金字塔方法	**8.0582**	1.8157	0.8440	0.9582
对比度金字塔方法	4.6032	0.5455	**0.5237**	**0.7008**
梯度金字塔方法	3.5341	1.8325	1.6145	2.0604

从表 5.4 可见，四种方法中，基于比率低通金字塔变换的图像融合方法所得融合图像的平均梯度是最高的；基于拉普拉斯金字塔变换的图像融合方法所得融合图像的熵是最高的；而基于对比度金字塔变换的图像融合方法所得融合图像的平均交叉熵和均方根交叉熵是最低的。但从主观评价来看，基于比率低通金字塔变换的图像融合方法和基于对比度金字塔变换的图像融合方法的融合效果较差，即客观评价中的平均梯度、平均交叉熵和均方根交叉熵与主观评价产生了背离。这里应该以主观评价为准。从融合结果来看，基于比率低通金字塔变换的图像融合方法和基于对比度金字塔变换的图像融合方法并不适合这种离焦部分高度模糊，而且聚焦点和离焦点有无穷多个的 CT 与 MRI 图像的融合。

5.8　本章小结

本章介绍了拉普拉斯塔形分解、比率低通塔形分解、对比度塔形分解和梯度塔形分解，并将这些塔形分解用于多传感器图像的融合处理中，全面深入地研究了这些塔形分解的实现、重构、特性及其物理意义，给出了多种基于塔形分解的图像融合的方法，剖析了各种塔形分解用于图像融合的性能特点及相关的物理意义。针对图像融合规则及融合算子这一图像融合中的重要问题，本章介绍了几种基本的融合规则及其融合算子，并给出了性能更佳的基于区域特性量测的融合规则及其融合算子。文中给出的基于区域特性量测的融合规则及其融合算子不仅可用于本章中的基于塔形分解的图像融合，而且还可用于其他图像融合方法中。此外，在进行深入的理论分析和研究的同时，本章对图像的塔形分解、基于塔形分解的图像融合等问题进行了各种不同类型的图像融合实验研究。实验结果表明，基于塔形分解的多传感器图像融合方法通常是可以取得良好的融合效果的；不过，不同的塔形分解图像融合方法在融合性能上是有差异的。

图像的塔形分解是一种图像的多尺度、多分辨率分解，将其用于多传感器图像的融合处理中，可以在不同尺度、不同空间分辨率上有针对地突出各图像的重要特征和细节信息，从而可能达到更符合人或机器视觉特性的融合效果；同时，融合后的图像也更有利于对图像的进一步分析、理解或自动目标识别等。值得注意的是，多传感器图像融合不同于一般意义上的图像增强，它充分利用了多幅图像的冗余或互补信息，与对单一图像进行增强后得到的图像相比，融合后的图像包含了更丰富、更全面、更可靠的信息。而通常，图像增强并不能增加图像的信息量，它是无法达到图像融合所获得的效果的。

参 考 文 献

[1]　Burt P J，Adelson E H. The Laplacian Pyramid as a Compact Image Code[J]. IEEE Transactions on Communications，1983，31(4)：532-540.

[2]　刘贵喜. 多传感器图像融合方法研究[D]. 西安：西安电子科技大学博士学位论文，2001.

[3]　Burt P J. Fast Filter Transforms for Image Processing[J]. Computer Graphics and Image Processing，1981，16：20-51.

[4]　Adelson E H，Burt P J. Image Data Compression with Laplacian Pyramid[C]. Proc. of the Pattern Recognition and Information Processing Conference，Dallas，1981，pp. 218 – 223.

[5]　Adelson E H，Simoncelli E，Hingorani R. Orthogonal Pyramid Transforms for Image Coding[C]. Proc. SPIE，1987，Vol. 845：50-58.

[6]　Adelson E H，Adelson C H，Bergen J R，et al. Pyramid Methods in Image Processing[J]. RCA Engineer，1984，29(6)：33-41.

[7]　Ogden J M，Pyramid E H，Bergen J R，et al. Pyramid-based Computer Graphic[J]. RCA Engineer，1985，30(5)：4-15.

[8]　Burt P J，Smart Sensing within a Pyramid Vision Machine[C]. Proc. IEEE，1988，76(8)：1006 –1015.

[9]　Burt P J，Adelson E H. A Multiresolution Spline with Application to Image Mosaics[J]. ACM Trans. Graphics，1983，2(4)：217-236.

[10]　Burt P J. The Pyramid as a Structure for Efficient Computation[C]. In：Multiresolution Image Processing and Analysis，Rosenfeld A. ，Ed. ，Springer-verlag，New York，1984.

[11]　Prasad L，Iyengar S S. Wavelet Analysis with Application to Image Processing[M]. CRC Press，New York，1997.

[12]　Toet A. Image fusion by a ratio of low-pass pyramid. Pattern Recognition Letters，1989，9(4)：245-253.

[13]　Campbell F W and Robson J. Application of Fourier analysis to the visibility of gratings. Journal of Physiology，1968，197：551-556.

[14]　Wilson H，Bergen J. A four mechanism model for threshold special vision. Vision Research，1979，19(1)：19-31.

[15]　Burt PJ. The Pyramid as a Structure for Efficient Computation，Multiresolution Image Processing and Analysis[M]. London：Springer – Verlag，1984.

[16]　蒲恬，方庆喆，倪国强. 基于对比度的多分辨图像融合[J]. 电子学报，2000，28(12)：116 – 118.

[17]　Burt P J，Kolczynski R J. Enhancement with application to image fusion[A]. Proceedings of the 4th International Conference on Computer Vision[C]. Los Alamitos：IEEE Computer Society，1993，173-182.

[18]　Li H，Manjunath B S，Mitra S. Multisensor image fusion using the wavelet transform[J]. Graphical Models and Image Process，1995，57(3)：235-245.

[19] Chibani Y，Houacine A. On the use of the redundant wavelet transform for multisensor image fusion [A]. Proceedings of International Conference on Electronics，Circuits and Systems[C]. New Jersey：IEEE Press，2000：442-445.

[20] Zhang Z，Blum R S. A categorization of multiscale-decomposition-based image fusion schemes with a performance study for a digital camera application[J]. Proceedings of the IEEE，1999，87 (8)：1315-1326.

[21] Toet A. Hierarchical image fusion. Machine Vision and Application，1990，3(1)：1-11.

[22] Toet A. Multiscale contrast enhancement with application to image fusion. Optical Engineering，1992，31(5)：1026-1031.

[23] Toet A. van Ruyven L J，and Valeton J M. Merging thermal and visual images by a contrast pyramid. Optical Engineering，1989，28(7)：789-792.

[24] Toet A. Image fusion by a ratio of low-pass pyramid. Pattern Recognition Letters，1989，9 (4)：245-253.

第 6 章　基于小波变换的图像融合方法

6.1　引　　言

近年来，随着小波理论日趋成熟，小波分析自身所具备的时频局部分析特性使小波变换在数值计算和信号处理等诸多领域得到了广泛而成功的应用。小波变换能够对图像进行多分辨率、多尺度分解，获取不同尺度层的高频及低频子图像。而视觉心理和生理试验表明：信号多通道分解处理存在于人眼视觉的底层信号处理过程中。这表明图像的小波变换分解过程与人类视觉系统分层次理解的特点非常类似，因此小波变换在图像压缩、图像去噪等领域也获得了良好的效果。但基于 Mallat 算法的正交小波变换不具备移不变性，导致重构图像出现相位失真而产生振铃效应的问题[1]，另外，在分解和重构的过程中图像的大小也发生了改变。因此，在一些特定的信号分析、模式识别以及图像融合等领域，这种正交小波变换并不适合作为分析工具[2,3]。

针对基于 Mallat 算法的正交小波变换在图像分析中的缺陷，Sweldens 等人提出了一种基于提升机制的小波变换方法[4]，该方法不依赖于傅立叶变换，既保持了传统的小波的时频局部化等特性，又克服了它的局限性，因此又称为第二代小波变换。Bijaoui、Starck 和 Murtagh 提出了一种具有移不变特性的离散小波变换的算法——à trous 算法[5]，该算法能够在一定程度上克服 Mallat 算法的上述缺点，并已经在图像融合领域取得了良好的融合效果[2,6]。本章首先介绍小波变换的相关理论；然后分别分析提升小波变换及基于 à trous 算法的小波变换理论；最后以多聚焦图像的融合为例，系统讨论了基于小波变换的图像融合方法。

6.2　小波变换基本理论

6.2.1　小波变换的概念

如果函数 $\psi(t) \in L^2(R)$ 满足 $\int_R \psi(t)\mathrm{d}t = 0$，则称函数 $\psi(t)$ 是基本小波（Basic Wavelet）或母小波（Mother Wavelet）[7]。对其进行平移和伸缩变换可以得到一个函数族 $\{\psi_{a,b}(t)\}$：

$$\psi_{a,b}(t) = |a|^{\frac{1}{2}} \psi\left(\frac{t-b}{a}\right), \quad a, b \in R, \ a \neq 0 \qquad (6-1)$$

其中，a 为伸缩因子（尺度参数），b 为平移因子（平移参数）。$\psi_{a,b}(t)$ 称为连续依赖于参数 a

和 b 的小波，简称小波。

1. 连续小波变换(Continuous Wavelet Transform，CWT)

函数空间 $L^2(R)$ 的内积可定义为

$$\langle f(t), g(t) \rangle = \int_{-\infty}^{+\infty} f(t)\overline{g(t)}\mathrm{d}(t), \quad f(t), g(t) \in L^2(R) \tag{6-2}$$

其中，$\overline{g(t)}$ 表示 $g(t)$ 的共轭函数。所以，函数 $f(t)$ 的小波变换可以看做是函数 $f(t)$ 和小波 $\psi_{a,b}(t)$ 的内积。

$f(t)$ 的连续小波变换定义为

$$\Psi_{f(a,b)} = \int_{-\infty}^{+\infty} f(t)\overline{\psi_{a,b}(t)}\mathrm{d}t \tag{6-3}$$

小波变换信号是尺度参数(Scale Factor)a 和平移参数(Shift Factor)b 的函数。平移参数 b 保证了变换必须在整个时间域中进行。当尺度参数 a 变化时，时频窗将提取出信号在不同尺度上的信息：当 a 较大时，时频窗能够提取信号的长期变化趋势；当 a 较小时，时频窗能够确定信号中的细节信息。正是小波变换的这种良好的时频局部化特性，使得它被广泛地应用于时频分析、信号检测和图像处理等领域[8]。

2. 离散小波变换(Discrete Wavelet Transform，DWT)

通过前述的连续小波变换所获取的小波变换系数具有高度冗余的特点，给实际应用带来了一定的不便。因此，通过对 a 和 b 的取值进行离散化，引入了更具应用价值的离散小波变换的定义。假定尺度参数 $a=a_0^m$，平移参数 $b=na_0^m b_0$，其中 $a_0>1$，$b_0>1$，则

$$\psi_{m,n}(t) = a_0^{-m/2}\psi(a_0^{-m}t - nb_0)$$

$f(t)$ 的离散小波变换定义为

$$d_{m,n}(f) = \int_{-\infty}^{+\infty} f(t)\overline{\psi_{m,n}(t)}\mathrm{d}t \tag{6-4}$$

最常用的离散小波变换是二进离散小波变换[9]，即对 a 和 b 进行二进采样：$a=2^{-j}$，$b=k/2^j$，$j, k \in \mathbf{Z}$。此时，

$$\psi_{j,k}(t) = 2^{j/2}\psi(2^j t - k)$$

二进离散小波变换则定义为

$$d_{j,k}(f) = \int_{-\infty}^{+\infty} f(t)\overline{\psi_{j,k}(t)}\mathrm{d}t \tag{6-5}$$

6.2.2　多分辨率分析与 Mallat 算法

多分辨率分析(Multi-Resolution Analysis，MRA)等价描述为多分辨率逼近，即"用多个分辨率取出包含相应细节的近似信号来进行分析"[8]，是计算机视觉中常用的图像处理方法，它提供了在不同尺度下分析函数的一种手段。多分辨率分析把原始信号分解为具有不同分辨率的若干信号，然后在合适的分辨率上或同时在各级分辨率上处理信号。信号的高分辨率分析与其低分辨率分析的最大差别在于前者包含了后者所不具有的细节信息，而小波分析正是要提取信号的细节信息，因此一些学者提出多分辨率分析和小波分析之间可以建立某种关系，这一关系将帮助解决小波领域内的许多问题。从上述角度出发，Mallat

在 1989 年将计算机视觉中的多分辨率分析引入小波领域，建立了多分辨率分析与小波分析之间的联系，从而推导出了快速的离散小波变换算法——Mallat 算法[7]。

$L^2(R)$ 空间内的多分辨率分析是指尺度函数 $\phi(t) \in L^2(R)$ 生成的闭子空间序列 $\{V_j\}$：

$$V_j = \mathrm{clos}_{L^2(R)} \langle \phi_{j,k}(t) : k \in \mathbf{Z} \rangle, j \in \mathbf{Z} \qquad (6-6)$$

其中

$$\phi_{j,k}(t) = 2^{j/2} \phi(2^j t - k), j, k \in \mathbf{Z}$$

即 V_j 是 $\phi_{j,k}(t)$ 在 $L^2(R)$ 内线性张成的闭子空间。设小波函数 $\psi(t)$ 生成 $L^2(R)$ 空间内的小波子空间序列 $\{W_j\}$：

$$W_j = \mathrm{clos}_{L^2(R)} \langle \psi_{j,k}(t) : k \in \mathbf{Z} \rangle, j \in \mathbf{Z} \qquad (6-7)$$

其中

$$\psi_{j,k}(t) = 2^{j/2} \psi(2^j t - k), j, k \in \mathbf{Z}$$

则 W_j 是 V_j 关于 V_{j+1} 的补空间，即三者之间满足如下关系：

$$V_{j+1} = V_j + W_j \qquad (6-8)$$

其中，+ 表示直接和。

设 $f_j(t) \in V_j$，$g_j(t) \in W_j$ 且 $\phi_{j,k}(t)$ 和 $\psi_{j,k}(t)$ 分别为 V_j 和 W_j 的基函数，则有

$$\begin{cases} f_j(t) = \sum_{k=-\infty}^{\infty} c_{j,k} \phi_{j,k}(t) \\ g_j(t) = \sum_{k=-\infty}^{\infty} d_{j,k} \psi_{j,k}(t) \end{cases} \qquad (6-9)$$

由此可以推导出分解关系式(6-10)和重构关系式(6-11)

$$\begin{cases} c_{j-1,m} = \sum_{k=-\infty}^{+\infty} h_{2m-k} c_{j,k} \\ d_{j-1,m} = \sum_{k=-\infty}^{+\infty} g_{2m-k} c_{j,k} \end{cases} \qquad (6-10)$$

$$c_{j,k} = \sum_{m=-\infty}^{+\infty} \tilde{h}_{k-2m} c_{j-1,m} + \sum_{m=-\infty}^{+\infty} \tilde{g}_{k-2m} d_{j-1,m} \qquad (6-11)$$

其中，$\{h_n\}$，$\{g_n\}$，$\{\tilde{h}_n\}$ 和 $\{\tilde{g}_n\}$ 由尺度函数 ϕ 和小波函数 ψ 确定。

从信号处理的角度来看，$\{h_n\}$ 和 $\{\tilde{h}_n\}$ 可以看做低通滤波器函数，$\{g_n\}$ 和 $\{\tilde{g}_n\}$ 可以看做高通滤波器系数，$\{c_{j-1,k}\}$ 和 $\{d_{j-1,k}\}$ 分别是分辨率 2^j 上的近似信号 $\{c_{j,k}\}$ 在分辨率 2^{j-1} 上的低频近似信号和高频细节信号。事实上，Mallat 分解算法相当于先把输入信号通过滤波器 h 或 g，再对滤波器输出进行 2:1 抽样，此时获取信号的分辨率是原始信号的一半。Mallat 重构算法相当于先对近似信号与细节信号进行 1:2 补零，再分别通过滤波器 $\tilde{h}$ 与 $\tilde{g}$，最后把两个滤波器的输出相加。由于 Mallat 算法的推导过程是以正交小波基为基础的[10]，因此又称之为正交小波分解与重构算法。

6.2.3　图像的二维离散小波变换

小波变换是研究较为成熟的数字信号分析工具，并可以从一维空间推广到任意维平方可积空间，以满足具有不同维数的数据的分析需要。然而随着维数的增加，小波变换在研

究和应用上的难度也随之增大。通常只考虑多维可分离情况，即 n 维小波变换可以分解为 n 个不同方向上的一维小波变换，从而简化变换过程。二维离散小波变换（2D Discrete Wavelet Transform，2D-DWT）是一维离散小波变换（1D DisereteWavelet Transform，1D-DWT）到二维空间上的推广，主要应用于静态图像的分析和处理。

　　图像的二维离散小波分解和重构过程如图 6.1 所示。分解过程可描述为：首先对图像的每一行进行 1D‐DWT，获得原始图像在水平方向上的低频分量 L 和高频分量 H，然后对变换所得数据的每一列进行 1D‐DWT，获得原始图像在水平和垂直方向上的低频分量 LL、水平方向上的低频分量和垂直方向上的高频分量 LH、水平方向上的高频分量和垂直方向上的低频分量 HL 以及水平和垂直方向上的高频分量 HH。重构过程可描述为：先对变换结果的每一列进行一维离散小波逆变换，再对变换所得数据的每一行进行一维离散小波逆变换，即可获得重构图像。由上述过程可以看出，图像的小波分解是一个将信号按照低频向高频进行分离的过程，分解过程中还可以根据需要对得到的 LL 分量进行进一步的小波分解，直至达到要求。

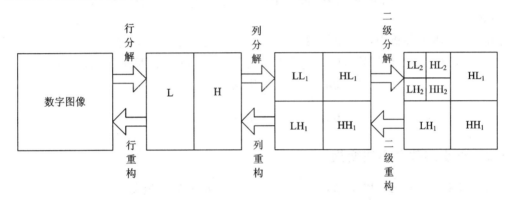

图 6.1　图像的二维小波分解和重构过程示意图

6.3　多小波变换

6.3.1　多小波的多分辨率分析

　　小波理论与多分辨率分析密不可分，通常假定一个多分辨率分析是由一个尺度函数生成，由一个小波函数平移与伸缩构成 $L^2(R)$ 空间的基，该小波函数被称为单小波（Uni-wavelet）或标量小波（Scalar Wavelet）。在更一般的情况下，一个多分辨率分析可以由多个尺度函数生成，相应的由多个小波函数平移和伸缩构成空间的基，这些小波函数就被叫做多小波（Multiwavelet）[11]。

　　多小波的基本思想是将单小波中由单个尺度函数生成的多分辨率分析空间，扩展为由多个尺度函数生成，以此来获得更大的自由度。因而，多小波基由多个小波母函数经过伸缩平移生成，对应地有多个尺度函数。

设 $\boldsymbol{\Phi} = [\phi_1, \phi_2, \cdots, \phi_r]^T \in L^2(R)$，$r \in \mathbf{N}$，$\boldsymbol{V}_j = \overline{\operatorname{span}\left\{2^{-j/2}\phi_i\left(\dfrac{t}{2^j}-k\right) \mid 1 \leqslant i \leqslant r, k \in \mathbf{Z}\right\}}$，若满足：

（1）单调性：

$$\cdots \subset \boldsymbol{V}_3 \subset \boldsymbol{V}_2 \subset \boldsymbol{V}_1 \subset \boldsymbol{V}_0 \subset \boldsymbol{V}_{-1} \cdots$$

（2）渐近完全性：

$$\overline{\bigcup_{j \in \mathbf{Z}} \boldsymbol{V}_j} = L^2(R)$$

（3）伸缩性：

$$f(\cdot) \in \boldsymbol{V}_j \Leftrightarrow f(2 \cdot) \in \boldsymbol{V}_{j-1}, \ \forall j \in \mathbf{Z}$$

（4）Reiesz 基存在性：$\{\phi_i(\cdot - k) \mid 1 \leqslant i \leqslant r, k \in \mathbf{Z}\}$ 是 $\boldsymbol{V}_0$ 空间的 Reiesz 基，则称 $\boldsymbol{\Phi}$ 生成 MRA$\{\boldsymbol{V}_0\}$，称 $\boldsymbol{\Phi}$ 为 r 重多尺度函数，$r = 1$ 即是传统的（标量）MRA。若 $\{\phi_i(\cdot - k) \mid 1 \leqslant i \leqslant r, k \in \mathbf{Z}\}$ 是 $\boldsymbol{V}_0$ 的一个正交基，则称 $\{\boldsymbol{V}_j\}$ 是一个正交 MRA。

对一个正交 MRA，令 $\boldsymbol{V}_{j-1} = \boldsymbol{V}_j \oplus \boldsymbol{W}_j$，称 $\boldsymbol{W}_j$ 是 $\boldsymbol{V}_j$ 在 $\boldsymbol{V}_{j-1}$ 中的正交补。若存在 ψ_1，$\psi_2, \cdots, \psi_r$，使得其整数平移构成 $\boldsymbol{W}_0$ 的一个正交基，则 $\boldsymbol{\Psi} = (\psi_1, \psi_2, \cdots, \psi_r)^T$ 是一个 r 重正交多小波[12,13]。

在正交 MRA 分析中，若 $\boldsymbol{\Phi} = [\phi_1, \phi_2, \cdots, \phi_r]^T$ 是一个紧支撑的 r 重多尺度函数，而 $\boldsymbol{\Psi} = (\psi_1, \psi_2, \cdots, \psi_r)^T$ 是与其对应的 r 重正交多小波，则 $\boldsymbol{\Phi}(t)$ 和 $\boldsymbol{\Psi}(t)$ 满足两尺度方程：

$$\boldsymbol{\Phi}(t) = \sqrt{2}\sum_k G_k \boldsymbol{\Phi}(2t - k) \tag{6-12}$$

$$\boldsymbol{\Psi}(t) = \sqrt{2}\sum_k H_k \boldsymbol{\Phi}(2t - k) \tag{6-13}$$

6.3.2 正交离散多小波变换

对于多小波系统 $\{\boldsymbol{\Phi}, \boldsymbol{\Psi}\}$，给定的信号 $x(t) \in L^2(R) \in \boldsymbol{V}_0$，定义：

$$\boldsymbol{v}_{0,k}^T = \langle x(t), \boldsymbol{\Phi}_{0,k}(t) \rangle$$
$$\boldsymbol{v}_{1,k}^T = \langle x(t), \boldsymbol{\Phi}_{1,k}(t) \rangle$$

由式（6-12），可得

$$\boldsymbol{\Phi}_{1,k}(t) = \sum_m G_m \boldsymbol{\Phi}_{0,2k+m}(t)$$

所以

$$\begin{aligned}
\boldsymbol{V}_{1,k}^T &= \int x(t) \sum_m \boldsymbol{\Phi}_{0,2k+m}^T(t) \boldsymbol{G}_m^T \mathrm{d}t \\
&= \sum_m \left[\int x(t) \boldsymbol{\Phi}_{0,2k+m}^T(t) \mathrm{d}t\right] \boldsymbol{G}_m^T \\
&= \sum_m \boldsymbol{v}_{0,2k+m}^T \boldsymbol{G}_m^T \\
&\Rightarrow \boldsymbol{v}_{1,k} = \sum_m \boldsymbol{G}_{m-2k} \boldsymbol{v}_{0,m}
\end{aligned}$$

更一般地，可得到

$$\boldsymbol{v}_{j,k} = \sum_m \boldsymbol{G}_{m-2k} \boldsymbol{v}_{j-1,m} = \langle \boldsymbol{x}(t), \boldsymbol{\Phi}_{j,k}(t) \rangle^T \tag{6-14}$$

同理，令 $\boldsymbol{W}_{1,k}^T = \langle \boldsymbol{x}(t), \boldsymbol{\Psi}_{1,k}(t) \rangle$，由式（6-13），可得

$$\boldsymbol{\Psi}_{1,k}(t) = \sum_m \boldsymbol{H}_m \boldsymbol{\Phi}_{0,2k+m}(t)$$

所以

$$\boldsymbol{W}_{1,k}^{\mathrm{T}} = \int x(t) \sum_m \boldsymbol{\Phi}_{0,2k+m}^{\mathrm{T}}(t) \boldsymbol{H}_m^{\mathrm{T}} \mathrm{d}t$$

$$= \sum_m \left[\int x(t) \boldsymbol{\Phi}_{0,2k+m}^{\mathrm{T}}(t) \mathrm{d}t \right] \boldsymbol{H}_m^{\mathrm{T}}$$

$$= \sum_m \boldsymbol{v}_{0,2k+m}^{\mathrm{T}} \boldsymbol{H}_m^{\mathrm{T}}$$

$$\Rightarrow \boldsymbol{w}_{1,k} = \sum_m \boldsymbol{H}_{m-2k} \boldsymbol{v}_{0,m}$$

更一般地，可得到

$$\boldsymbol{w}_{j,k} = \sum_m \boldsymbol{H}_{m-2k} \boldsymbol{v}_{j-1,m} = \langle \boldsymbol{x}(t), \boldsymbol{v}_{j,k}(t) \rangle^{\mathrm{T}} \qquad (6-15)$$

式(6-14)、式(6-15)称为分解方程。

另一方面，对于正交多尺度函数和与其相对应的多小波函数来说，$\left\{ 2^{-1/2} \phi_i \left(\dfrac{t}{2} - k \right) \middle| 1 \leqslant i \leqslant r, k \in \mathbf{Z} \right\}$ 构成了 $\boldsymbol{V}_1$ 的一组正交基，而 $\left\{ 2^{-1/2} \psi_i \left(\dfrac{t}{2} - k \right) \middle| 1 \leqslant i \leqslant r, k \in \mathbf{Z} \right\}$ 构成了 $\boldsymbol{W}_1$ 的一组正交基，因而对于 $x(t) \in \boldsymbol{V}_0 = \boldsymbol{V}_1 \bigoplus \boldsymbol{W}_1$，可以表示为

$$x(t) = \sum_m \boldsymbol{v}_{1,m}^{\mathrm{T}} \boldsymbol{\Phi}_{1,m}(t) + \sum_m \boldsymbol{W}_{1,m}^{\mathrm{T}} \boldsymbol{\Psi}_{1,m}(t) \qquad (6-16)$$

又

$$\boldsymbol{v}_{0,k}^{\mathrm{T}} = \langle x(t), \boldsymbol{\Phi}_{0,k}(t) \rangle$$

所以

$$\boldsymbol{v}_{0,k}^{\mathrm{T}} = \left\langle \sum_m \boldsymbol{v}_{1,m}^{\mathrm{T}}, \boldsymbol{\Phi}_{1,m}(t) \right\rangle + \left\langle \sum_m \boldsymbol{w}_{1,m}^{\mathrm{T}}, \boldsymbol{\Phi}_{0,k}(t) \right\rangle$$

$$= \sum_m \boldsymbol{v}_{1,m}^{\mathrm{T}} \langle \boldsymbol{\Phi}_{1,m}(t), \boldsymbol{\Phi}_{0,k}(t) \rangle + \sum_m \boldsymbol{w}_{1,m}^{\mathrm{T}} \langle \boldsymbol{\Psi}_{1,m}(t), \boldsymbol{\Phi}_{0,k}(t) \rangle$$

$$= \sum_m \boldsymbol{v}_{1,m}^{\mathrm{T}} \boldsymbol{G}_{k-2m} + \sum_m \boldsymbol{w}_{1,m}^{\mathrm{T}} \boldsymbol{H}_{k-2m}$$

$$\Rightarrow \boldsymbol{v}_{0,k} = \sum_m \boldsymbol{G}_{k-2m}^{\mathrm{T}} \boldsymbol{v}_{1,m} + \sum_m \boldsymbol{H}_{k-2m}^{\mathrm{T}} \boldsymbol{w}_{1,m}$$

更一般地，可得到

$$\boldsymbol{v}_{j-1,k} = \sum_m \boldsymbol{G}_{k-2m}^{\mathrm{T}} \boldsymbol{v}_{j,m} + \sum_m \boldsymbol{H}_{k-2m}^{\mathrm{T}} \boldsymbol{w}_{j,m} \qquad (6-17)$$

式(6-17)称为重构方程。

式(6-14)～式(6-17)称为信号 $\boldsymbol{x}(t)$ 的正交离散多小波变换[14]。

6.3.3　二维图像的多小波分解与重构

1. 二维图像的多小波分解

从前面的分析中可以看出，离散多小波变换的分解和重构算法是单小波情形的推广，其差别在于分解和重构滤波器都是矢量滤波器，因此要求输入滤波器的是矢量信号，所以在算法的实现时存在的一个问题就是输入标量数据的矢量化，相应地在重构时又要把矢量

数据还原成标量数据。这一问题通常是通过预滤波及相应的后滤波器来解决的，而预滤波器的设计通常与所使用的多小波有关[12-19]。

假设一幅图像对应的二维矩阵为

$$A = \begin{bmatrix} a_{0,0} & \cdots & a_{0,N-1} \\ \vdots & \ddots & \vdots \\ a_{N-1,1} & \cdots & a_{N-1,N-1} \end{bmatrix}$$

那么对图像 A 进行多小波变换的步骤如下：

（这里 N 是 2 的整数次幂，取 $r=2$，即 2 重多小波变换。）

1）行预滤波

首先将 A 的每一行按下面的方式组成行向量信号：

$$A_{iR}(n) = \begin{bmatrix} a_{i,2k} \\ a_{i,2k+1} \end{bmatrix}$$

其中 $i=0,1,\cdots,N-1$；$k=0,1,\cdots,(N-1)/2$。

然后对 A_{iR} 进行行预滤波：

$$B_{iR}(n) = \sum_k P_k A_{iR}(n-k) = \begin{bmatrix} b_{i,n} \\ b_{i,\frac{N}{2}+n} \end{bmatrix}$$

其中：$i=0,1,\cdots,N-1$；$k=0,1,\cdots,(N-1)/2$；P_k 是 2×2 的矩阵，表示与所使用的多小波对应的预滤波器。

令 $B=[b_{ij}]$，$i=0,1,\cdots,N-1$，$j=0,1,\cdots,(N-1)/2$。

2）列预滤波

将 B 的每一列按下面的方式组成列向量信号：

$$B_{ic}(n) = \begin{bmatrix} b_{2n,i} \\ b_{2n+1,i} \end{bmatrix}$$

其中 $i=0,1,\cdots,N-1$。

然后对 B_{ic} 进行列预滤波：

$$C_{ic}(n) = \sum_k P_k B_{ic}(n-k) = \begin{bmatrix} c_{n,i} \\ c_{\frac{N}{2}+n,j} \end{bmatrix}$$

其中 $i=0,1,\cdots,N-1$；$j=0,1,\cdots,(N-1)/2$。

令 $C=[c_{ij}]$，$i=0,1,\cdots,N-1$，$j=0,1,\cdots,(N-1)/2$。

3）多小波分解

（1）行方向上的多小波分解。

首先将 C 的每一行按下面的方式组成行向量信号：

$$C_{iR}(n) = \begin{bmatrix} c_{i,n} \\ c_{i,\frac{N}{2}+n} \end{bmatrix}$$

其中 $i=0,1,\cdots,N-1$，$n=0,1,\cdots,(N-1)/2$。

然后对 $C_{iR}(n)$ 的每一行进行多小波变换：

$$\boldsymbol{D}^{\mathrm{L}}_{i,\,m}(n) = \sum_n \boldsymbol{G}_{n-2m} \boldsymbol{C}_{iR}(n) = \begin{bmatrix} d^{\mathrm{L}}_{i,\,m} \\ d^{\mathrm{L}}_{i,\,\frac{N}{4}+m} \end{bmatrix}$$

$$\boldsymbol{D}^{\mathrm{H}}_{i,\,m}(n) = \sum_n \boldsymbol{H}_{n-2m} \boldsymbol{C}_{iR}(n) = \begin{bmatrix} d^{\mathrm{H}}_{i,\,m} \\ d^{\mathrm{H}}_{i,\,\frac{N}{4}+m} \end{bmatrix}$$

其中：$i=0,1,\cdots,N-1$；$m=0,1,\cdots,\dfrac{N-1}{4}$，$\boldsymbol{G}_k$ 是 2×2 的矩阵，表示与所使用的多小波对应的低频滤波器，而 $\boldsymbol{H}_k$ 表示与所使用的多小波对应的高频滤波器，是 2×2 的矩阵。

令 $\boldsymbol{D}^{\mathrm{L}}=[D^{\mathrm{L}}_{i,j}]$，$\boldsymbol{D}^{\mathrm{H}}=[D^{\mathrm{H}}_{i,j}]$，$\boldsymbol{D}=[D^{\mathrm{L}},D^{\mathrm{H}}]$。

（2）列方向上的多小波分解。

同理，对 $\boldsymbol{D}$ 的每一列按与行相同的方式组成向量信号，然后进行列多小波变换：

$$\boldsymbol{D}^{\mathrm{L}}_{iC}(n) = \begin{bmatrix} D^{\mathrm{L}}_{n,\,i} \\ D^{\mathrm{L}}_{\frac{N}{2}+n,\,i} \end{bmatrix},\quad \boldsymbol{D}^{\mathrm{H}}_{iC}(n) = \begin{bmatrix} D^{\mathrm{H}}_{n,\,i} \\ D^{\mathrm{H}}_{\frac{N}{2}+n,\,i} \end{bmatrix}$$

其中 $n=1,2,\cdots,\dfrac{N}{2}$，$i=1,2,\cdots,N$。

分别对 $\boldsymbol{D}^{\mathrm{L}}_{iC}(n)$ 和 $\boldsymbol{D}^{\mathrm{H}}_{iC}(n)$ 进行多小波变换：

$$\boldsymbol{E}^{\mathrm{LL}}_{i,\,m}(n) = \sum_n \boldsymbol{G}_{n-2m} \boldsymbol{D}^{\mathrm{L}}_{iR}(n) = \begin{bmatrix} E^{\mathrm{LL}}_{m,\,j} \\ E^{\mathrm{LL}}_{\frac{N}{4}+m,\,j} \end{bmatrix}$$

$$\boldsymbol{E}^{\mathrm{LH}}_{i,\,m}(n) = \sum_n \boldsymbol{H}_{n-2m} \boldsymbol{D}^{\mathrm{L}}_{iR}(n) = \begin{bmatrix} E^{\mathrm{LH}}_{m,\,j} \\ E^{\mathrm{LH}}_{\frac{N}{4}+m,\,j} \end{bmatrix}$$

$$\boldsymbol{E}^{\mathrm{HL}}_{i,\,m}(n) = \sum_n \boldsymbol{G}_{n-2m} \boldsymbol{D}^{\mathrm{H}}_{iR}(n) = \begin{bmatrix} E^{\mathrm{HL}}_{m,\,j} \\ E^{\mathrm{HL}}_{\frac{N}{4}+m,\,j} \end{bmatrix}$$

$$\boldsymbol{E}^{\mathrm{HH}}_{i,\,m}(n) = \sum_n \boldsymbol{H}_{n-2m} \boldsymbol{D}^{\mathrm{H}}_{iR}(n) = \begin{bmatrix} E^{\mathrm{HH}}_{m,\,j} \\ E^{\mathrm{HH}}_{\frac{N}{4}+m,\,j} \end{bmatrix}$$

其中，$i=0,1,\cdots,\dfrac{N-1}{2}$，$m=0,1,\cdots,\dfrac{N-1}{4}$。

最终得 $\boldsymbol{A}$ 的多小波变换：

$$\mathrm{LL}=[E^{\mathrm{LL}}_{i,\,j}],\ \mathrm{LH}=[E^{\mathrm{LH}}_{i,\,j}],\ \mathrm{HL}=[E^{\mathrm{HL}}_{i,\,j}],\ \mathrm{HH}=[E^{\mathrm{HH}}_{i,\,j}]$$

即

$$\boldsymbol{E} = \begin{bmatrix} \mathrm{LL} & \mathrm{LH} \\ \mathrm{HL} & \mathrm{HH} \end{bmatrix} = \begin{bmatrix} \mathrm{L_1L_1} & \mathrm{L_1L_2} & \mathrm{L_1H_1} & \mathrm{L_1H_2} \\ \mathrm{L_2L_1} & \mathrm{L_2L_2} & \mathrm{L_2H_1} & \mathrm{L_2H_2} \\ \mathrm{H_1L_1} & \mathrm{H_1L_2} & \mathrm{H_1H_1} & \mathrm{H_1H_2} \\ \mathrm{H_2L_1} & \mathrm{H_2L_2} & \mathrm{H_2H_1} & \mathrm{H_2H_2} \end{bmatrix}$$

不难看出，因为有多个尺度（小波）函数存在，单小波变换后的一个子带在多小波变换中被进一步分解为 r^2 个子块。对于一个二维图像，N 层多小波分解将产生 $r^2(3L+1)$ 个子图像。图 6.2 所示为分解级数 $L=2$，$r=2$ 情况下分解后的系数图。

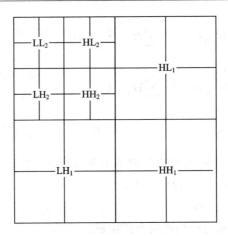

图 6.2　L 级多小波变换将图像分解为 $r^3(3L+1)$ 个子块

2. 二维图像的多小波重构

重构的过程是上述步骤的逆过程，即先进行列方向的多小波逆变换，然后进行行方向的多小波逆变换，再进行列方向的后滤波，最后进行行方向的后滤波，这样就完成了图像重构。具体重构过程这里不再详述。

6.4　提升小波变换

通常，小波的构造及其性质都是在傅立叶分析的框架下进行的。1995 年，Sweldens 等人利用提升格式研究了在空间域内构造小波的问题，并得到了基于提升格式的小波的信号分解与重构的计算方法，以及被称为第二代小波的提升小波变换理论[20]。提升小波变换具有以下优良的性质[4, 21-26]：

（1）在位计算特点：提升小波变换采用完全置位的计算方法，无需辅助内存，就可以将原始信号由小波变换系数完全替代；

（2）多分辨率特性：提升小波变换提供了一种信号的多分辨率分析方法；

（3）通俗易懂，应用方便：提升小波变换不依赖傅立叶变换构造小波，简单易懂，思路清晰，便于应用；

（4）逆变换容易实现：提升小波逆变换只需将前向变换的算法图翻转，即进行后向变换，并将相应的加、减运算变为减、加运算即可完成；

（5）与传统小波兼容：提升框架能够包容传统小波。

提升小波的引入以及提升小波算法的优越性使得小波变换更容易理解和应用，并且使得小波基扩展变为可能，为小波的实际应用奠定了基础。

6.4.1　提升小波分解

提升小波分解过程分为分裂（split）、预测（predict）和更新（update）三个步骤。

（1）分裂：产生一个简单的懒（Lazy）小波，将某一原始信号 $s_{0,n}$ 按照奇偶项分裂成两个较小的、互不相交的小波子集 $s_{l,k}^0$ 和 $d_{l,k}^0$，即

$$(s_{l,k}^0, d_{l,k}^0) = \text{split}(s_{0,n}) \tag{6-18}$$

（2）预测：改善特性的对偶提升，因为数据之间存在相关性，可以用相邻的偶数序列来预测奇数序列，即

$$d_{l,k}^{i} = d_{l,k}^{i-1} - \text{predict}(s_{l,k}^{i-1}) \tag{6-19}$$

（3）更新：进行进一步改善特性的原始提升，更新是要找出一个更好的子数据 $s_{l,k}^{i}$，使其尽可能保持原始子集 $s_{l,k}^{i}$ 的一些尺度特性，构造一个更新算子，即

$$s_{l,k}^{i} = s_{l,k}^{i-1} + \text{update}(d_{l,k}^{i}) \tag{6-20}$$

在进行了有限层的提升以后，偶数序列就是低频分量，奇数序列则是高频分量，对低频分量递归地进行提升小波分解，就能创建多分辨率分解的多级变换。

6.4.2　提升小波重构

提升小波重构非常简单，它是分解的逆过程。

（1）反更新：

$$s_{l,k}^{i-1} = s_{l,k}^{i} - \text{update}(d_{l,k}^{i}) \tag{6-21}$$

（2）反预测：

$$d_{l,k}^{i-1} = d_{l,k}^{i} - \text{predict}(s_{l,k}^{i-1}) \tag{6-22}$$

（3）合并：

$$s_{0,n} = \text{merge}(s_{l,k}^{0}, d_{l,k}^{0}) \tag{6-23}$$

式中的 merge 表示将 $s_{l,k}^{0}$ 和 $d_{l,k}^{0}$ 分别作为偶数序列和奇数序列拼接成原始信号 $s_{0,n}$。提升小波变换的分解和重构过程如图 6.3 所示。

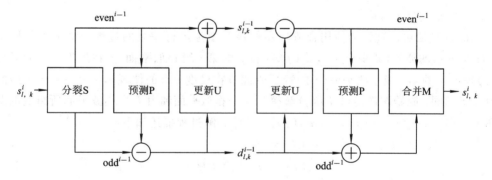

图 6.3　提升小波变换分解与重构示意图

6.4.3　9/7 滤波器的提升实现

任何有限长的小波滤波器都可以采用因子分解得到其提升机制的实现，在图像处理中使用较多的是 9/7 滤波器。如果输入的信号为 $s = \{s_k \mid k \in \mathbf{Z}\}$，其相应的提升实现方法如下[27]：

$$s_l^{(0)} = s_{2k}, \quad d_l^{(0)} = s_{2k+1} \tag{6-24}$$

$$d_l^{(1)} = d_l^{(0)} + \alpha(s_l^{(0)} + s_{l+1}^{(0)}) \tag{6-25}$$

$$s_l^{(1)} = s_l^{(0)} + \beta(d_l^{(1)} + d_{l-1}^{(1)}) \tag{6-26}$$

$$d_l^{(2)} = d_l^{(1)} + \gamma(s_l^{(1)} + s_{l+1}^{(1)}) \tag{6-27}$$

$$s_l^{(2)} = s_l^{(1)} + \delta(d_l^{(2)} + d_{l-1}^{(2)}) \qquad (6-28)$$

$$s_l = \zeta s_l^{(2)}, \quad d_l = d_l^{(2)}/\zeta \qquad (6-29)$$

6.4.4　图像的提升小波分解算法

图像的提升小波分解主要分为两个步骤：

(1) 对图像矩阵做行方向的一维提升变换，得到低频系数矩阵和高频系数矩阵。

(2) 对分解得到的低频系数矩阵和高频系数矩阵分别再做列方向的一维提升变换，得到图像的 3 个高频系数矩阵和 1 个低频系数矩阵，这样就完成了对图像的一层小波分解。对图像的低频系数矩阵重复上述分解过程，可以对图像进行任意尺度的分解。

6.5　冗余小波变换

6.5.1　à trous 算法

冗余小波变换（Redundant Wavelet Transform，RWT）又称加性小波变换（Additive Wavelet Transform）[2, 6]，是一种相邻尺度上的分解结果间具有冗余的小波变换。实现这种小波变换的 à trous 算法的基本思想是：把信号或图像的高低频信息分离，将其分解为不同频率通道上的近似信号（相似平面或零级小波平面）和小波平面。à trous 算法具有两个显著特点[2]：分解信号在每个尺度上有唯一的小波平面；每个位置上的小波系数能够更好地表示图像特征的显著程度。

à trous 算法可以理解为使用合适的卷积核对图像进行滤波的过程。设 f 表示原始图像，H 是低通滤波器（卷积算子），$a_i(f)$ 表示 f 的第 i 级相似平面（f 在尺度 i 上的近似），$w_i(f)$ 表示 f 的第 i 级小波平面（f 的特征或细节在尺度 i 上的体现），$a_i(f)$ 和 $w_i(f)$ 的大小均与 f 相同。原始图像经过 J 级分解得到一个相似平面和由 J 个小波平面所组成的图像序列 $\{a_J(f), w_1(f), w_2(f), \cdots, w_J(f)\}$。具体分解过程描述如下：

$$\begin{cases} a_0(f) = f \\ a_i(f) = a_{i-1}(f) * H \\ w_i(f) = a_{i-1}(f) - a_i(f) \end{cases} \qquad (6-30)$$

由上述分解过程可知，其重构过程为

$$f = a_0(f) = a_J(f) + \sum_{i=1}^{J} w_i(f) \qquad (6-31)$$

6.5.2　图像在冗余小波变换域的数据特征

由式（6-30）可以看出，小波平面是相邻的两级相似平面之差，即第 i 级小波平面 w_i 是第 $i-1$ 级相似平面 a_{i-1} 与第 i 级相似平面 a_i 之差。a_i 是对 a_{i-1} 进行低通滤波的结果，因此两者之间的差异主要是其在高频信息上的差异。具体表现为：小波平面上各位置的取值有正有负；在原始图像出现边缘、轮廓的位置，或是纹理信息较为丰富的区域，小波系数的绝对值较大；而在原始图像的平滑区域，小波系数的绝对值相对较小。

随着分解级数的增加,通过低通滤波得到的相似平面所包含的高频信息量将逐渐减少,对应的小波平面所包含的高频特征也逐渐变得模糊。这一特点具体表现为:随着分解级数的增加,小波平面的能量逐渐减少(小波平面内所有位置小波系数平方之和逐渐减小)。图像在冗余小波变换域的这一数据特征表明,采用冗余小波变换作为图像分析工具时,分解级数可以根据小波平面能量的衰减情况来确定。

6.6　基于小波变换的图像融合

基于小波变换的图像融合结构如图 6.4 所示,融合的基本步骤为:

(1) 对参与融合的两幅源图像进行几何配准;

(2) 对参与融合的两幅源图像分别进行小波分解,建立图像的小波金字塔图像;

(3) 对各分解层分别进行融合处理,对各分解层的小波系数按照其不同的频率分量的特点,可以采用不同的融合策略(融合规则、融合算子)进行融合处理,形成融合后的小波分解金字塔图像;

(4) 对融合后所得到的小波金字塔进行小波逆变换进行图像重构,形成融合后的图像 F。

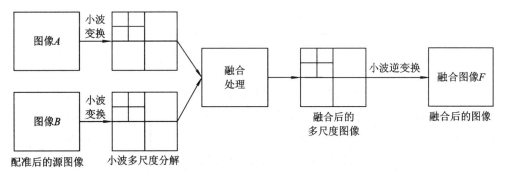

图 6.4　基于小波变换的图像融合结构图

6.6.1　基于冗余小波变换的灰度多聚焦图像融合

由于光学镜头的景深有限,使得人们在摄影时很难获取一幅所有景物均聚焦清晰的图像。解决该问题的有效方法之一是对同一场景拍摄多幅聚焦点不同的图像,然后将其融合为一幅场景内所有景物均聚焦的图像。由于聚焦点的不同,多聚焦图像中具有不同的清晰区域和模糊区域,多聚焦图像融合的目的就是选取各幅图像中的清晰区域并将其组合成一幅图像,同时避免虚假信息的引入。

在多聚焦图像中,聚焦区域成像清晰,而离焦区域则成像较模糊。离焦模糊的过程,实质上类似于用一个方差为 σ 的高斯平滑函数 $G_\sigma(x,y)$ 对清晰图像进行了低通滤波,使得原图像中的一些高频信息被滤掉了,故离焦区域的高频局部变异必然比原始清晰图像对应目标处的高频局部变异要小。基于以上对多聚焦图像成像机理的分析,可以将多聚焦图像相应像素邻域内的高频信息作为聚焦区域和离焦区域的判断依据[28]。本节结合上述多聚焦图像的成像机理,提出一种基于冗余小波变换的多聚焦图像融合算法。

1. 基于冗余小波变换的图像融合框架

基于冗余小波变换的图像融合框架如图 6.5 所示，其中 RWT 和 IRWT 分别表示冗余小波变换及其逆变换。首先，对两幅源图像分别进行 J 级冗余小波分解，每幅图像的分解结果可由一组图像序列表示：

$$\{a_J(f),\ w_1(f),\ w_2(f),\cdots,\ w_J(f)\} \tag{6-32}$$

图像序列中的每一个元素都是尺寸与源图像相同的图像，相似平面 a_J 中主要包含源图像的空间低频信息（光谱信息），小波平面 w_J 则是源图像的空间特征或细节在一定尺度上的体现。通过一定的融合准则将两幅源图像的相似平面以及对应尺度上的小波平面进行融合，得到融合结果 f_F 的分解图像序列 $\{a_J(f_F),\ w_1(f_F),\ w_2(f_F),\cdots,\ w_J(f_F)\}$，对其进行冗余小波重构，即可获得融合图像 f_F。具体步骤如下（以两幅图像为例）：

（1）对配准后的源图像 f_1、f_2 采用冗余小波变换分别进行 J 级多尺度分解，得到各自的相似平面系数 $\{a_J(f_1),\ a_J(f_2)\}$，以及小波面系数 $\{w_j(f_1),\ w_j(f_2)(1\leqslant j\leqslant J)\}$，其中 j 为分解级数；

（2）按照低频近似平面系数和高频小波面系数各自的融合规则对源图像的分解系数进行融合，得到融合图像 f_F 的图像序列 $\{a_J(f_F),\ w_1(f_F),\ w_2(f_F),\cdots,\ w_J(f_F)\}$；

（3）对得到的图像序列 $\{a_J(f_F),\ w_1(f_F),\ w_2(f_F),\cdots,\ w_J(f_F)\}$ 进行冗余小波逆变换，重构出融合图像 f_F。

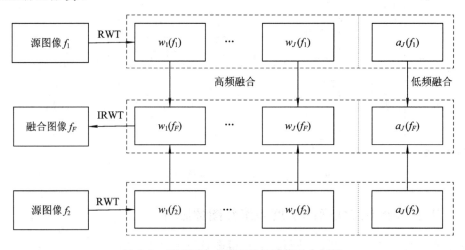

图 6.5　基于冗余小波变换的图像融合框架

2. 基于区域向量范数及局部对比度的多聚焦图像融合算法

融合规则是图像融合算法的核心，其优劣直接决定最终的融合效果。由于多尺度分解后的低频和高频部分具有不同的物理意义，因此，必须结合离焦光学系统的成像机理以及人眼视觉特性，在融合时对高频信息和低频信息采用不同的融合规则。

1）低频信息融合规则

目前大多数融合算法主要是研究高频信息的融合规则，对于低频信息往往采用简单的加权平均法。对低频系数直接采用加权平均能够有效地抑制图像中的噪声，但也会丢失源图像中的一些有用信息并引入一些虚假信息。图像的低频成分包括了图像的主要能量，决定了图像的轮廓，因此正确选择低频子带系数能够很好地提高图像的视觉效果。对于多聚焦图像而言，主要是确定源图像中哪一区域是在聚焦良好的情况下得到的清晰图像，哪一区域为离焦情况下形成的模糊图像。由第 3 章关于多聚焦图像特性分析可知，离焦光学系统具有低通滤波特性。可以根据源图像中的高频细节信息区分源图像中的聚焦区域与离焦区域。也就是说，若某像素点的高频系数远离零值，则该像素趋向位于聚焦区域；若某像素点的高频系数趋于零附近，则该像素趋向位于离焦区域；若像素点的高频系数适中，则该像素趋向聚焦、离焦之间的边界区域。同时，由人眼视觉系统特性可知，人眼对单个像素的灰度取值并不敏感，图像清晰与否是由区域内像素共同体现的[10]。为提高清晰度量的准确性，可采用基于局部区域的融合策略。为此，借鉴参考文献[29]中方向向量范数的定义，本节在冗余小波变换域中引入区域向量范数的概念，以区域向量范数作为清晰度量测算子，采取基于局部区域的低频近似平面系数的选择方案。首先定义区域向量范数如下：

（1）定义在点 (m, n) 处的 J 维小波面系数向量 $V(m, n)$：

$$V(m, n) = \left[|w_1(f)(m, n)|, |w_2(f)(m, n)|, \cdots, |w_J(f)(m, n)| \right]^{\mathrm{T}} \qquad (6-33)$$

其中 $w(f)(m, n)$ 为高频小波面系数。

（2）定义小波面系数向量范数 $\| V(m, n) \|$：

$$\| V(m, n) \| = \sqrt{\sum_{j=1}^{J} |w_j(f)(m, n)|^2} \qquad (6-34)$$

（3）定义区域向量范数 $\| V(m, n) \|_{M \times N}$：

$$\| V(m, n) \|_{M \times N} = \frac{1}{M \times N} \sum_{r=-(M-1)/2}^{(M-1)/2} \sum_{c=-(N-1)/2}^{(N-1)/2} \| V(m+r, n+c) \| \qquad (6-35)$$

局部区域 $M \times N$ 一般取为 3×3、5×5 等。

若 $\dfrac{\| V(m, n) \|_{M \times N}^{f_1}}{\| V(m, n) \|_{M \times N}^{f_2}}$ 大于阈值 T，点 (m, n) 在图像 f_1 趋向聚焦区域，可选择图像 f_1 在点 (m, n) 的低频近似平面系数作为融合图像 f_F 的低频近似平面系数；若 $\dfrac{\| V(m, n) \|_{M \times N}^{f_2}}{\| V(m, n) \|_{M \times N}^{f_1}}$ 大于阈值 T，点 (m, n) 在图像 f_2 趋向聚焦区域，可选择图像 f_2 在点 (m, n) 的低频近似平面系数作为融合图像 f_F 的低频近似平面系数；在其他情况下，点 (m, n) 趋向图像 f_1 及 f_2 的聚焦、离焦之间的边界区域，可将 f_1、f_2 在点 (m, n) 的低频近似平面系数进行加权平均作为融合图像 f_F 的低频近似平面系数。归纳如下：

$$a_J(f_F)(m, n) = \begin{cases} a_J(f_1)(m, n), & 若 \dfrac{\| V(m, n) \|_{M \times N}^{f_1}}{\| V(m, n) \|_{M \times N}^{f_2}} > T \\[3mm] a_J(f_2)(m, n), & 若 \dfrac{\| V(m, n) \|_{M \times N}^{f_2}}{\| V(m, n) \|_{M \times N}^{f_1}} > T \\[3mm] 0.5 \times a_J(f_1)(m, n) + 0.5 \times a_J(f_2)(m, n), & 其他 \end{cases} \qquad (6-36)$$

其中，T 为实验阈值，其值由具体的融合实验确定。

2）高频信息融合规则

高频信息融合的目的是尽可能地提取源图像中的细节信息。在源图像中，明显的图像特征，譬如直线、曲线、轮廓等，往往表现为灰度值及其变化，在多尺度变换域中往往表现为具有较大模值的高频子带变换系数。因此，对高频系数常采用"模值取大"的融合规则，以尽可能地提取源图像中的细节信息，但这也容易造成将噪声注入到融合图像中。根据人类视觉系统对局部对比度比较敏感的特点并借鉴参考文献[10]、[30]中图像对比度的定义，本节在冗余小波变换域中引入局部对比度的概念，采取基于局部对比度的高频小波面系数融合规则，以最大可能地提取源图像中的细节信息，获取视觉良好的融合图像。

图像对比度 Con 一般定义如下[10]：

$$\mathrm{Con} = \frac{L - L_B}{L_B} = \frac{\Delta L}{L_B} \qquad (6-37)$$

式中，L 为图像局部灰度，L_B 为图像局部背景灰度（相当于图像多尺度分解后的低频分量），则 ΔL 相当于图像多尺度分解后的局部高频分量。因此，本节在 RWT 域中引入局部对比度的概念。在 j 尺度层点 (m, n) 处，图像的局部对比度 $\mathrm{Con}_j(m, n)$ 定义为

$$\mathrm{Con}_j(m, n) = \frac{|w_j(f)(m, n)|}{\bar{a}_j(f)(m, n)} \qquad (6-38)$$

其中，$\bar{a}_j(f)(m, n)$ 相当于 j 尺度层的低频相似平面 a_j 在点 (m, n) 处的局部区域均值，即

$$\bar{a}_j(f)(m, n) = \frac{1}{M \times N} \sum_{r=-(M-1)/2}^{(M-1)/2} \sum_{c=-(N-1)/2}^{(N-1)/2} a_j(f)(m+r, n+c) \qquad (6-39)$$

局部区域 $M \times N$ 一般取为 3×3、5×5 等。

为了保证将各多聚焦图像的清晰区域完整注入融合图像，多聚焦图像的清晰区域的低频系数和高频系数应保持一致，而在聚焦、离焦的边界区域，则采用以上定义的局部对比度量测指标指导高频系数的选取。归纳如下：

$$w_j(f_F)(m, n) = \begin{cases} w_j(f_1)(m, n), & \text{若 } \dfrac{\|V(m, n)\|_{M \times N}^{f_1}}{\|V(m, n)\|_{M \times N}^{f_2}} > T \\[4mm] w_j(f_2)(m, n), & \text{若 } \dfrac{\|V(m, n)\|_{M \times N}^{f_2}}{\|V(m, n)\|_{M \times N}^{f_1}} > T \\[4mm] w_j(f_1)(m, n), & \text{若 } \dfrac{1}{T} \leqslant \dfrac{\|V(m, n)\|_{M \times N}^{f_1}}{\|V(m, n)\|_{M \times N}^{f_2}} \leqslant T \\ & \text{且 } \mathrm{Con}_j^{f_1}(m, n) > \mathrm{Con}_j^{f_2}(m, n) \\[4mm] w_j(f_2)(m, n), & \text{若 } \dfrac{1}{T} \leqslant \dfrac{\|V(m, n)\|_{M \times N}^{f_1}}{\|V(m, n)\|_{M \times N}^{f_2}} \leqslant T \\ & \text{且 } \mathrm{Con}_j^{f_1}(m, n) \leqslant \mathrm{Con}_j^{f_2}(m, n) \end{cases} \qquad (6-40)$$

根据上述融合规则，可以得到融合图像 f_F 的 RWT 系数，再经过 IRWT 变换，就可以重构出融合图像 f_F。

6.6.2　实验结果与分析

为了验证该算法的有效性和正确性，我们选取同一场景的多聚焦图像进行融合实验，并与其他三种融合算法进行对比实验。这三种融合算法分别是：基于拉普拉斯金字塔变换（Laplacian Pyramid Transform，LPT）的图像融合算法、基于离散小波变换（Discrete Wavelet Transform，DWT）的图像融合算法以及基于冗余小波变换的图像融合算法（RWT_Simple）。为使各种融合算法之间具有可比性，在对源图像经多尺度分解后的系数

进行融合处理时，后三种融合算法均采用最简单的融合规则：低频系数取平均，高频系数取模值最大。包括本节算法在内的四种融合算法的图像多尺度分解级数均为 3 级；在基于 DWT、RWT_Simple 和本节的融合算法中，均采用"db4"小波滤波器对图像进行分解和重构。图 6.6 给出了多聚焦源图像以及各种融合算法的融合结果。图 6.6（a）和图 6.6（b）分别为聚焦在左边和右边的源图像，各算法的融合图像分别见图 6.6（c）～（f）。

(a) 聚焦左边图像

(b) 聚焦右边图像

(c) 本节算法融合图像

(d) LPT算法融合图像

(e) DWT算法融合图像

(f) RWT_Simple算法融合图像

图 6.6　多聚焦图像融合实验

从视觉效果来看，四种算法都可以得到较满意的视觉效果，消除了源图像的聚焦差异，提高了图像的清晰度，使融合图像中各个目标都比较清晰。但通过比较我们可以发现，本节所提算法的融合效果最好。图 6.6（d）的纹理信息不如源图像丰富，这是由于 LPT 在分解和重构的过程中产生了信息丢失。图 6.6（e）中有明显的块效应及虚影等虚假信息，而在图 6.6（f）和 6.6（c）中，这种虚假信息得到了很好的抑制，这是由于 RWT 取消了 DWT 中的降采样和上采样操作，具有移不变特性，可有效抑制上述现象的产生。与图 6.6（f）比较，本节所提出的融合算法得到的融合结果图像（图 6.6（c））具有更好的视觉效果，不但能够有效避免虚假信息的引入，还能够更好地将聚焦清晰区域注入到融合图像中。这主要是因为本节所提出的基于局部区域的融合规则比较符合离焦光学系统的特性以及人眼视觉特性，从而获得了良好的融合性能。为了更清楚地说明，我们将图 6.6（b）～（f）中人物目标的头部进行了放大处理，如图 6.7 所示。在局部放大图中，DWT 算法的融合图像（图 6.7（d））右下角产生了明显的方块，而且在左上角的头发边缘则引入了明显的虚影效果。而本节算法的融合图像（图 6.7（b））在该局部区域几乎完整注入了聚焦清晰的源图像在对应区域的信息，头发的轮廓及细节信息得到很好的保留，头发边缘的虚影及右下角的方块则完全消除。

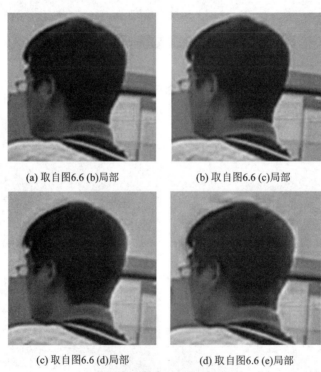

(a) 取自图6.6 (b)局部　　　　　　　(b) 取自图6.6 (c)局部

(c) 取自图6.6 (d)局部　　　　　　　(d) 取自图6.6 (e)局部

(e) 取自图6.6 (f)局部

图 6.7　来自图 6.6 融合结果的局部放大图

对融合结果的评价，除了目视效果这种简单有效的定性分析法外，还可以采用相关的评价指标做定量的分析。本节采用信息熵、交叉熵及平均梯度三个指标来进行客观评价。表 6.1 给出了各种融合算法下评价指标的结果值。可以看出，在这四种算法中，本节算法的熵值最高，而交叉熵最低，表明本节算法的融合图像对源图像中的重要信息保持得较好；本节算法具有最高的平均梯度值，表明其融合图像较好地保留了源图像的边缘细节信息，图像清晰度高，这与视觉观察结果完全一致。综合所有评价指标，可以得出本节算法相对其他三种算法具有更好的融合效果的结论。

表 6.1　灰度多聚焦图像融合结果客观评价

算　法	熵	交叉熵	平均梯度
LPT 算法	7.0166	$1.5840 * 10^{-4}$	6.5088
DWT 算法	7.0248	$8.7051 * 10^{-5}$	6.6093
RWT_Simple 算法	7.0312	$7.7256 * 10^{-5}$	6.3772
本节算法	7.0831	$6.7953 * 10^{-5}$	6.8453

6.7　本章小结

本章分析并介绍了用于图像融合的几种小波变换形式，研究论述了基于小波变换的图像融合方法，并以多聚焦图像的融合为例，提出了基于区域向量范数及局部对比度的图像融合算法。

可用于图像融合的小波变换包括多小波变换、提升小波变换及冗余小波变换等，这些小波变换相对于传统的小波变换具有各自的特点及优势。多小波变换在对称性、光滑性、紧支撑性等方面优于正交离散小波变换；提升小波变换方法不依赖于傅立叶变换，既保持了传统小波的时频局部化等特性，又克服了它的局限性；而冗余小波变换具有移不变特性，能有效克服正交离散小波变换在图像重构过程中由于相位失真而引入虚影及振铃效应的问题，因而比正交离散小波变换更适合用于图像融合。

在介绍了基于小波变换的图像融合方法后，本章提出了基于冗余小波变换的灰度多聚焦图像融合算法。在该融合算法中，根据离焦光学系统具有低通滤波特性，可按照源图像中的高频细节信息来判断源图像中的聚焦区域与离焦区域这一理论依据，在冗余小波变换域引入了区域向量范数和局部对比度量测算子，并分别制定了基于区域向量范数的低频系数融合策略和基于局部对比度的高频系数融合策略。

参 考 文 献

［1］　Lu G X，Zhou D W，Wang J L，et al. Geological information extracting from remote sensing image in complex area：based on Wavelet analysis for automatic image segmentation［J］. Earth Science-Journal of China University of Geosciences，2002，27(1)：50-54.

［2］　Nunez J，Otazu X，Fors O，et al. Multiresolution-based image fusion with additive wavelet decomposition［J］. IEEE Transactions on Geoscience and Remote Sensing，1999，37（3）：1204-1211.

[3] Geronimo J S, Hardin D P, Massopust P R. Fractal Functions and Wavelet Expansion based on Several SealingFunctions. JApproxTheory, 1994, 78: 373-401.

[4] Sweldens W. The lifting scheme: a construction of second generation wavelets [J]. SIAM J. Math. Anal. 1997, 29 (2): 5112.

[5] Bijaoui A, Starck J L, Murtagh F. Restauration des images multi-é chelles par l'algorithme à trous [J]. Traitement du signal, 1994, 11(3): 229-243.

[6] Chibani Y. Multisource image fusion by using the redundant wavelet decomposition[J]. Proc. on IEEE International Geoscience and Remote Sensing SymPosium, 2003, 2: 1383-1385.

[7] Mallat S G. A theory for multiresolution signal decomposition: the wavelet representation[J]. IEEE Transaction on Pattern Analysis and Machine Intelligence, 1989, 11(7): 674-693.

[8] Mallat S. 信号处理的小波导引(原书第二版)[M]. 杨力华, 戴道清, 黄文良, 等, 译. 北京: 机械工业出版社, 2002.

[9] 成礼智, 王红霞, 罗永. 小波的理论与应用[M]. 北京: 科学出版社, 2004.

[10] 刘贵喜. 多传感器图像融合方法研究[D]. 西安: 西安电子科技大学博士学位论文, 2001.

[11] 陈俊. 基于多小波的遥感图像融合研究[D]. 武汉: 华中科技大学硕士学位论文, 2006.

[12] Micchelli C A, Sauer T. Regularity of multiwavelets. Advances in Comp. Math, 1997, 7: 455-545.

[13] Hardin D P, Roach D W. Multiwavelet prefilter Ⅰ: Orthogonal Prefilters Preserving Approximation order p≤2. IEEE Trans. Circiuts Syst. Ⅱ, 1998, 45: 1106-1112.

[14] Sherlock B G, Monro D M. On the space of orthogonal wavelets[J]. IEEE Trans. On Signal Processing, 1998, 46(6): 1716-1719.

[15] Strang G, Strela V. Orthogonal multiwavelets with vanishing moments[J]. J. Optical Eng. , 1994, 33: 2104-2107.

[16] Jiang Q. On the design of multifilter banks and orthonormal multiwavelet banks[J]. IEEE Trans. On Signal processing, 1998, 12, 46(12): 3292-3302.

[17] Strela V, Heller P, Stang G. The application of multiwavelet filter banks to signal and image processing[J]. IEEE Trans. On Image Proc. , 1999, 8: 548-563.

[18] Selenick I W. Balanced GHM-like multiscaling functions[J]. IEEE Signal Processing Letters, 1999, 6(5): 111-112.

[19] 王忆锋, 张海联, 李灿文. 多传感器数据融合中的配准技术[J]. 红外与激光工程, 1998, 27(1): 38-41.

[20] 郑永安, 陈玉春, 宋建社, 等. 基于提升机制小波变换的 SAR 与多光谱图像融合算法[J]. 计算机工程, 2006, 32(6): 195-197.

[21] 田养军, 薛春纪. 基于提升小波分解曲波变换的雷达影像消噪法[J]. 地球科学与环境学报, 2008, 30(3): 326-330.

[22] 吴盘龙, 李言俊, 张科. 一种基于提升小波的多传感器图像融合[J]. 红外技术, 2005, 27(6): 473-476.

[23] 邵海梅, 李飞鹏, 秦前清. 基于五株采样提升算法的图像二叉分解与重构[J]. 武汉大学学报(信息科学版), 2004, 29(7): 628-631.

[24] 王志武, 丁国清, 颜国正, 等. 自适应提升小波变换与图像去噪[J]. 红外与毫米波学报, 2002, 21(6): 447-450.

[25] 刘宇新, 李衍达. 基于重叠正交变换的自适应图像水印[J]. 电子学报, 2001, 29: 1368-1372.

[26] 胡沁春, 郭迪新, 李宏民. 自适应提升小波在局部放电信号去噪中的应用[J]. 自动化仪表, 2006, 27(1): 55-61.

[27] 孟鸿鹰. 基于推选机制的小波变换理论与算法研究[R]. 清华大学博士后研究报告，2000.

[28] 陆欢，吴庆宪，姜长生. 基于 PCA 与小波变换的彩色图像融合算法[J]. 计算机仿真，2007，24(9)：202-205.

[29] 张强. 基于多尺度几何分析的多传感器图像融合研究[D]. 西安：西安电子科技大学博士学位论文，2008.

[30] Peli E. Contrast in complex images[J]. Optical Society of America，1990，17(10)：2032-2040.

第7章　基于多小波变换的图像融合方法

7.1　引　　言

　　多小波是小波理论的发展，是指由两个或两个以上的函数作为尺度函数生成的小波。为了与多小波相区别，原来传统意义上的小波被称为单小波（uniwavelet）或标量小波（scalar-wavelet）。我们知道，对称性、正交性、短支撑性、高阶消失矩是信号处理中十分重要的性质，Daubechies证明实系数单小波不能同时具有这些性质，这限制了小波的应用，而多小波可以同时具有这些性质，这是单小波所无法比拟的。正是多小波这些独特优势引起了许多科研人员的极大关注，使多小波理论在近几年迅速发展起来并得到了广泛应用。

　　最早的多小波是 Geronimo 等人[1]于 1994 年构造的用来做某些多项式表达式的基底的多项式小波。Goodman 等人[2]在 1994 年构造了 GHM 多小波。1996 年，Chui 等人[3]从两尺度系数的性质着手，得到紧支撑对称正交多小波的构造方法。1999 年，Hardin 等人[4]利用分形插值方法给出了[−1，1]区间上的双正交多小波的构造方法。1998 年，M. Cotronei等人[5]引入 Hurwitz 块矩阵和 Gram 矩阵，不仅给出了一种求尺度函数与小波的快速算法，而且对于已知的正交两尺度系数矩阵，可求得其对偶。同年，Jiang[6]基于参数化多带小波设计方法提出了一系列最优时频分辨率的正交对称的多小波构造方法，为多小波的构造和应用提出了一个新的标准。2000 年，Shen 等人[7]提出了一种可由标量小波构造正交对称、紧支撑的多小波构造方法，为构造多小波提供了一个便捷的工具。2001年，Bin Han[8]利用 Hermite 插值特性构造了[−1，1]区间上的四重对称正交的多小波，四重具有四阶消失矩的双正交多小波，并且它们都有闭合表达式，而且他构造了一系列紧支撑、对称的小波框架，搭建了一个小波框架构造体系。Jin Pan 等人[9]提出了由尺度序列构造两个矩阵，从而可以灵活地构造与之有关的多小波的方法，但这个方法只适用于尺度序列长度不大于 4 的情况。2002 年，杨守志等人[10]利用 $L^2(\mathbf{R})$ 上的紧支撑、正交的多尺度函数和多小波构造出有限区间[0，1]上的多尺度函数及相应的正交多小波。Bruce Kessler[11]提出了采用三角网格划分的方法构造在 $\mathbf{R}^2$ 紧支撑、双正交的多尺度函数和多小波。2004年，Wang 等人[12]提出了区间对称多小波的构造方法，为解决边界处理问题提出了新的思路。Cui 等人给出了由矩阵对称展开的方法构造对称正交多小波的算法。多小波的构造方法种类繁多，学者们从不同角度来构造具有优良特性的多小波。但这些多小波在使用时都需要先进行多小波预处理，一方面为把标量信号转换成矢量信号，另一方面是为和后续多小波滤波器一起保证信号处理后具有低频聚集特性。Donovan 等人[13]用分形插值得到的多小波要首先进行具体的预滤波，而预滤波又会破坏所设计的多小波的特性，如基函数的短支撑性、对称性、正交性会丢失[14]。为解决这一难题，迄今已有许多学者对此进行了研究。1996

年，Xia 等人[15]提出了最经典的 GHM 多小波预处理方法。1998 年，Xia 又基于滤波器组和矢量滤波器两种方式提出了离散多小波预处理滤波器的设计方式，同时 Hardin 和 Kitti 等人提出了近似阶数的正交预处理滤波器，Miller 等人提出了"自适应法"，这些方法首先要构造一个庞大的块矩阵，运算量很大。Leburn 和 Veteer[16-18]提出了平衡多小波这一新的理论，并给出了许多很好的结果。随后 Seiesnick 也对平衡多小波做了大量的研究，而 Jiang 给出了 $r=2$ 时平衡多小波的完备的参数化设计方法，Jerome 等人提出了高阶平衡多小波的设计方法，从而避免了多小波变换过程中的变换前预处理和变换后恢复处理。

7.2　多小波的基本理论

7.2.1　多小波的多分辨率分析

在小波分析中，一个多分辨率分析是由一个尺度函数生成的，由一个小波函数平移与伸缩构成 $L^2(\mathbf{R})$ 空间的基。多分辨率分析在单小波变换中起着重要作用，类似地，多小波分析中也存在多分辨率分析，它对于多小波变换也非常重要。若一个多分辨率分析是由多个尺度函数生成的，相应地，由多个小波函数平移与伸缩构成 $L^2(\mathbf{R})$ 空间的基，这些小波函数被称做多小波。

对于向量值函数 $F(t)=[f_1(t), f_2(t), \cdots, f_r(t)]^T$，如果 $f_j(t) \in L^2(\mathbf{R})$，$j=1, 2, \cdots, r$，就记作 $F(t) \in L^2(\mathbf{R})^r$。$r$ 重多小波可由 r 重多分辨率分析形成。现在，设 $\boldsymbol{\Phi}(t)=[\phi_1, \phi_2, \cdots, \phi_r]^T \in L^2(\mathbf{R})^r$ 为 r 重尺度函数，即满足二尺度矩阵方程：

$$\boldsymbol{\Phi}(t) = \sum_{k=0}^{N-1} \boldsymbol{H}_k \boldsymbol{\Phi}(2t-k) \tag{7-1}$$

其中 $\{\boldsymbol{H}_k\}_{k \in \mathbf{Z}}$ 为 $r \times r$ 的矩阵。

由 $\boldsymbol{\Phi}(t)$ 生成的 r 重多分辨率分析 $\{\boldsymbol{V}_j\}$，$j \in \mathbf{Z}$ 定义为

$$\boldsymbol{V}_j = \mathrm{span}\{\phi_{l, j, k} \mid 1 \leqslant l \leqslant r, k \in \mathbf{Z}\}, j \in \mathbf{Z} \tag{7-2}$$

其中，$\phi_{l, j, k}(t) = 2^{-j/2}\phi_l(2^{-j}t - k)$，且满足：

（1）一致单调性：

$$\cdots \subset \boldsymbol{V}_2 \subset \boldsymbol{V}_1 \subset \boldsymbol{V}_0 \subset \boldsymbol{V}_{-1} \subset \boldsymbol{V}_{-2} \subset \cdots$$

（2）渐进完全性：

$$\bigcap_{j \in \mathbf{Z}} \boldsymbol{V}_j = \{0\}, \bigcup_{j \in \mathbf{Z}} \boldsymbol{V}_j = L^2(\mathbf{R})$$

（3）伸缩规则性：

$$f(t) \in \boldsymbol{V}_j \Leftrightarrow f(2^j t) \in \boldsymbol{V}_0, \forall j \in \mathbf{Z}$$

（4）平移不变性：

$$f(t) \in \boldsymbol{V}_0 \Leftrightarrow f(t-k) \in \boldsymbol{V}_0, \forall k \in \mathbf{Z}$$

（5）Riesz 基存在性：$\{\phi_{l, j, k} \mid 1 \leqslant l \leqslant r, k \in \mathbf{Z}\}$ 构成子空间 $\boldsymbol{V}_j$ 的 Riesz 基。

7.2.2　多小波的分解和重构

类似于 $r=1$ 的单小波多分辨率分析的情形，设 $\boldsymbol{W}_j$ 为 $\boldsymbol{V}_j$ 在 $\boldsymbol{V}_{j-1}$ 中的补空间，向量值

函数 $\boldsymbol{\Psi}(t)=[\psi_1, \psi_2, \cdots, \psi_r]^{\mathrm{T}} \in L^2(\mathbf{R})^r$，其分量的伸缩与平移构成 $\boldsymbol{W}_j$ 子空间的一个 Riesz 基。

类似于单小波的情形，存在一个矩阵列 $\{\boldsymbol{G}_k\}_{k \in \mathbf{Z}}$，使

$$\boldsymbol{\Psi}(t) = \sum_{k=0}^{N-1} \boldsymbol{G}_k \boldsymbol{\Phi}(2t-k) \qquad (7-3)$$

由于 $\boldsymbol{W}_j$ 为 $\boldsymbol{V}_j$ 在 $\boldsymbol{V}_{j-1}$ 中的补空间，因此 $L^2(\mathbf{R})$ 可分为空间 $\boldsymbol{W}_j$ 的直和，即

$$L^2(\mathbf{R}) = \sum_{k \in \mathbf{Z}} \boldsymbol{W}_k = \cdots + \boldsymbol{W}_{-1} + \boldsymbol{W}_0 + \boldsymbol{W}_1 + \cdots \qquad (7-4)$$

所以 $f(t) \in L^2(\mathbf{R})$ 有唯一的分解

$$\sum_{k=-\infty}^{\infty} g_k(t) = \cdots + g_{-1}(t) + g_0(t) + g_1(t) + \cdots \qquad (7-5)$$

其中 $\sum\limits_{k=-\infty}^{\infty} g_k(t) \in \boldsymbol{W}_k$。令 $f_k(t) \in \boldsymbol{V}_k$，则

$$f_k(t) = g_{k+1}(t) + g_{k+2}(t) + \cdots \qquad (7-6)$$

并且

$$f_k(t) = f_{k+1}(t) + g_{k+1}(t) \qquad (7-7)$$

由于

$$\boldsymbol{V}_j = \mathrm{span}\{\boldsymbol{\phi}_{l, j, k} \mid 1 \leqslant l \leqslant r, \, k \in \mathbf{Z}\}, \qquad j \in \mathbf{Z}$$
$$\boldsymbol{W}_j = \mathrm{span}\{\boldsymbol{\psi}_{l, j, k} \mid 1 \leqslant l \leqslant r, \, k \in \mathbf{Z}\}, \qquad j \in \mathbf{Z}$$

故有

$$f_j(t) \sum_{k=-\infty}^{\infty} \sum_{l=1}^{r} c_{l, j, k} \boldsymbol{\phi}_l(2^{-j}t-k) \qquad (7-8)$$

$$g_j(t) = \sum_{k=-\infty}^{\infty} \sum_{l=1}^{r} d_{l, j, k} \boldsymbol{\psi}_l(2^{-j}t-k) \qquad (7-9)$$

结合式 $(\boldsymbol{V}, \boldsymbol{W})$ 得

$$\sum_{k=-\infty}^{\infty} \sum_{l=1}^{r} c_{l, j, k} \boldsymbol{\phi}_l(2^{-j}t-k)$$
$$= \sum_{k=-\infty}^{\infty} \sum_{l=1}^{r} c_{l, j, k} \boldsymbol{\phi}_l(2^{-j+1}t-k) + \sum_{k=-\infty}^{\infty} \sum_{l=1}^{r} d_{l, j, k} \boldsymbol{\psi}_l(2^{-j+1}t-k) \qquad (7-10)$$

记 $\boldsymbol{C}_k^{(j)}=[c_{1, j, k}, c_{2, j, k}, \cdots, c_{r, j, k}]^{\mathrm{T}}$，$\boldsymbol{D}_k^{(j)}=[d_{1, j, k}, d_{2, j, k}, \cdots, d_{r, j, k}]^{\mathrm{T}}$，则上式可写为

$$\sum_{k=-\infty}^{\infty} [\boldsymbol{C}_k^{(j)}]^{\mathrm{T}} \boldsymbol{\Phi}(2^{-j}t-k)$$
$$= \sum_{k=-\infty}^{\infty} [\boldsymbol{C}_k^{(j-1)}]^{\mathrm{T}} \boldsymbol{\Phi}(2^{-j+1}t-k) + \sum_{k=-\infty}^{\infty} [\boldsymbol{D}_k^{(j-1)}]^{\mathrm{T}} \boldsymbol{\Psi}_l(2^{-j+1}t-k) \qquad (7-11)$$

在正交多分辨率分析的情况下，给式 $(7-11)$ 两边同时乘以 $\boldsymbol{\Phi}^{\mathrm{T}}(2^{-j+1}t-k)$，并在整个实数域上积分，则有

$$\boldsymbol{C}_n^j = \sum_{k=-\infty}^{\infty} \boldsymbol{H}_{k-2n} \boldsymbol{C}_k^{(j-1)} \qquad (7-12)$$

类似地，给式 $(7-11)$ 两边同乘以 $\boldsymbol{\Psi}^{\mathrm{T}}(2^{-j+1}t-k)$，得

$$D_n^j = \sum_{k=-\infty}^{\infty} G_{k-2n} D_k^{(j-1)} \tag{7-13}$$

同理可得重构算法：

$$D_n^{(j-1)} = \sum_{k=-\infty}^{\infty} H_{n-2k}^T C_k^{(j)} + \sum_{k=-\infty}^{\infty} G_{n-2k}^T D_k^{(j)} \tag{7-14}$$

通过上面的介绍我们知道了多小波的基本理论，为了更好地阐述多小波，我们介绍多小波的性质。

7.2.3　多小波的性质

多小波拥有四个非常重要的性质，它们是：

（1）对称性（反对称性）。若 $r=2$，多尺度函数 $\phi(t)$ 构成多分辨率分析的空间，$\mathrm{supp}\,\phi_i = [a_i, b_i] \subseteq [0, N]$，$P(w)$ 为对应的两尺度符号，当且仅当满足 $H_{ij}(z) = (-1)^{i+j}$ · $z^{2(a_i+b_i)-(a_j+b_j)} H_{ij}\left(\dfrac{1}{z}\right)$ 时，ϕ_0 是对称的，ϕ_1 是反对称的。对称性和反对称性可以使滤波器具有线性相位或至少具有广义线性相位，从而避免因重构产生的误差。

（2）短支撑性。若 ϕ_i 的支撑为 $[0, i]$，则意味着在区间 $[0, i]$ 之外，ϕ_i 的值为零。在处理边界问题时，这个性质非常有用。如果多小波中尺度函数支撑很短，则可以避免截断产生的误差。

（3）高阶消失矩。我们知道，定义 $L_r \int t^r \phi(t) \mathrm{d}t$ 为基本小波 $\phi(t)$ 的第 r 阶小波矩，如果对所有 $0 \leqslant m \leqslant M$，有 $L_m = 0$，则称基本小波 $\phi(t)$ 具有 M 阶消失矩。消失矩越高，频域的局部化能力越强，光滑性越好。所有小波都具有一阶消失矩，为了更好地对线性函数进行重构，要求多小波至少具有二阶消失矩。

（4）正交性。由多小波的正交性可知：

$$\begin{cases} P(w)P^*(w) + P(w+\pi)P^*(w+\pi) = I_r \\ P(w)Q^*(w) + P(w+\pi)Q^*(w+\pi) = Q_r \\ Q(w)Q^*(w) + Q(w+\pi)Q^*(w+\pi) = I_r \end{cases} \tag{7-15}$$

上式的第一项保证多尺度函数之间的正交，第二项保证多尺度函数与多小波函数之间的正交。多小波的正交性可以保持能量恒定，其构成的基在实际应用中无冗余，减少了计算量。

7.3　多小波的构造方法和滤波器设计

7.3.1　多小波构造方法

众多的多小波构造方法主要是基于对多小波特性的要求进行的，本节主要从上一节中介绍的多小波性质出发，介绍正交多小波的构造方法。

1. 紧支撑、对称、正交、m 阶近似特性多小波的构造

1）设计原理

这种方法主要是以 C. K. Chui、J. Lian 在文献[3]中提出的方法为代表的，下面就对此方法进行介绍。为了方便讨论对称性和反对称性，我们仅考虑具有有限和实数值的二尺度矩阵序列。

不失一般性，我们考虑下列形式的二尺度矩阵方程：

$$\boldsymbol{\Phi}(t) = \sum_{k=0}^{N-1} \boldsymbol{H}_k \boldsymbol{\Phi}(2t - k) \tag{7-16}$$

$$\boldsymbol{\Psi}(t) = \sum_{k=0}^{N-1} \boldsymbol{G}_k \boldsymbol{\Phi}(2t - k) \tag{7-17}$$

其中，$\boldsymbol{H}_0$，$\boldsymbol{H}_N \neq 0$，$\boldsymbol{H}_k = 0$，当 $k < 0$ 或 $k > N-1$ 时，

$$\boldsymbol{H}(z) = \frac{1}{2} \sum_{k=0}^{N-1} \boldsymbol{H}_k z^k, \quad z = \mathrm{e}^{-jw/2}$$

显然，

$$\boldsymbol{\Phi}(t) = \boldsymbol{H}(t) \boldsymbol{\Phi}(t/2)$$

这里定义多尺度函数的支撑集是每一个尺度函数支撑集的并集，即

$$\operatorname{supp}\boldsymbol{\Phi} = \bigcup_{l=1}^{r} \operatorname{supp}\boldsymbol{\phi}_l$$

下面主要针对尺度函数具有紧支撑、对称和 m 阶近似特性的条件进行具体阐述。

(1) 构造满足支撑集为 $\operatorname{supp}\boldsymbol{\phi}_l = [a_l, b_l]$，$1 \leqslant l \leqslant r$ 的对称和奇对称多尺度函数所要满足的充分必要条件是：

① 当所设计的尺度函数要求序号为奇数的尺度函数偶对称、序号为偶数的尺度函数奇对称时，要求

$$\boldsymbol{\phi}_i(x) = (-1)^{i-1} \boldsymbol{\phi}_i(a_i + b_i - x) \tag{7-18}$$

也就是要求

$$\boldsymbol{H}_{ij}(z) = (-1)^{i+j} z^{2(a_i+b_i)-(a_j+b_j)} \boldsymbol{H}_{ij}\left(\frac{1}{z}\right), 1 \leqslant i \leqslant r \tag{7-19}$$

② 当所设计的尺度函数要求前面 r_1 个尺度函数偶对称、后面的尺度函数奇对称时，要求

$$\boldsymbol{\phi}_i(x) = \boldsymbol{\phi}_i(a_i + b_i - x), 1 \leqslant i \leqslant r_1 \tag{7-20}$$

$$\boldsymbol{\phi}_i(x) = -\boldsymbol{\phi}_i(a_i + b_i - x), r_1 + 1 \leqslant i \leqslant r \tag{7-21}$$

也就是要求

$$\boldsymbol{H}_{ij}(z) = z^{2(a_i+b_i)-(a_j+b_j)} \boldsymbol{H}_{ij}\left(\frac{1}{z}\right), 1 \leqslant i, j \leqslant r_1 \text{ 或 } r_1 + 1 \leqslant i, j \leqslant r \tag{7-22}$$

$$\boldsymbol{H}_{ij}(z) = -z^{2(a_i+b_i)-(a_j+b_j)} \boldsymbol{H}_{ij}\left(\frac{1}{z}\right), \text{ 其他} \tag{7-23}$$

那么我们就可以通过寻找满足上述条件的尺度函数来构造具有一定支撑集和对称性的尺度函数。

(2) 根据定理给出的 $\boldsymbol{\Phi}$ 具有 n 阶多项式重现的充分必要条件：$1, 1/2, \cdots, 1/2^{n-1}$ 是 $\boldsymbol{T}_0 = \boldsymbol{T}_1 = [\boldsymbol{H}_{2i-j-1}]_{1 \leqslant i, j \leqslant N}$ 的左特征值（n 是满足条件最大的整数）。根据上面所有要求，我们就可构造出紧支撑、对称、正交、具有 m 阶近似特性多尺度函数。由多尺度滤波器与多小波滤波器之间的关系就可求出对应多小波函数的滤波器系数。

2) 设计方法分析

此处以设计二重尺度函数为例来分析设计过程。从上面的内容可看出，若要设计一个符合要求的滤波器，要从四个方面入手：

(1) 确定所要设计的尺度函数的支撑集，假定为 $[0, b_1]$ 和 $[0, b_2]$。

(2) 确定所要设计的尺度函数的对称性。从支撑集和尺度函数的对称性就可确定出尺度滤波器的长度 N 及待定滤波器系数的位置和个数。

尺度滤波器的长度 N 由下式确定：

$$N = \max_{1 \leqslant i, j \leqslant 2} (2b_i - b_j) + 1$$

待定滤波器系数的个数为

$$2 \times \max_{1 \leqslant i, j \leqslant 2} (2b_i - b_j) + 4, \; N \text{ 为奇数}$$

$$2 \times \max_{1 \leqslant i, j \leqslant 2} (2b_i - b_j), \; N \text{ 为偶数}$$

例如，$b_1 = b_2 = 2$ 时，$N = 3$，待定系数却有 8 个；$b_1 = b_2 = 3$，$N = 4$，待定系数为 6 个。

(3) 据尺度函数正交性，进一步确定滤波器系数的关系，这是一个非齐次的复杂方程组。

(4) 进一步根据对尺度函数近似特性的要求，给出对待定滤波器系数的进一步约束。联合(3)解出待定系数，即完成多小波尺度函数的设计。

(5) 根据小波函数与尺度函数的关系求出对应小波函数的滤波器系数。

从上面的设计过程可以看出，整个设计方法目的明确，思路清晰，但实现过程却是非常困难的。

2. 由标量小波直接构造多小波的设计方法

这是一种由 Shen 提出的可由单小波方便快捷地设计多小波的方法。在介绍该方法之前，先介绍一些基本定义和符号。

(1) E 条件。如果一个方阵 $\boldsymbol{M}$(或一个线性算子)的谱半径 $\rho(\boldsymbol{M}) \leqslant 1$ 并且 1 是它在单位圆上的唯一特征值且是单值的，我们就说它满足条件 E。

(2) $\boldsymbol{H}(w)$ 转换算子 $\boldsymbol{T}_H \boldsymbol{P}(w)$：

$$\boldsymbol{T}_H \boldsymbol{P}(w) = \boldsymbol{H}\left(\frac{w}{2}\right) \boldsymbol{P}\left(\frac{w}{2}\right) \boldsymbol{H}^*\left(\frac{w}{2}\right) + \boldsymbol{H}\left(\frac{w}{2} + \pi\right) \boldsymbol{P}\left(\frac{w}{2} + \pi\right) \boldsymbol{H}^*\left(\frac{w}{2} + \pi\right) \quad (7-24)$$

(3) SA 条件：

若 $\boldsymbol{H}_k$ 满足下列条件：

$$\begin{cases} \boldsymbol{H}_k = \boldsymbol{0}, \; \boldsymbol{H}_0, \; \boldsymbol{H}_L \text{ 是非零矩阵}, \; k < 0 \text{ 或 } k > L \\ \boldsymbol{H}_k = \boldsymbol{S} \boldsymbol{H}_k \boldsymbol{S}, \; k = 0, 1, \cdots, L-1 \end{cases} \quad (7-25)$$

其中 $\boldsymbol{S} = \mathrm{diag}(-1, 1)$，$\boldsymbol{H}_0 = \begin{bmatrix} 1 & 0 \\ 0 & \lambda \end{bmatrix}$，$|\lambda| < 1$，则称 $\boldsymbol{P}_k$ 满足 SA 条件。

(4) CQF(共轭正交滤波器)：

$$\boldsymbol{H}(w) \boldsymbol{H}^*(w) + \boldsymbol{H}(w + \pi) \boldsymbol{H}^*(w + \pi) = \boldsymbol{I}_{r \times r} \text{ 或 } \sum_{k \in \boldsymbol{Z}} \boldsymbol{H}_k \boldsymbol{H}_{k+2i}^{\mathrm{T}} = 2\delta_{i, 0} \boldsymbol{I}_{r \times r} \quad (7-26)$$

(5) 一些特定矩阵：

$$\boldsymbol{U} = \frac{1}{\sqrt{2}} \begin{bmatrix} 1 & -1 \\ 1 & 1 \end{bmatrix}, \; \boldsymbol{S} = \begin{bmatrix} 1 & 0 \\ 0 & -1 \end{bmatrix}, \; \boldsymbol{A} = \begin{bmatrix} 0 & 1 \\ 1 & 0 \end{bmatrix} \quad (7-27)$$

（6）相似变换：

$$\boldsymbol{H}_k^* = \boldsymbol{U}\boldsymbol{H}_k\boldsymbol{U}^{-1} \tag{7-28}$$

由标量小波直接构造多小波的设计原理如下。

由长度为 $2N$ 的标量小波 $CQF\{h_k\}_{k=0}^{2N-1}$ 构造长度为 $2N$ 的矢量小波有两种方法，下面分别介绍。

方法一：

（1）对标量小波 $\{h_k\}_{k=0}^{2N-1}$ 先插入零，使标量小波长度加倍，可以是如下两种形式：

$$\{h_0, h_1, 0, 0, \cdots, h_{2N-2}, h_{N-1}, 0, 0\} \ \text{或} \ \{0, 0, h_0, h_1, 0, 0, \cdots, h_{2N-2}, h_{N-1}\}$$

很明显，以上形式的新序列满足：

$$\sum_{k=0}^{4N-1-4i} a_k a_{k+4i} = 2\delta_{i,0}, \ \sum_{k=0}^{4N-1-4i} a_k a_{4N-1-4i-k} = 0, \ \sum_{k=0}^{4N-1} a_k a_{4N-1+4i-k} = 0$$

（2）由长度加倍的新序列构成尺度滤波器系数的伴随矩阵：

$$\boldsymbol{H}_k^* = \begin{bmatrix} a_{2k} & a_{2k+1} \\ a_{4N-2k-1} & a_{4N-2k-2} \end{bmatrix}, \ k = 0, 1, \cdots, 2N-1 \tag{7-29}$$

从而得到矩阵 $CQF\{h_k\}_{k=0}^{2N-1}$。

（3）若 $\{\boldsymbol{H}_k\}_{k=0}^{2N-1}$ 满足 SA 条件，且每一个矩阵 $\boldsymbol{H}_{2k}\boldsymbol{A}\boldsymbol{H}_{2k+2i+1}^{\mathrm{T}} - \boldsymbol{H}_{2k+1}\boldsymbol{A}\boldsymbol{H}_{2k+2i}^{\mathrm{T}}$ （$k=0, 1, \cdots,$ $N-i-1$; $i=0, 1, \cdots, N-1$）的斜对角元素是零，那么由 $\{\boldsymbol{H}_k\}_{k=0}^{2N-1}$ 可以得到 $\{\boldsymbol{G}_k\}_{k=0}^{2N-1}$，即

$$\boldsymbol{G}_{2k} = -\boldsymbol{H}_{2k+1}\boldsymbol{A}, \ \boldsymbol{G}_{2k+1} = \boldsymbol{H}_{2k}\boldsymbol{A}, \ k = 0, 1, \cdots, N-1 \tag{7-30}$$

如果 $\boldsymbol{T}_H$ 满足条件 E，则产生长度为 $2N$、满足条件 SA 的正交多小波系统。

方法二：与方法一相比，此方法只有形成加倍长度新序列的方式不同，其余均与方法一步骤相同。由长度为 $2N$ 的标量小波 $CQF\{h_k\}_{k=0}^{2N-1}$，构造一个长度为 $2N$ 的序列 $\{a_k\}_{k=0}^{2N-1}$ 如下：

$$a_{2k+1} = t(-1)^{k+1}a_{2k}, \ t = 1, -1; \ k = 0, 1, \cdots, 2N-1 \tag{7-31}$$

$$a_{4k} = \frac{1}{2}(h_{2k} - th_{2k+1}) \tag{7-32}$$

$$a_{4k+2} = \frac{1}{2}(h_{2N-2-2k} - th_{2N-2k-1}), \ k = 0, 1, \cdots, N-1 \tag{7-33}$$

7.3.2　多小波滤波器的设计

在应用多小波进行数据处理时，一方面因为多小波滤波器是矢量滤波器，即多小波系统要求的输入是矢量数据流，所以标量数据在进行多小波处理前，首先必须被转化成与矢量滤波器的维数相匹配的矢量数据流；另一方面因为构造的大多数多尺度函数不满足低通特性，所以要对数据进行适当的预滤波处理。也就是说，所设计的预处理滤波器要有两个特性，一是可把标量数据转化成矢量数据，二是具有低通特性，这也是下面各种设计方法的设计目标。现在已有很多预处理滤波器设计方法。根据预处理滤波器的类型不同，可分为两种预处理方式：一是先简单地将数据转换成矢量数据，再采用矢量滤波器进行预处理，处理后得到的数据矢量进入多小波分解过程；二是采用滤波器组方式进行预处理，得到的数据合成一个矢量进入多小波分解过程[19]。下面就对这两种类型的预处理滤波器进行介绍。

1. 矢量滤波器方式

如图 7.1 和图 7.2 所示，原始信号 $F(n)$ 已是经过简单转换的矢量信号，图中箭头所示方向为数据流动方向，每一条都代表矢量数据，$Q(w)$ 为矢量滤波器。

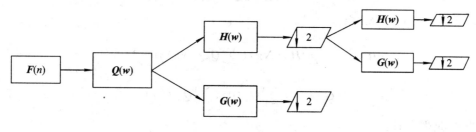

图 7.1　分解过程

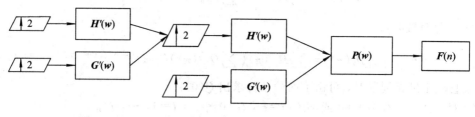

图 7.2　重构过程

我们可以把预处理滤波器和多小波第一层分解滤波器联合起来，即 $H(w)Q(w)$ 和 $G(w)Q(w)$，那么对于给定的 $H(w)$ 和 $G(w)$，只要设计 $H(w)Q(w)$ 符合低通特性，$G(w)Q(w)$ 符合高通特性即可，也就是 $Q(w)$ 和 $G(w)$ 要满足下面的条件：

$$H_l(\pi) = 0, \quad l = 1, \cdots, N \tag{7-34}$$

$$G_l(0) = 0, \quad l = 1, \cdots, N \tag{7-35}$$

其中

$$H_l(w) = \sum_{m=1}^{N} \left(\sum_{k=1}^{N} H_{lk}(Nw) Q_{km}(Nw) \right) e^{-l(m-l)w} \tag{7-36}$$

$$G_l(w) = \sum_{m=1}^{N} \left(\sum_{k=1}^{N} G_{lk}(Nw) Q_{km}(Nw) \right) e^{-l(m-l)w} \tag{7-37}$$

$$H(w) = (H_{mn}(w))_{M \times N}, \quad G(w) = (G_{mn}(w))_{M \times N}, \quad Q(w) = (Q_{mn}(w))_{N \times N}$$

但在通常设计中很难同时准确地满足上述条件，那么只要满足下面的条件就可以了：

$$H_l(\pi) = \varepsilon_l, \quad G_l(0) = \delta_l, \quad l = 1, \cdots, N$$

其中 ε_l 和 δ_l 是预先指定的小数。若 $Q(w)$ 和 $P(w)$ 同时满足 $P(w) = Q(w)^{-1}$，$\det(Q(0)) = -1, 1$ 的条件，则 $Q(w)$ 和 $P(w)$ 相对于 $H(w)$ 和 $G(w)$ 称为"优质预处理滤波器"。

矢量滤波器的设计方法如下。

设计满足上述要求的 $Q(w)$ 和 $P(w)$ 的主要步骤是：

(1) $Q(0)$ 的求取。

由式 (7-34) 和式 (7-35) 可求得

$$H_l(\pi) = \sum_{m=1}^{N} \left(\sum_{k=1}^{N} H_{lk}(N\pi)Q_{km}(N\pi) \right)(-1)^{(m-l)} \qquad (7-38)$$

$$G_l(0) = \sum_{m=1}^{N} \left(\sum_{k=1}^{N} G_{lk}(0)Q_{km}(0) \right) \qquad (7-39)$$

调整求和号的位置可得

$$H_l(\pi) = \sum_{m=1}^{N} H_{lk}(N\pi) \left(\sum_{k=1}^{N} Q_{km}(N\pi) \right)(-1)^{(m-l)} \qquad (7-40)$$

$$G_l(0) = \sum_{m=1}^{N} G_{lk}(0) \left(\sum_{k=1}^{N} Q_{km}(0) \right) \qquad (7-41)$$

当 N 是偶数时：

$$H_l(\pi) = \sum_{m=1}^{N} H_{lk}(0) \left(\sum_{k=1}^{N} Q_{km}(0) \right)(-1)^{(m-l)} \qquad (7-42)$$

当 N 是奇数时：

$$H_l(\pi) = \sum_{m=1}^{N} H_{lk}(\pi) \left(\sum_{k=1}^{N} Q_{km}(\pi) \right)(-1)^{(m-l)} \qquad (7-43)$$

综上，当 N 是偶数时，可由下面的条件求出 $Q(0)$：

① $H_l(\pi)=0$，$G_l(0)=0$ 或 $H_l(\pi)=\varepsilon_l$，$G_l(0)=\delta_l$，$l=1,\cdots,N$；

② $G_l(0) = \sum_{m=1}^{N} G_{lk}(0) \left(\sum_{k=1}^{N} Q_{km}(0) \right)$；

③ $H_l(\pi) = \sum_{m=1}^{N} H_{lk}(\pi) \left(\sum_{k=1}^{N} Q_{km}(\pi) \right)(-1)^{(m-l)}$；

④ $\det(Q(0))=-1,1$。

当 N 是奇数时，可由下面的条件求出 $Q(0)$：

① $H_l(\pi)=0$，$G_l(0)=0$ 或 $H_l(\pi)=\varepsilon_l$，$G_l(0)=\delta_l$，$l=1,\cdots,N$；

② $G_l(0) = \sum_{m=1}^{N} G_{lk}(0) \left(\sum_{k=1}^{N} Q_{km}(0) \right)$；

③ $\det(Q(0))=-1,1$。

（2）求取 $Q(w)$ 和 $P(w)$。

可由下式求得 $Q(w)$ 和 $P(w)$：

$$Q(w) = Q(0)V(w) \qquad (7-44)$$

其中 $V(w)=I_N$，V_j 是 $N \times 1$ 的常数矢量，$V_j V_j^* = 1$。$P(w)$ 也可由下式：

$$P(w) = Q^{-1}(0)V^*(w) \qquad (7-45)$$

求得。

最终求出 V_j。

上述方法在求取 $Q(0)$ 的过程中，要靠大量的人工计算，很不方便。下面举出另外一种滤波器的设计方法。

2. 滤波器组设计方式

滤波器结构如图 7.3 所示。原始标量信号 $f(n)$ 经过滤波器组，得到一组矢量信号送入后续多小波分解过程，其中 $A_1(w),\cdots,A_N(w)$ 为预处理滤波器组。

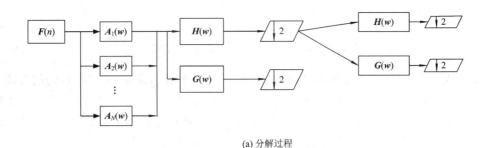

(a) 分解过程

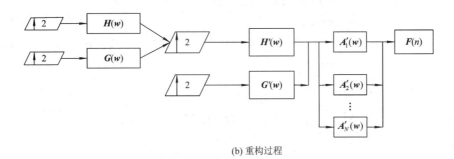

(b) 重构过程

图 7.3　滤波器组预处理的多小波的分解和重构示意图

同样，我们把预处理滤波器与多小波第一层分解滤波器结合起来，即 $\boldsymbol{H}(\boldsymbol{w})\begin{bmatrix}\boldsymbol{A}_1(\boldsymbol{w})\\\vdots\\\boldsymbol{A}_N(\boldsymbol{w})\end{bmatrix}$ 和

$\boldsymbol{G}(\boldsymbol{w})\begin{bmatrix}\boldsymbol{A}_1(\boldsymbol{w})\\\vdots\\\boldsymbol{A}_N(\boldsymbol{w})\end{bmatrix}$，那么给定 $\boldsymbol{H}(\boldsymbol{w})$ 和 $\boldsymbol{G}(\boldsymbol{w})$，只要设计 $\boldsymbol{H}(\boldsymbol{w})\begin{bmatrix}\boldsymbol{A}_1(\boldsymbol{w})\\\vdots\\\boldsymbol{A}_N(\boldsymbol{w})\end{bmatrix}$ 符合低通特性，$\boldsymbol{G}(\boldsymbol{w})$

$\begin{bmatrix}\boldsymbol{A}_1(\boldsymbol{w})\\\vdots\\\boldsymbol{A}_N(\boldsymbol{w})\end{bmatrix}$ 符合高通特性即可，也就是 $\boldsymbol{A}_1(\boldsymbol{w}),\cdots,\boldsymbol{A}_N(\boldsymbol{w})$ 要满足下面的条件：

$$\boldsymbol{H}_l(\pi)=0,\ \boldsymbol{G}_l(0)=0 \tag{7-46}$$

其中

$$\boldsymbol{H}_l(\pi)=\sum_{k=1}^{N}\boldsymbol{H}_{lk}(\boldsymbol{w})\boldsymbol{A}_k(\boldsymbol{w}) \tag{7-47}$$

$$\boldsymbol{G}_l(\pi)=\sum_{k=1}^{N}\boldsymbol{G}_{lk}(\boldsymbol{w})\boldsymbol{A}_k(\boldsymbol{w}) \tag{7-48}$$

$$l=1,\cdots,N$$

若要设计正交预处理滤波器组，则 $\boldsymbol{A}_1(\boldsymbol{w}),\cdots,\boldsymbol{A}_N(\boldsymbol{w})$ 可分解成以下形式：

$$\boldsymbol{A}(\boldsymbol{w})=\begin{bmatrix}\boldsymbol{A}_1(\boldsymbol{w})\\\vdots\\\boldsymbol{A}_N(\boldsymbol{w})\end{bmatrix}=\boldsymbol{U}_1(\boldsymbol{w}),\cdots,\boldsymbol{U}_s(\boldsymbol{w})\begin{bmatrix}\boldsymbol{A}_1(0)\\\vdots\\\boldsymbol{A}_N(0)\end{bmatrix} \tag{7-49}$$

其中：$\boldsymbol{U}_r(\boldsymbol{w})=\boldsymbol{I}_N+(\mathrm{e}^{-\mathrm{j}w}-1)\boldsymbol{u}_r^*\boldsymbol{u}_r$，$r=1,2,\cdots,s$。

这样，若要 $\boldsymbol{A}_1(\boldsymbol{w}),\cdots,\boldsymbol{A}_N(\boldsymbol{w})$ 满足低通特性和正交性，$\boldsymbol{A}_1(0),\cdots,\boldsymbol{A}_N(0)$ 只要满足以

下条件即可：

$$\sum_{l=1}^{N} \mid \boldsymbol{A}_l(0) \mid^2 = 1, \sum_{l=1}^{N} \boldsymbol{A}_l(0)\varphi(0) = 1 \tag{7-50}$$

通过式(7-50)我们可以求出 $\boldsymbol{A}(0)$。另外，还有一种比较简单的求取 $\boldsymbol{A}(0)$ 的方法，即根据 Strang-Fix 条件，可求得 $\boldsymbol{A}(0) = \boldsymbol{y}_0^0$，其中 $\boldsymbol{y}_0^0$ 是 $\boldsymbol{H}(0)$ 的左 1 特征向量。再根据式(7-45)和式(7-46)可以设计出具有近似阶数 s 的预处理滤波器，但计算起来比较麻烦。下面给出一种快捷地设计二阶近似保持正交预处理滤波器的方法。

为了设计需要，加入一个相移，这并不影响这个滤波系统，即设

$$\boldsymbol{A}(\boldsymbol{w}) = \begin{bmatrix} \boldsymbol{A}_1(\boldsymbol{w}) \\ \vdots \\ \boldsymbol{A}_N(\boldsymbol{w}) \end{bmatrix} = \mathrm{e}^{-jl\boldsymbol{w}} \boldsymbol{X}(\boldsymbol{w})\boldsymbol{A}(0) = \mathrm{e}^{-jl\boldsymbol{w}} \boldsymbol{U}_1(\boldsymbol{w})\cdots\boldsymbol{U}_s(\boldsymbol{w})\boldsymbol{A}(0) \tag{7-51}$$

(1) 求出满足条件的 $\boldsymbol{y}_0^0, \boldsymbol{y}_0^1$：

$$\sum_{k=0}^{n} \begin{bmatrix} n \\ k \end{bmatrix} [\boldsymbol{y}_0^k]^{\mathrm{T}} (2j)^{k-n} (\boldsymbol{D}^{k-n}\boldsymbol{H})(0) = 2^{-n}(\boldsymbol{y}_0^n)$$

$$\sum_{k=0}^{n} \begin{bmatrix} n \\ k \end{bmatrix} [\boldsymbol{y}_0^k]^{\mathrm{T}} (2j)^{k-n} (\boldsymbol{D}^{k-n}\boldsymbol{H})(\pi) = \boldsymbol{0}^{\mathrm{T}}$$

(2) 由 $\boldsymbol{y}_0^0$、$\boldsymbol{y}_0^1$ 选择对称矩阵 $\boldsymbol{P}^+$ 和 $\boldsymbol{y}_0^0$ 相应的零空间 $\boldsymbol{N}_p$：

$$\boldsymbol{P}^+ \boldsymbol{y}_0^0 = \boldsymbol{y}_0^1, \quad \boldsymbol{R} = [\boldsymbol{y}_0^0, \boldsymbol{N}_p], \quad \boldsymbol{N}_p\boldsymbol{y}_0^0 = \boldsymbol{0}$$

(3) 由 $\boldsymbol{F} = \boldsymbol{R}^{\mathrm{T}} \boldsymbol{N}_p \boldsymbol{R}$ 计算 $\boldsymbol{F}$，并置所有的对角元素为 1 来获得 $\boldsymbol{F}'$；

(4) 计算 $\boldsymbol{F}'$ 的特征值分解，即 $\boldsymbol{F}' = \boldsymbol{K}^{\mathrm{T}} \gamma \boldsymbol{K}$；

(5) 计算 $\boldsymbol{Y} = \boldsymbol{K}^{\mathrm{T}} \sqrt{\gamma} \boldsymbol{K}$；

(6) 预处理滤波器参数 $[u_1 u_2, \cdots, u_s] = \boldsymbol{R}\boldsymbol{Y}$。

这样根据式(7-51)即可以求出 $\boldsymbol{A}(\boldsymbol{w})$。

下面以 GHM 多小波为例计算滤波器系数。

(1) GHM 多小波：根据上述方法我们首先求出

$$\boldsymbol{y}_0^0 = \begin{bmatrix} 0.8165 \\ 0.5774 \end{bmatrix}, \; \boldsymbol{y}_0^1 = \begin{bmatrix} 0.4082 \\ 0.5774 \end{bmatrix}$$

$$\boldsymbol{u}_1 = \begin{bmatrix} 0.7421852 \\ 0.6701947 \end{bmatrix}, \; \boldsymbol{u}_2 = \begin{bmatrix} -0.4763407 \\ 0.8792607 \end{bmatrix}$$

则预处理滤波器的系数为

$$\boldsymbol{A}_0 = \begin{bmatrix} 0.1568462 \\ -0.1737015 \end{bmatrix}, \boldsymbol{A}_1 = \begin{bmatrix} 0.6388870 \\ 0.7323031 \end{bmatrix}, \boldsymbol{A}_2 = \begin{bmatrix} 0.02076342 \\ 0.01874862 \end{bmatrix}$$

3. 平衡多小波设计

这里仅给出一种简单的小波平衡化处理方式。如果对一个多小波矢量 $\boldsymbol{\psi}$，其相应的尺度函数矢量 $\boldsymbol{\Phi}$ 满足 $\boldsymbol{\Phi}(0) = [1,1]^{\mathrm{T}}/\sqrt{2}$，则称此多小波是平衡多小波。而我们设计的多小波都满足 $\boldsymbol{\Phi}(0) = [1, 0]^{\mathrm{T}}/\sqrt{2}$，那么对尺度和小波矢量都旋转 $\pi/4$，就可得到相应的平衡多小波，即

$$_N\boldsymbol{\Phi}^b = \boldsymbol{R}_0 {}_N\boldsymbol{\Phi} \tag{7-52}$$

$$_{\mathrm{N}}\boldsymbol{\psi}^b = \boldsymbol{R}_0 \,_{\mathrm{N}}\boldsymbol{\psi} \tag{7-53}$$

其中，$\boldsymbol{R}_0 = \dfrac{\sqrt{2}}{2}\begin{bmatrix} 1 & -1 \\ 1 & 1 \end{bmatrix}$。此时其对应的滤波器满足：

$$_{\mathrm{N}}\boldsymbol{P}^b(w) = \boldsymbol{R}_0 \boldsymbol{P}(w)\boldsymbol{R}_0^{\mathrm{T}}，\quad _{\mathrm{N}}\boldsymbol{Q}^b(w) = \boldsymbol{R}_0 \boldsymbol{Q}(w)\boldsymbol{R}_0^{\mathrm{T}}$$

通过这种方法我们将 WL45 多小波平衡化处理得到平衡多小波的系数为

$$\boldsymbol{H}_0^b = \begin{bmatrix} -0.0835204 & 0.0835204 \\ 0.0099788 & 0.0099788 \end{bmatrix}$$

$$\boldsymbol{H}_1^b = \begin{bmatrix} 0.6967842 & 0.6967842 \\ -0.0832502 & 0.0832502 \end{bmatrix}$$

其他系数也按此方法给出。平衡多小波的尺度函数是对称的，小波函数是奇对称的。

7.4　基于多小波变换的图像融合算法的一般过程

7.4.1　多小波的选择

图像融合的目的就是突出细节、表明特征，也就是说要尽可能地保留和突出高频部分分量。图 7.4 是多小波二次分解示意图，图中 L 代表的是尺度滤波器滤波的结果，H 代表的是小波滤波器滤波的结果，先进行行滤波，然后进行列滤波。例如 LH 代表的是图像先进行行尺度滤波，然后进行列小波滤波而得到的系数值。从图中可以看出，多小波一次分解以后高频部分分量主要在 LH、HL、HH 中。对低频分量进一步分解得到的高频分量存在于 LLLH、LLHL、LLHH 中，依次分解下去就得到一系列的图像高频部分分量，这些分量的分辨率主要取决于小波函数，因此在选择和设计多小波时就应该将小波函数的频率宽度取小一些，时频分辨率要高一些(数值取小一些)。

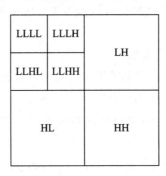

图 7.4　多小波分解图

本章后面的实验采用了 GHM 多小波。其中多尺度函数的四个尺度矩阵 $\boldsymbol{G}_0$、$\boldsymbol{G}_1$、$\boldsymbol{G}_2$、$\boldsymbol{G}_3$，多小波函数的四个小波矩阵 $\boldsymbol{H}_0$、$\boldsymbol{H}_1$、$\boldsymbol{H}_2$、$\boldsymbol{H}_3$，图像预滤波中使用的 $\boldsymbol{P}_0$、$\boldsymbol{P}_1$ 如下所示：

$$\boldsymbol{G}_0 = \begin{bmatrix} \dfrac{3}{5\sqrt{2}} & \dfrac{4}{5} \\ -\dfrac{1}{20} & -\dfrac{3}{10\sqrt{2}} \end{bmatrix},\ \boldsymbol{G}_1 = \begin{bmatrix} \dfrac{3}{5\sqrt{2}} & 0 \\ \dfrac{9}{20} & \dfrac{1}{\sqrt{2}} \end{bmatrix},\ \boldsymbol{G}_2 = \begin{bmatrix} 0 & 0 \\ \dfrac{9}{20} & -\dfrac{3}{10\sqrt{2}} \end{bmatrix} \boldsymbol{G}_3 = \begin{bmatrix} 0 & 0 \\ -\dfrac{1}{20} & 0 \end{bmatrix}$$

$$H_0 = \frac{1}{10}\begin{bmatrix} -\frac{1}{2} & -\frac{3}{\sqrt{2}} \\ \frac{1}{\sqrt{2}} & 3 \end{bmatrix}, \quad H_1 = \frac{1}{10}\begin{bmatrix} \frac{9}{2} & -\frac{10}{\sqrt{2}} \\ -\frac{9}{\sqrt{2}} & 0 \end{bmatrix}, \quad H_2 = \frac{1}{10}\begin{bmatrix} \frac{9}{2} & -\frac{3}{\sqrt{2}} \\ \frac{9}{\sqrt{2}} & -3 \end{bmatrix}, \quad H_3 = \frac{1}{10}\begin{bmatrix} -\frac{1}{2} & 0 \\ -\frac{1}{\sqrt{2}} & 0 \end{bmatrix}$$

$$P_0 = \begin{bmatrix} \frac{3}{8\sqrt{2}} & \frac{10}{8\sqrt{2}} \\ 0 & 0 \end{bmatrix}, \quad P_1 = \begin{bmatrix} \frac{3}{8\sqrt{2}} & 0 \\ 1 & 0 \end{bmatrix}$$

按照上面的参数，首先进行水平预滤波，然后进行垂直预滤波，接着进行水平方向的一阶多小波变换，最后进行垂直方向的一阶多小波变换，得到多小波分解系数。

7.4.2　多小波图像融合规则

传统的融合方法基本上采用的都是根据图像分解层上对应元素的大小来确定融合图像对应分解层上的元素值的方法，其融合规则一般为对应元素值选大、选小或对应元素的加权平均。但一般情况下，图像某一区域特征并不能完全由单个像素表达；同时，图像某一区域内的各个像素往往有较强的直接相关性，以致这种基于像素规则的融合算法存在一定的片面性、简单性，图像融合的结果不明显，有待进一步的改进。本节提出了一种改善的图像融合方法，即基于区域特征的图像融合方法（Substituted fusion method based on Local Properties in Spatial domain，SLPS）。

基于区域特征进行的图像融合的基本思路是对比待融合图像的某些特征，从而选取区域特征突出的各部分原图像组成融合图像。通常，这种基于区域特征的选择是逐像素进行的。此外，为了保证融合后图像数据的一致性，还采用了概率方法对选择的结果进行一致性检测和调整。一致性调整主要是按"多数"原则进行的，即在选择结果中，若某像素的9个领域中至少有5个来自图像 A，则该像素在融合结果中的灰度值就由图像 A 决定，否则由图像 B 决定。常见的图像区域特征有区域方差、区域能量、区域梯度。下面分别介绍这三种融合规则。

1. 基于区域方差的图像融合准则

设 $f_1(i, j)$ 和 $f_2(i, j)$ 分别为两幅源图像的某一对应高频系数，$f(i, j)$ 为相应的高频子图像融合值，则基于区域方差准则的算法步骤如下：

（1）将源图像 A 和源图像 B 的高频分量划分成若干个 $N \times N$ 的局部区域，区域大小一般可取 3×3 或 5×5。

（2）计算每个局部区域的方差，设对应 $f_1(i, j)$ 和 $f_2(i, j)$ 的局部区域方差分别为 σ_1 和 σ_2。

（3）用式(7-54)所示的区域方差准则进行对应的高频子图像的系数融合：

$$f(i, j) = \begin{cases} f_1(i, j), & \sigma_1 \geqslant \sigma_2 \\ f_2(i, j), & \sigma_1 < \sigma_2 \end{cases} \tag{7-54}$$

（4）重复以上过程，直到每一层的低频方向和3个高频方向都完成子块图像的系数融合。

（5）将融合后的高频子图像与低频子图像进行重构，得到融合图像。

2. 基于区域能量的图像融合准则

区域能量表达了图像在某个局部的能量特性。基于局部能量的融合准则的算法步骤如下：

(1) 将源图像 A 和源图像 B 的高频分量划分成若干个 $N \times N$ 的局部区域，区域大小一般可取 3×3 或 5×5。

(2) 根据式(7-55)计算每个局部区域的能量：

$$E_j(n, m) = \sum_{n' \in L, \, m' \in K} W^\varepsilon(n', m')[D_j^\varepsilon(n+n', m+m')]^2, \; \varepsilon = 1, 2, 3 \quad (7-55)$$

式中，$E_j(n, m)$ 表示 2^j 分辨率下，以 (n, m) 为中心位置的局部区域能量；D_j^ε 表示 2^{-j} 分辨率下的不同方向的分量；$W^\varepsilon(n', m')$ 为与 D_j^ε 对应的权系数，可选择 $\begin{bmatrix} 0 & 1 & 0 \\ 1 & 2 & 1 \\ 0 & 1 & 0 \end{bmatrix}$ 模板，为了更好地兼顾中心和周边像素的能量，这里选择 $\begin{bmatrix} 1 & 1 & 1 \\ 1 & 4 & 1 \\ 1 & 1 & 1 \end{bmatrix}$ 模板；L、K 定义了局部区域的大小(例如 3×3、5×5 等)；n'、m' 的变化范围在 L、K 内。

(3) 计算两幅图像对应局部区域的匹配度 M_{AB}。假设 A、B 图的局部区域的能量记为 $E_{j,A}$、$E_{j,B}$：

$$M_{j,AB}^\varepsilon(n, m) = \cfrac{2 \sum\limits_{n' \in L, \, m' \in K} W^\varepsilon(n', m') D_{j,A}^\varepsilon(n+n', m+m') D_{j,B}^\varepsilon(n+n', m+m')}{E_{j,A} + E_{j,B}}$$

$$(7-56)$$

(4) 确定融合算子，定义一匹配度阈值 α(α 通常取 $0.5 \sim 1.0$)，若 $M_{j,AB}^\varepsilon < \alpha$，则有

$$\begin{cases} D_{j,F}^\varepsilon = D_{j,A}^\varepsilon, & E_{j,A} \geqslant E_{j,B} \\ D_{j,F}^\varepsilon = D_{j,B}^\varepsilon, & E_{j,A} < E_{j,B} \end{cases} \quad (7-57)$$

若 $M_{j,AB}^\varepsilon \geqslant \alpha$，则

$$\begin{cases} D_{j,F}^\varepsilon = W_{j,\max}^\varepsilon D_{j,A}^\varepsilon + W_{j,\min}^\varepsilon D_{j,B}^\varepsilon, & E_{j,A} \geqslant E_{j,B} \\ D_{j,F}^\varepsilon = W_{j,\min}^\varepsilon D_{j,A}^\varepsilon + W_{j,\max}^\varepsilon D_{j,B}^\varepsilon, & E_{j,A} < E_{j,B} \end{cases} \quad (7-58)$$

其中

$$\begin{cases} W_{j,\min}^\varepsilon = \dfrac{1}{2} - \dfrac{1}{2}\left(\dfrac{1-M_{j,AB}^\varepsilon}{1-\alpha}\right) \\ W_{j,\max}^\varepsilon = 1 - W_{j,\min}^\varepsilon \end{cases} \quad (7-59)$$

(5) 重复以上过程，直到每一层的低频方向和 3 个高频方向都完成子块图像的系数融合。

(6) 将融合后的高频子图像与低频子图像进行重构，得到融合图像。

3. 基于区域梯度的图像融合准则

图像的平均梯度反映了图像像素间的细节方差，表达了图像的清晰程度。平均梯度的定义如下：

$$\nabla \overline{G} = \frac{1}{MN} \sum_{i=1}^{M} \sum_{j=1}^{N} \left[\frac{\Delta_x f(i, j)^2 + \Delta_y f(i, j)^2}{2}\right]^{1/2} \quad (7-60)$$

其中，$\Delta_x f(i, j)$ 和 $\Delta_y f(i, j)$ 分别表示像素 (i, j) 在 x 和 y 方向的一阶差分，$M \times N$ 为局部

区域块的大小。一般情况下，$\triangledown \overline{G}$越大，说明图像越清晰。基于局部平均梯度的融合准则算法步骤如下：

（1）将源图像 A 和源图像 B 的高频分量划分成若干个 $N \times N$ 的局部区域，区域大小一般可取 3×3 或 5×5。

（2）根据式(7-60)计算每个局部区域的平均梯度，设对应 $f_1(i,j)$ 和 $f_2(i,j)$ 的局部区域平均梯度分别为 $\triangledown \overline{G}_1$ 和 $\triangledown \overline{G}_2$。

（3）进行对应高频子图像的系数融合：

$$f(i,j) = \begin{cases} f_1(i,j), & \triangledown \overline{G}_1 \geqslant \triangledown \overline{G}_2 \\ f_2(i,j), & \triangledown \overline{G}_1 < \triangledown \overline{G}_2 \end{cases} \qquad (7-61)$$

（4）重复以上过程，直到每一层的低频方向和 3 个高频方向都完成子块图像的系数融合。

（5）将融合后的高频子图像与低频子图像重构，得到融合图像。

7.4.3　基于多小波变换的图像融合算法的一般过程

前面已经对多小波变换和融合规则进行了介绍，下面具体说明基于多小波变换的图像融合算法流程。基于多小波变换的图像融合框架如图 7.5 所示，融合的基本步骤为：

（1）对参与融合的图像进行预处理（几何校正和几何配准）。

（2）对参与融合的每一幅图像进行多小波分解，得到多小波分解系数。

（3）按照一定的融合规则对多小波分解系数进行融合处理（高频部分和低频部分）。

（4）对融合后系数进行多小波逆变换，得到融合的图像。

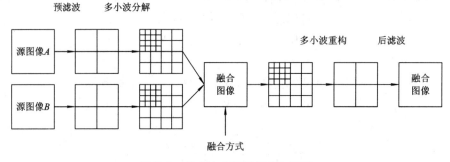

图 7.5　多小波变换图像融合框架

7.5　实验结果与分析

7.5.1　基于多小波变换的融合结果与分析

采用两组 512×512 的图像进行融合。实验一图像为常用的多聚焦图像，其中图 7.6(a)为左聚焦图像；图(b)为右聚焦图像，它们具有明显的多聚焦特性（这里所使用的图像是完全经过配准的）。实验二图像为 SAR 图像和可见光图像的融合，见图 7.7。SAR 图像反映的结构信息好，具有全天候、穿透性等优点。可见光得到的信息取决于物体表层分子的谐振特性，而 SAR 波段所得到的信息取决于物体表面的几何特性和物体的介电特性。

将 SAR 图像与可见光图像融合，可以获得地物的多层次特性，利用两者的优势互补可以使融合图像用于目标识别。由于自然景物的漫反射特性，SAR 图像像素点灰度值均受到周围景物回波的影响，所以图像的每一个像素都与相邻像素有很大的相关性，图像是由不同灰度等级的区域组成的，因此 SAR 与可见光图像的融合也选取了基于多小波变换融合算法。

实验一：

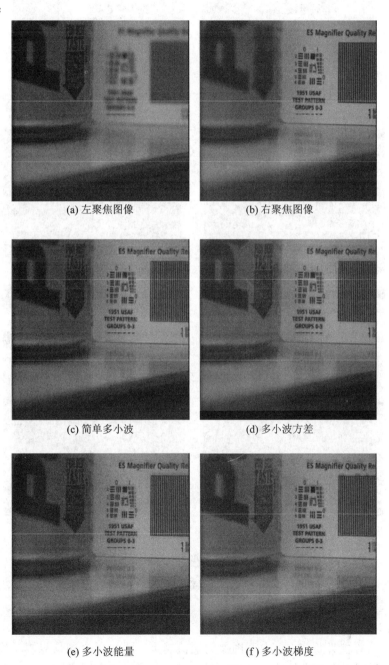

图 7.6　多聚焦图像的多小波融合

实验二:

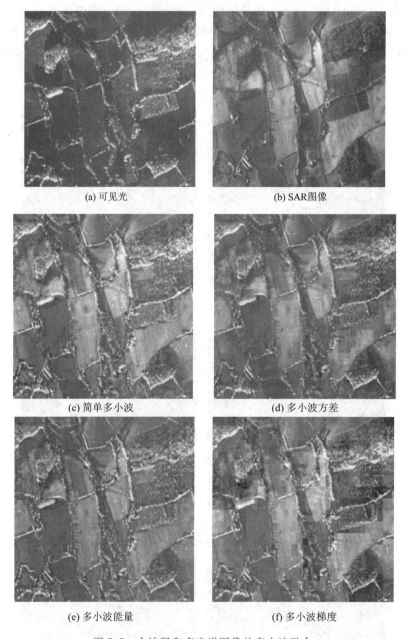

(a) 可见光　　　　　　　　　　　　(b) SAR图像

(c) 简单多小波　　　　　　　　　　(d) 多小波方差

(e) 多小波能量　　　　　　　　　　(f) 多小波梯度

图 7.7　全波段和多光谱图像的多小波融合

　　实验选择了简单多小波算法、多小波区域方差算法、多小波区域能量算法和多小波区域梯度算法进行结果比对分析,并且用熵值、均方误差、信噪比、互信息和 Q_E 作为评价指标对融合图像质量进行客观评价。

　　由图像融合性能评价指标可知:图像的熵值越大,图像所含的信息越丰富;图像均方根误差越小,说明融合图像的清晰度和空间分辨率越高;融合图像的互信息值越大,表示融合结果图像从源图像中获取的信息越丰富,融合效果越好。对比图 7.6 和图 7.7 可知,基于区域特征的多小波融合结果图(d)、(e)、(f)明显好于图(c)。同样分析表7.1可知,基于区域特征的多小波方差、能量、梯度的融合结果明显好于简单多小波融合;综合比较后面三种算法,多小波梯度算法的融合效果不管从目视还是融合指标值来看都是最好的。分析表7.2,基于区域特征的多小波梯度算法的融合结果要优于其他三种算法。通过上面两组图像可知,图像融合方法的多样性对于图像融合结果的重要性。

表 7.1　对多聚焦图像采用不同融合算法的性能评价指标

算　法	熵　值	均方误差	信噪比	互信息	Q_E
简单多小波	7.137 09	219.236	63.0142	0.804 786	0.429 608
多小波方差	7.052 38	120.885	56.8489	0.948 37	0.487 03
多小波能量	7.108 18	108.411	63.966	0.9295	0.486 922
多小波梯度	7.122 49	106.787	62.4002	0.953 312	0.496 121

表 7.2　对全波段和多光谱图像采用不同融合算法的性能评价指标

算　法	熵　值	均方误差	信噪比	互信息	Q_E
简单多小波	6.511 58	181.022	58.8391	0.467 353	0.650 381
多小波方差	6.241 43	29.6952	76.9154	0.680 669	0.664 05
多小波能量	6.476 04	58.8534	70.0748	0.600 483	0.674 101
多小波梯度	6.732 43	17.3986	82.2614	0.797 285	0.675 27

7.5.2　传统融合方法和多小波变换的融合结果与分析

传统的图像融合方法有这样一些不容忽视的缺点。简单加权平均法只对原有图像像素进行单纯的加减运算,模糊了图像的各个特征信息,不利于目标识别;拉普拉斯金字塔变换法分解后各层数据有冗余,增加了计算量;IHS变换法得到的融合结果光谱信息损失严重,不利于图像的分类和识别。

多小波变换将源图像分解成一系列具有不同方向分辨率和频域特性的子图像,能够充分反映原始图像的局部变化特征。同时,多小波变换去除了两相邻尺度上图像信息差的相关性,所以基于多小波变换的图像融合技术能克服一些传统方法的不稳定性。

本节后面对基于多小波变换的图像融合算法与传统的图像融合算法进行实验比较。采用了红外与可见光图像进行实验,如图7.8所示,融合结果性能评价如表7.3所示。

表 7.3　红外与可见光图像基于不同融合算法的性能评价

算　法	熵　值	均方误差	信噪比	互信息	Q_E
加权平均	5.937 11	1434.45	38.1399	0.344 122	0.643 577
拉普拉斯变换	6.106 29	1448.67	38.0413	0.302 832	0.722 338
IHS变换	6.080 62	847.63	38.4125	0.352 16	0.725 687
多小波方差	6.397 63	416.92	38.2629	0.370 032	0.731 792
多小波能量	6.308 06	774.27	31.5438	0.360 162	0.797 532
多小波梯度	6.436 95	470.85	37.8893	0.444 306	0.843 272

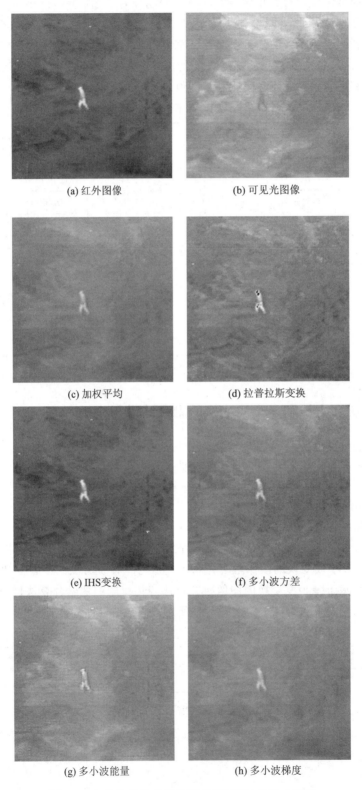

(a) 红外图像　　　　　　　　　(b) 可见光图像

(c) 加权平均　　　　　　　　　(d) 拉普拉斯变换

(e) IHS变换　　　　　　　　　(f) 多小波方差

(g) 多小波能量　　　　　　　　(h) 多小波梯度

图 7.8　红外和可见光图像基于不同算法的融合结果

　　由图 7.8 可以看出，传统算法的融合结果图(c)、(d)和(e)结果并不理想。图(c)只突出了人，模糊了其他特征信息；图(d)中的人出现了一定的畸变；图(e)的融合效果很差，图像与融合前的红外图像基本无差异。基于多小波变换的四种算法的融合结果在视觉上要明显优于传统算法的融合结果，可以突显出人物信息和周围环境信息。分析表 7.3 可知，多小波方差、能量和梯度融合结果的均方误差要小于传统算法的均方误差；互信息值有一定的提升；Q_E 有一定的提高。这些从理论上说明了多小波变换相比于传统算法，更适用于图像融合。

7.5.3　基于小波变换和多小波变换的融合结果与分析

　　小波变换通过多分辨率分析和 Mallat 快速算法，将源图像分解成一系列具有不同方向分辨率和频域特性的子图像，然后在各层的特征域上进行有针对的融合。基于小波变换的图像融合算法比较容易提取源图像的结构信息和细节信息，计算速度快，所需存储量小，这些要优于传统的图像融合算法；但是单小波变换有一些无法克服的问题，如正交性和对称性之间的矛盾、支撑长度和消失矩之间的矛盾、正交性和插值性之间的矛盾。

　　多小波具有紧支撑性、正交性、对称性和二阶消失矩等性质，这些性质对于图像融合是非常重要的。正交性能保持能量；对称性适合人眼的视觉系统，使图像的边界易于处理；紧支撑的多小波对应的滤波器是有限脉冲响应滤波器。单小波不能同时拥有这些性质，所以多小波变换能够为图像提供一种比小波多分辨率分析更加精确的分析方法，也更适合将其应用到图像融合中去。

　　本节用 GHM 多小波和正交小波进行实验，对于 GHM 采用了简单多小波、多小波方差、多小波能量和多小波梯度四种算法；对于正交小波采用了简单小波、小波方差、小波能量和小波梯度四种算法。与多小波变换不同，基于小波变换的图像融合算法对于源图像分解后低频部分采用了取平均的算法，高频部分的融合规则和多小波相同。本节采用了全波段和多光谱图像进行实验，将多光谱图像的图像光谱信息和高分辨率全波段图像的分辨信息互补融合成具有高分辨率的多光谱图像，最后用熵值、均方误差、信噪比、互信息和Q_E 作为评价指标对融合图像质量进行客观评价。实验如图 7.9 所示，融合结果性能评价如表 7.4 所示。

表 7.4　全波段和多光谱图像基于不同融合算法的性能评价

算　　法	熵　值	均方误差	信噪比	互信息	Q_E
简单小波	6.3522	215.829	57.0804	0.471 906	0.634 313
小波方差	6.299 98	110.137	53.4551	0.584 295	0.553 416
小波能量	6.476 18	59.4223	69.9786	0.599 255	0.662 949
小波梯度	6.326 45	81.9321	66.7664	0.616 756	0.662 496
简单多小波	6.625	151.261	60.6352	0.577 482	0.658 911
多小波方差	6.341 43	29.6952	76.9154	0.680 669	0.664 05
多小波能量	6.476 04	58.8534	70.0748	0.600 483	0.674 101
多小波梯度	4.732 43	17.3986	82.2614	0.797 285	0.695 27

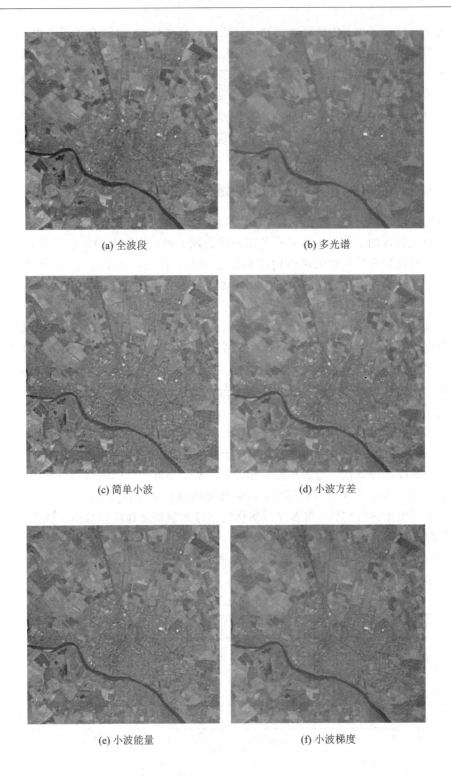

(a) 全波段　　　　　　　　　　　　　(b) 多光谱

(c) 简单小波　　　　　　　　　　　　(d) 小波方差

(e) 小波能量　　　　　　　　　　　　(f) 小波梯度

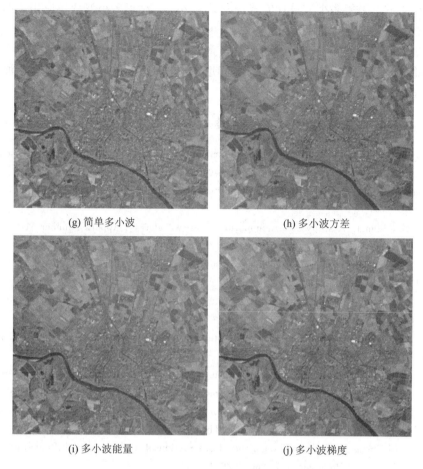

(g) 简单多小波　　　　　　　　　　　　(h) 多小波方差

(i) 多小波能量　　　　　　　　　　　　(j) 多小波梯度

图 7.9　全波段和多光谱图像基于不同算法的融合结果

分析图 7.9 可以看出，基于小波变换的图像融合结果在视觉效果上与基于多小波变换的图像融合结果相当，结合表 7.4 就可以发现：简单多小波融合结果的熵值、信噪比、互信息要高于简单小波变换，说明简单多小波变换融合结果的图像信息量丰富，从源图像中获得的信息较多；均方误差小说明简单多小波变换融合结果图像的清晰度和空间分辨率要好。同样，对比多小波方差与小波方差、多小波能量与小波能量、多小波梯度与小波梯度，会分析出同样的结果。下面我们用 Q_E 进行分析，发现简单多小波变换的 Q_E 值已经和小波方差、能量、梯度相当，而多小波方差、能量、梯度要更高。这些说明基于多小波变换的图像融合算法要好于选取同样融合准则的小波变换的图像融合算法；基于区域特征的多小波融合算法又好于简单多小波融合算法。

7.6　本章小结

本章主要讲述了小波变换的基本理论和多小波的基本概念，着重说明了多小波的分解和重构的过程。介绍了紧支撑、对称、正交、m 阶近似特性多小波的构造和由标量小波直接构造多小波两种构造方法。针对多小波预滤波的问题，本章介绍了矢量滤波器方式、滤波器组设计方式、平衡多小波设计方式三种设计方法。对于多小波变换应用于图像融合算法的一般过程进行了详细说明。

本章最后将基于多小波变换的图像融合算法与传统的图像融合算法、基于小波变换的图像融合算法进行了实验对比分析，结果证明无论在理论上还是在实际上多小波图像融合算法都更具优越性。

参 考 文 献

[1] Geronimo J，Hardin D，M assopust P R. Fractal functions and wavelet expansions based on several functions[J]. Approx Theory，1994，78：373-401.

[2] Goodman T N T，Lee S L. Wavelets of multiplicity r Trans[M]. Amer. Math. Soc，1994，342：307 -324.

[3] Chui C K，Lian J. A study of orthogonormal multi-wavelet[J]. Apporx Number Math ，1996，20：273 - 298.

[4] Hardin D P，Marasovich J A，Biorthogonal multiwavelets on [- 1，1]，Applied and Computational [J]. Harmonic AnaLysis，1999，7：34 - 53.

[5] Cotronei M ，Montefusco L B，Puccio L. Multi-wavelet analysis and signal prep rocessing[J]. IEEE Trans Circuits Syst，1998，45：970 - 987.

[6] Jiang Q T . Orthogonal multi-wavelet virth optimum time-frequency resolution[J]. IEEE Trans Signal Process，1998，46：830 - 844.

[7] Shen L，Tan H H，Tham J Y. Symmetric-antisymmetric Orthonomal multi-wavelet and related scalar wavelets[J]. Applied and Computation Harmonic Analysis，2000，8：258 - 279.

[8] Han Bin. Approximation Properties and Construction of Hermite Interpolants and Biorthogonal Multi-wavelet[J]. Journal of Approximation Theory，2001，110：18 - 53.

[9] Jin Pan，Li Cheng Jiao，Vang Wang Fang. Construction of orthogonal multiBinwavelets with short sequence[J]. Signal Processing，8：2609 - 2614.

[10] 杨守志，程正兴. [0，1]区间上的 R 重正交多小波基[J]. 数学学报，2002，45(4)：789 - 796.

[11] Bruce Kessler. A Construction of Compactly Supported Biorthogonal Scaling Vectors and Multi-wavelet on Journal of Approximation Theory[J]. 2002，117：229 - 254.

[12] Wang Haixiang，Bruce R Johnson. The discrete wavelet Transform for a Symmetric Antisymmertric Multi-wavelet Family on the Interval[J]. IEEE Trans Signal Processing，2004，52(9)：2528 - 2538.

[13] Donovan G，Geronimo J S，Hadin D P，et al. Construction of orthogonal wavelets using fractal interpolation functions[J]. SIAM J Anal，1996，27：1158 - 1192.

[14] 崔丽鸿，程正兴. 多小波与平衡多小波的理论和设计[J]. 工程数学学报，2001，18(5)：105 - 116.

[15] Xia X G and Suter B W. Vector-valued wavelets and vector filter banks[J]. IEEE Trans on signal Processing，1996，44(3)：508 - 518.

[16] Leburn J，Vetter M. Balanced Multi-wavelets [J]. Proc IEEE Int Conf Acoust Speech Signal Process，1997，3：2437 - 2476.

[17] Leburn J，Vetter M. High Order Balanced Multi-wavelets[J]. Proc IEEE Int Conf Acoust Speech Signal Process，1998，3：12 - 15.

[18] Leburn J，Vetter M. Balanced Multi-wavelets [J]. Theory and Design，IEEE Trans Signal Processing，1998，3：1194 - 1224.

[19] Kitti，Hardin A D P，Wilkes D M . Multi-wavelet Prefilters-Part2：Optimal Orthogonal Pre-filters [J]. IEEE Trans Image Processing，2001，10(10)：1476 - 1487.

第 8 章　基于无下采样 Contourlet 变换的图像融合方法

8.1　引　　言

　　小波变换作为一种图像多尺度几何分析工具，具有良好的时频局部分析特性，在数值计算和信号处理等诸多领域得到了非常成功的应用，但小波方法并非尽善尽美，大量实践表明，小波主要适用于表示具有各向同性（isotropic）的奇异性对象，对于各向异性（anisotropic）的奇异性对象，如数字图像中的边界以及线状特征等，小波并不是一个很好的表示工具。这也正是基于小波的一系列处理方法在如图像压缩、去噪等应用中，均不可避免地在图像边缘和细节位置引入一定程度模糊的原因所在。但是这些边缘或纹理的不连续（也称为奇异性）特征恰恰是信号最重要的信息。

　　具有多分辨率特征的小波变换可以将原始图像分解成一系列不同空间分辨率和频域特性的子图像，从而反映原始图像的局部变化特征，为多传感器图像融合提供有利条件。已有不少学者将小波变换应用到 SAR 与可见光图像融合[1-4]、多聚焦图像融合[5]、红外与可见光图像融合[6]等研究中。但是，小波变换的优势主要体现在对一维分段光滑或有界变差函数进行分析和处理上，当推广到二维或更高维时，由一维小波张成的可分离小波只具有有限的方向，不能"最优"表示含"线"或者"面"奇异性的高维函数。因此，小波只能反映信号的点奇异性（零维），即反映奇异点的位置和特征，而对二维图像中的诸如边缘以及线状特征等"线"、"面"奇异性（一维或更高维），则难以表达其特征。可见，就图像处理的应用来说，最好能获得比小波基表达能力更强的基函数。

　　为了解决小波的这一局限性，新的理论不断发展。M. N. Do 等人在 2002 年提出了一种新的图像多尺度几何分析工具——Contourlet 变换[7]。Contourlet 变换继承了小波变换的优良特性，不仅具有多尺度、良好的时频局部特性，还具有多方向特性，允许每个尺度上具有不同数目的方向分解，其基支撑区间具有随尺度变化而长宽比变化的"各向异性"特性，能够实现对图像的稀疏表示，对于二阶连续可导函数，其非线性逼近阶可达 $M^{-2}(\lg M)^3$。Contourlet 变换在离散域中直接给出图像的 Contourlet 变换定义[8]，采用滤波器组实现图像的多尺度、多方向分解，可以说是一种"真正"意义上的二维图像表示方法。除了 Contourlet 变换外，图像的多尺度、多方向表示方法还包括 2-D Gabor 小波[9, 10]、Cortex 变换[11]、Steerable Pyramid[12]、2-D 方向小波[13]、Brushlet[14]、复小波[15]等。不过，这些变换在每个尺度上只具有有限方向数目。而不同的是，Contourlet 变换每一尺度上的方向数目是前一尺度上方向数目的两倍，并且几乎是临界采样的。

　　Contourlet 变换将多尺度分析和方向分析分开进行，首先利用拉普拉斯金字塔（Laplacian Pyramid，LP）变换[16, 17]对图像进行多尺度分解，以"捕获"图像中的奇异点；然后对每一级 LP 分解后的高频分量采用文献[18]设计的方向滤波器组（Directional Filter Bank，DFB）进行多方向分解，将分布在同一方向上的奇异点连接成轮廓段，实现图像的多尺度、多方向分解。然而，在采用 Contourlet 变换对图像进行分解和重构的过程中，需要对图像进行降采样和上采样操作，使 Contourlet 变换不具有移不变特性（shift invariance）。而移不变特性在边缘检测、图像增强、图像去噪以及图像融合等领域中都发挥着重要的作用。为此，Cunha A. L. 等人在 Contourlet 变换的基础上，提出了一种具有移不变特性的 Contourlet 变换——无下采样 Contourlet 变换（Nonsubsampled Contourlet Transform，NSCT）[19]，并且已将其应用于图像去噪[20]和图像增强[21]等领域中。

NSCT 不但继承了 Contourlet 变换的特性，还具有移不变特性，能够有效降低配准误差对融合性能的影响[22]；同时图像经 NSCT 分解后得到的各子带图像与源图像具有相同的尺寸大小，容易找到各子带图像之间的对应关系，从而有利于融合规则的制定[23]。因此，NSCT 非常适合应用于图像融合。

8.2 Contourlet 变换基本理论

Contourlet 变换是 2002 年 M. N. Do 和 Martin Vetterli[24, 25]提出的一种"真正的"二维图像表示方法，也称金字塔形方向滤波器组（Pyramidal Directional Filter Bank，PDFB）。

Contourlet 变换是一种离散图像的多方向多尺度计算框架，在其变换过程中，多尺度分析和方向分析是分开进行的。首先由拉普拉斯金字塔（Laplacian Pyramid，LP）变换[16, 17]对图像进行多尺度分解以"捕获"点奇异；接着对每一级金字塔分解的高频分量进行方向滤波，由方向滤波器组（Directional Filter Bank，DFB）将分布在同一方向的奇异点合成为一个系数。Contourlet 变换的框架见图 8.1。

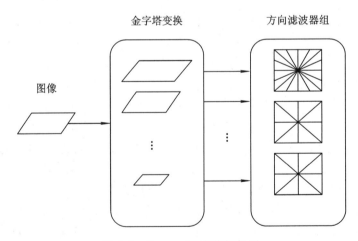

图 8.1　Contourlet 变换框架图

8.2.1 Laplace 金字塔分解

Contourlet 变换首先对图像进行多尺度分解。在文献[25]中，M. N. Do 用框架理论和过采样滤波器组研究了 Laplace 分解，结果表明用正交滤波器组来实现的 Laplace 分解

算法是一个框架界为 1 的紧框架。该文中的 Laplace 变换分解结构图及重构结构图如图8.2
所示。图 8.2(a)是 Laplacian 金字塔变换的一级分解图,分解得到一个低分辨率粗糙图像
$a[n]$ 及其与预测信号的差异信号 $b[n]$。图 8.2(b)是对应的重构算法图。在 Contourlet 变
换中,M. N. Do 使用对称于分解算子的对偶框架算子来实现最优线性重构。

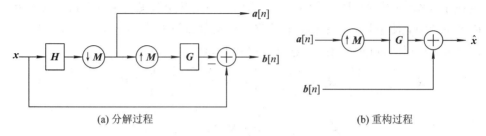

(a) 分解过程　　　　　　　　　　　　　　(b) 重构过程

图 8.2　Laplacian 金字塔变换结构图

8.2.2　方向滤波器组

为了高效地捕获图像中的方向信息,人们进行了大量的研究,方向滤波就是其中一种
有效的方法[26]。二维频谱中楔形的区域对应于图像的方向分量。具有任意方向(扇形所取
方向)的小角度(扇形所围成的角度)扇形数字滤波器(带通区域是楔形)又称为方向数字滤
波器。由一维半带滤波器按照可分离的方法扩展可得到二维滤波器,将此二维滤波器的特
性旋转 45°,可以得到二维钻石形滤波器。或者对双正交零相位的一维低通滤波器进行
McClellan 变换,也可以得到二维钻石形滤波器。将二维钻石形滤波器的特性水平或垂直
平移 π 即可得到扇形滤波器。图 8.3 说明了其大致原理,图中阴影部分为带通区域。将一
维滤波器推广到二维钻石形滤波器的具体讨论可以参见文献[27]～[29]。

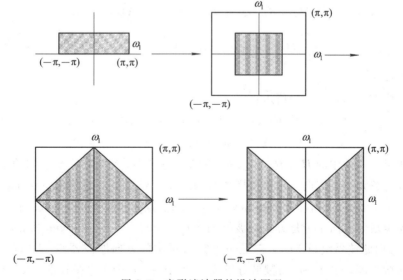

图 8.3　扇形滤波器的设计原理

方向滤波器组的核心问题是如何将方向频率划分到想要的精度,同时保持样本数目不
变[26]。其中,保持样本数目不变的问题可以通过子采样来解决。在多维多采样率系统中,

采样操作定义在网格上，一个 d 维的网格可以用一个 $d \times d$ 的非奇异整数矩阵表示。对于一个确定的采样网格，其表示通常不唯一。$x(n)$ 的 M 抽取可以用式(8-1)表示：

$$xd[n] = x[Mn] \qquad (8-1)$$

采样后的样本数目是采样前的 $1/|M|$。当多采样率由一维推广到二维时，采样因子由整数变成了 2×2 的抽样矩阵。式(8-2)、式(8-3)是几个常见的采样矩阵。其中 R_0、R_1、R_2、R_3 的模为1，使用其进行采样，采样前后样本数目没有变化，但样本的位置发生了变化，称为重采样(Resample)。Q_0 和 Q_1 称为 Quincunx 采样矩阵。

$$R_0 = \begin{bmatrix} 1 & 1 \\ 0 & 1 \end{bmatrix}, \ R_1 = \begin{bmatrix} 1 & -1 \\ 0 & 1 \end{bmatrix}, \ R_2 = \begin{bmatrix} 1 & 0 \\ -1 & 1 \end{bmatrix}, \ R_3 \begin{bmatrix} 1 & 0 \\ -1 & 1 \end{bmatrix} \qquad (8-2)$$

$$Q_0 = \begin{bmatrix} 1 & -1 \\ 1 & 1 \end{bmatrix}, \ Q_1 = \begin{bmatrix} 1 & 1 \\ -1 & 1 \end{bmatrix} \qquad (8-3)$$

使用 Quincunx 采样矩阵可以组成二维双通道滤波器组，二维双通道滤波器组的输入、输出如图 8.4 所示。

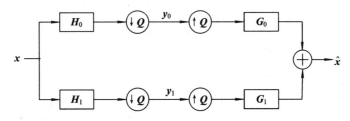

图 8.4　二维双通道滤波器组

二维双通道滤波器组有与使用二抽取与二插值的一维双通道滤波器组类似的结论[27]，如式(8-4)所示：

$$X(\omega) = \frac{1}{2}[H_0(\omega)G_0(\omega) + H_1(\omega)G_1(\omega)]X(\omega)$$
$$+ \frac{1}{2}[H_0(\omega+\pi)G_0(\omega) + H_1(\omega+\pi)G_1(\omega)]X(\omega+\pi) \qquad (8-4)$$

其中，$\pi = [\pi, \pi]^{\mathrm{T}}$。

完全重构条件如式(8-5)所示：

$$\begin{cases} H_0(\omega)G_0(\omega) + H_1(\omega)G_1(\omega) = 2 \\ H_0(\omega+\pi)G_0(\omega) + H_1(\omega+\pi)G_1(\omega) = 0 \end{cases} \qquad (8-5)$$

可见如果图 8.4 中的 H_0、H_1、G_0、G_1 是方向滤波器，那么在完全重构的条件下，可以将输入信号分解到不同方向，并保持样本数目不变。对二维双通道 Quincunx 采样滤波器组的输出，继续采用二维双通道 Quincunx 采样滤波器组滤波，可以形成一棵二叉树。

如何逐步划分方向子带是方向滤波器的难点。1992 年，Bamberger 和 Smith[18] 构造了一个 2-D 方向滤波器组(DFB)，它是一个完全重构的方向滤波器组。DFB 对图像进行 l 层的树状结构分解，在每一层将频域分解成 2^l 个子带，每个子带呈楔形(wedge shape)。在文献[30]、[31]中，M. N. Do 提出了一种新的构造方向滤波器组的方法，这种方法使用扇形结构的共轭镜像滤波器组以避免对输入信号的调制，同时将 l 层树状结构的方向滤波器变换成 2^l 个并行通道的结构，简化了树分解的规则。其基本思想如下：

　　假设系统当前总的等效滤波器是一个楔形滤波器，如果下一级滤波器是平行四边形滤波器，且此平行四边形滤波器与楔形滤波器恰好有一半区域重合，则新的带通区域（重合区域）刚好为原带通区域的一半。举例如下：

　　第一级采用标准的扇形滤波器，将信号分解为基本垂直和基本水平（如图 8.5(a)中的 0、1 所示）。第二级采用象限滤波器（如图 8.5(b)所示），图 8.5(b)和图 8.5(a)的黑色带通区域有一半重合，这样将导致图 8.5(a)中的子带 0 仅有一半能通过，因此，第二级的输出将提取出图 8.5(c)中的方向子带 0。类似地，可以提取出图 8.5(c)中的方向子带 1、2 和 3。从第三级起，以后的滤波环节先进行重采样，然后进行方向滤波和下采样。由于重采样仅仅是重排了样本，重建时进行相应的反重排可以恢复原始排列，因此不影响整个滤波环节的可逆性。同时重采样使得整个环节等效于一个频率响应为平行四边形的滤波器和一个抽取器。这个平行四边形与前 $i-1$ 级的总频谱仅有一半重合，因此总的效果相当于将频率进一步两分。利用恒等变换，可以将二叉树的每一条完整支路上的方向滤波器及采样矩阵的序列等效为一个方向滤波器及采样矩阵，以便简化计算。

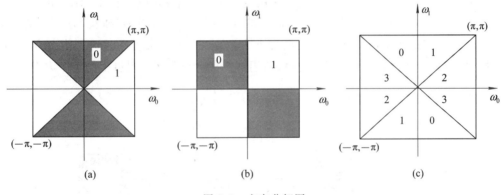

图 8.5　方向分解图

8.2.3　Contourlet 变换及其性质

　　将 Laplacian 金字塔变换和方向滤波器组组合到一起，可以构成一个双滤波器组结构。拉普拉斯金字塔(LP)分解的方法是一种多尺度分解方法，拉普拉斯算法在每一步生成一个原始信号的低通采样和原始信号与预测信号的差值，得出一个带通图像。这个过程可以进行迭代。Contourlet 采用一种新的 DFB，它基于 QFB 的扇形滤波器，可以不用对输入图像进行调节，并且有一个简单的展开分解树的规则。直观上，可以通过一个 QFB 的扇形方向频率切分滤波器和二次取样的"旋转"的适当组合，实现 DFB 的楔形频率切分。方向滤波器本身并不适合于处理图像的低频部分，因此在应用方向滤波器前，应将图像的低频部分移除。由于 DFB 主要用来捕获图像中的高频信息，所以图像的低频部分处理得很简单。实际上，按照图 8.6(a)所示的频率分区图，低频部分会"漏"到几个方向子带中。因此，DFB 不能单独提供系数的图像表示方法。这也是 DFB 必须和其他多尺度分解方法一起使用的原因之一。所以需要通过多尺度分解，将低频图像先从图像中移走，然后使用 DFB 直接处理高频图像部分。方向滤波器组见图 8.6(b)。

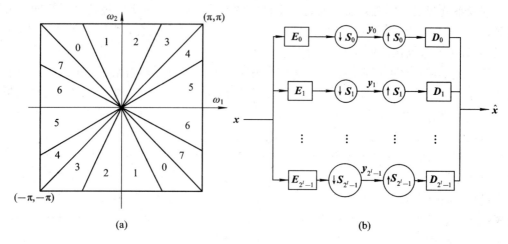

图 8.6　频率分区图和方向滤波器组

图 8.7 为使用 LP 和 DFB 一起进行多尺度多方向分解的过程图。LP 输出的带通图像传递给 DFB，当对这些带通图像应用方向滤波器组时，便能有效地"捕获"方向信息。这个机制可以继续在低频图像部分中迭代进行下去，最后的结果就是一个双迭代滤波器组结构，称为 Contourlet 滤波器组，这个滤波器组将图像分解为多个尺度上的多个方向子带。

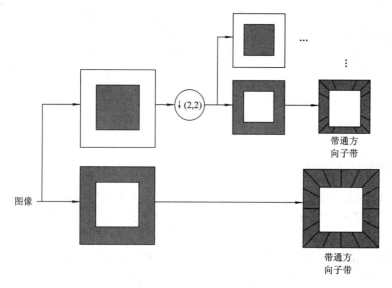

图 8.7　Contourlet 滤波器组

假设输入图像是 $a_0[n]$，LP 的输出为 J 个带通图像 $b_j[n]$，$j=1, 2, \cdots, J$，以及一个低通图像 $a_J[n]$。也就是说，LP 的第 J 级将图像 $a_{J-1}[n]$ 分解成低频图像 $a_J[n]$ 和一个高频图像 $b_j[n]$。每一个带通图像 $b_j[n]$ 进一步被 l_j 级 DFB 分解为 2^{l_j} 个方向带通图像 $c_{j,k}^{(l_j)}[n]$，$k=0, 1, \cdots, 2^{l_j}-1$。

离散 Contourlet 变换具有如下性质：

（1）如果 LP 和 DFB 均为完全重构滤波器，则离散 Contourlet 变换也可以完全重构，即离散 Contourlet 变换提供了一个框架算子。

（2）如果 LP 和 DFB 使用正交滤波器，则离散 Contourlet 变换提供了一个框架界为 1 的紧框架。

（3）离散 Contourlet 变换是冗余变换，冗余率小于 4/3。

（4）假设在 LP 的第 J 级使用一个 l_j 级的 DFB，则离散 Contourlet 变换的基图像的支撑区间为

$$\text{width} \approx 2^j, \ \text{length} = 2^{j+l_j-2} \tag{8-6}$$

（5）Contourlet 变换提供了一种灵活的、多分辨率的和对图像多方向的分解，因为它对每个尺度允许不同数目的方向，因而满足尺度的各向异性法则。

由于离散 Contourlet 变换中的多尺度多方向分解已经去了耦合[24]，所以可以在不同尺度上获得不同数目的方向分解，这样可以得到一个灵活的多尺度和多方向展开式。此外，Contourlet 变换中的 DFB 中用到的完全二叉树结构还可以一般化为任意树结构。

Contourlet 基的支撑区间具有随尺度变化而长宽比变化的"长条形"结构，可以很好地"捕获"二维图像的几何结构。Contourlet 变换的最终结果是用类似于线段（Contour Segment）的基结构来逼近原图像的，这也是之所以称为 Contourlet 变换的原因。

二维小波分解一级仅有 4 个子带，仅能有效地捕获 0 维或者点的不连续性，导致了大量的无效分解。而 Contourlet 变换具有小波所具有的多分辨率、时频局部性特点，同时具有高度的方向性和各向异性。Contourlet 变换的基函数具有 2^{l_j} 个方向，以及灵活的纵横比，可以将图像分解到任意的 2^{l_j} 个方向子带上。因此 Contourlet 可以以近似最优的效率表示任何一维的平滑边。

Contourlet 变换后，其系数分布不像二维小波分解的系数分布那样有规律，它的系数分布与 PDFB 分解时所给定的参数 nlevels 有关。nlevels 是一个一维向量，用于存储在金字塔分解的每一级上的方向滤波器组分解级数的系数。在金字塔分解的任何一级上，如果给定的方向滤波器组分解级数的系数为 0，则使用严格采样的二维小波分解来处理；如果给定的分解级数为 l_j，则方向滤波器组分解的级数为 2^{l_j}，即分解为 2^{l_j} 个方向。

对应给定的 Contourlet 变换的分解系数 nlevels，Contourlet 分解所得的系数 Y 是一个向量组，其长度 Len 是矢量 nlevels 的长度加 1。其中，Y{1} 是低频子带图像，Y{i}（i=2，…，Len）对应第 i 层金字塔分解，存储着相应层上的 DFB 分解的方向子带图像。

图 8.8 为标准 Lena 图像，对 Lena 图像的 Contourlet 分解的结果如图 8.9 所示。

图 8.8　标准 Lena 图像

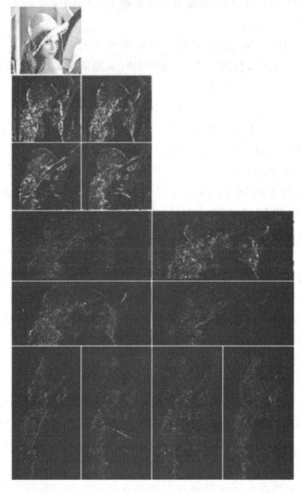

图 8.9　Lena 图像的 Contourlet 分解系数的各个子带图

8.3　基于 Contourlet 变换的图像融合

8.3.1　基于 Contourlet 变换的图像融合框架

基于 Contourlet 变换的图像融合框架如图 8.10 所示。以两幅图像 A、B 的融合为例，基于 Contourlet 变换的图像融合基本步骤为：

（1）对参与融合的两幅源图像进行几何配准。

（2）对两幅图像分别进行多级多方向 Contourlet 变换，对于最后得到的变换系数 Y_A、Y_B，设融合图像的变换系数为 Y_F，则按照以下规则进行融合处理：

① 对于变换的低频系数，用简单平均的方法进行融合处理：

$$Y_F\{1\} = \frac{\{Y_A\{1\} + Y_B\{1\}\}}{2}$$

② 对于变换的高频系数，若向量 nlevels 中给定的方向滤波器组分解级数的系数 $l_i \neq 0$ $(i=1, 2, \cdots, \text{Len})$，则直接采用系数绝对值选大的方法进行融合处理：

$$Y_F\{i\} = \max\{\text{abs}\{Y_A\{i\}\}, \text{abs}\{Y_B\{i\}\}\}$$

③ 若 nlevels 中给定的方向滤波器组分解级数的系数 $l_i = 0(i=1, 2, \cdots, \text{Len})$，即第 j 层图像采用的是二维小波分解，此时需要对小波分解的低频系数和高频系数分开处理。

对于低频系数，用简单平均的方法进行融合处理：

$$Y_F^L\{i\} = \frac{\{Y_A^L\{i\} + Y_B^L\{i\}\}}{2}$$

对于水平、垂直和对角方向的高频系数，用系数绝对值选大的方法进行融合处理：

$$Y_F^k\{i\} = \max\{\text{abs}\{Y_A^k\{i\}\}, \text{abs}\{Y_B^k\{i\}\}\}, k = \text{V, H, D}$$

最终得到融合图像对应的 Contourlet 分解的系数 Y_F。

（3）对融合后的系数 Y_F 进行 Contourlet 逆变换（即进行图像重构），所得到的重构图像即为融合图像。

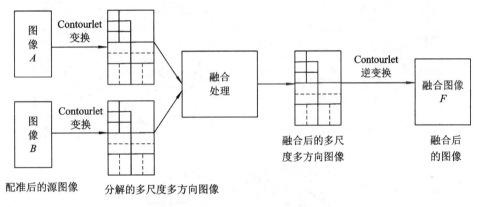

图 8.10　基于 Contourlet 变换的图像融合框架

实际上，若 nlevels＝$[0, 0, \cdots, 0]$，则等价于对图像先做 Laplacian 金字塔变换，而后对金字塔的各层分别做二维小波变换，最终的融合效果应该是 Laplacian 金字塔变换和小波变换的结合。若 nlevels 中 $l_i \neq 0(i=1, 2, \cdots, \text{Len})$，则对于 Laplacian 金字塔分解的每一层均进行 DFB 分解，没有进行小波变换处理。

8.3.2　实验结果与分析

1. 多聚焦图像融合

取两幅标准多聚焦图像进行融合实验，图像大小为 512×512，Contourlet 变换中采用的 LP 分解为 3 级，DFB 方向数为 8 - 4 - 4。小波方法使用的是 9 - 7 系数小波[32]。Laplace 金字塔方法使用的是 LP 变换。

图 8.11(a)中前景清晰，后景模糊，图 8.11(b)中前景模糊，后景清晰。三种方法融合结果如图 8.11(c)～(e)所示。从融合结果上看，三种方法的融合图像都具有良好的视觉效果，都集中了两幅源图像中清晰部分的边缘和纹理信息，前景和后景均清晰可见，且均能分辨出图中的字符信息。

(a) 源图像A　　　　　　　　　　　　　　　(b) 源图像B

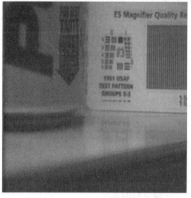 

(c) 基于Laplace金字塔方法融合图像　　　　　(d) 基于小波方法融合图像

(e) 基于Contourlet方法融合图像

图 8.11　多聚焦图像融合实验

采用平均梯度(Average Grads)、熵(Entropy)、平均交叉熵(MCE)和均方根交叉熵(RCE)等评价指标对融合效果进行定量比较：平均梯度可以反映出图像的清晰度(Sharpness)；熵的大小表示图像所包含的平均信息量的多少；MCE 和 RCE 可以衡量两幅源图像和融合后图像间的综合差异，MCE 和 RCE 越小表示融合图像从源图像中提取的信息越多，融合效果越好。融合结果的客观评价比较见表 8.1。

表 8.1　多聚焦图像融合结果客观评价

方　　法	平均梯度	熵	MCE	RCE
Laplace 金字塔方法	6.4414	2.1366	0.0565	**0.0568**
小波方法	6.5351	2.1366	**0.0563**	0.0659
Contourlet 方法	**6.5393**	**2.1368**	**0.0563**	**0.0568**

　　从表 8.1 可见,本章提出的基于 Contourlet 变换的图像融合方法所得融合图像的平均梯度和熵都是最高的,表明融合图像的清晰度和所包含的平均信息量是相对最高的;平均交叉熵和均方根交叉熵是最低的,表明融合图像从源图像中提取的信息是相对最多的。因此,基于 Contourlet 变换的图像融合方法的各项指标在三种方法中是相对最优的,故其融合效果较佳。

2. 红外与可见光图像融合

　　取两幅标准红外与可见光图像进行融合实验,图像大小为 512×512,Contourlet 中采用的 LP 分解为 3 级,DFB 方向数为 8 - 4 - 4,其他方法同上面的多聚焦图像融合实验。

　　图 8.12(a)红外源图像中目标人热量较高清晰可见,周围环境如树木、山石、道路等的热量相近且较低,细节信息难以获取。图 8.12(b)可见光源图像中因为树木、山石、道路等的光线反射率不同,周围环境的细节比较清晰,而目标人较模糊。为了便于显示,文中图

(a) 红外源图像

(b) 可见光源图像

(c) 基于Laplace金字塔方法的融合图像

(d) 基于小波方法的融合图像

(e) 基于Contourlet方法的融合图像

图 8.12　红外与可见光图像融合实验

像作了统一的缩小，三种方法的融合结果如图 8.12(c)～(e)所示。从融合结果上看，各种方法的融合图像都具有较好的视觉效果，目标人和周围环境的细节都较清晰。融合结果的客观评价见表 8.2。

表 8.2　红外与可见光图像融合结果客观评价

方　法	平均梯度	熵	MCE	RCE
Laplace 金字塔方法	3.7347	1.7936	0.9944	0.9949
小波方法	**3.7755**	**1.7942**	0.9905	0.9910
Contourlet 方法	3.7553	1.7938	**0.9796**	**0.9797**

从表 8.2 可见，本章提出的基于 Contourlet 变换的图像融合方法所得融合图像的平均梯度和熵都是次优的，平均交叉熵和均方根交叉熵都是最低的，各项指标在四种方法中综合考虑起来是相对较优的，故其融合效果较佳。

8.4　Wavelet-based Contourlet 变换基本理论

Contourlet 变换具有冗余性，其冗余来自使用 Laplace 金字塔进行的多尺度分解，冗余度上限为 4/3，这对于应用在有限信号存储环境是不利的。在 Contourlet 变换的基础上，Ramin Eslami 和 Hayder Radha 提出了基于小波的轮廓波（Wavelet-based Contourlet，WBCT）变换[33, 34]，即将小波变换和方向滤波器组（DFB）结合[25]，该方法具有非冗余性及良好的多分辨率和方向性。

8.4.1　WBCT 结构分析

与 Contourlet 变换类似，WBCT 也由两个滤波阶段构成，其多尺度分析和方向分析是分开进行的。首先，利用小波变换分析点状奇异的最优性，对图像进行多尺度分解以"捕获"二维图像信号中存在的奇异点；然后对每一级小波变换的三个高频分量进行方向滤波，由方向滤波器组（DFB）将分布在同一方向的奇异点合成为同一系数，即 WBCT 系数，以表示图像中方向性较强的边缘和纹理信息。WBCT 框架见图 8.13。

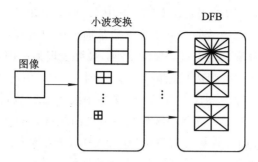

图 8.13　WBCT 框架图

对于任意一个二维图像信号 $f(x, y) \in L^2(R \times R)$ 进行二维小波变换，在分辨率 2^j 下，可得到 4 组频率-方向分层系数：

$$\begin{cases}
\boldsymbol{A}_{2^j}\boldsymbol{f} = \langle f(x, y), \boldsymbol{\Phi}_{j, n, m}(x, y) \rangle = \langle \langle f(x, y), \boldsymbol{\Phi}_{j, n}(x) \rangle, \boldsymbol{\Phi}_{j, m}(y) \rangle \\
\boldsymbol{D}_{2^j}^1\boldsymbol{f} = \langle f(x, y), \boldsymbol{\Psi}_{j, n, m}^1(x, y) \rangle = \langle \langle f(x, y), \boldsymbol{\Phi}_{j, n}(x) \rangle, \boldsymbol{\Psi}_{j, m}(y) \rangle \\
\boldsymbol{D}_{2^j}^2\boldsymbol{f} = \langle f(x, y), \boldsymbol{\Psi}_{j, n, m}^2(x, y) \rangle = \langle \langle f(x, y), \boldsymbol{\Psi}_{j, n}(x) \rangle, \boldsymbol{\Phi}_{j, m}(y) \rangle \\
\boldsymbol{D}_{2^j}^3\boldsymbol{f} = \langle f(x, y), \boldsymbol{\Psi}_{j, n, m}^3(x, y) \rangle = \langle \langle f(x, y), \boldsymbol{\Psi}_{j, n}(x) \rangle, \boldsymbol{\Psi}_{j, m}(y) \rangle \\
\qquad\qquad\qquad (n, m) \in \mathbf{Z}^2
\end{cases} \quad (8-7)$$

上式中 $\boldsymbol{\Phi}_j(T)$ 表示 T 方向上的尺度函数投影；$\boldsymbol{\Psi}_j(T)$ 表示 T 方向上的小波函数投影；$\boldsymbol{A}_{2^j}\boldsymbol{f}$ 是图像的低频部分（记为 LL）；$\boldsymbol{D}_{2^j}^1\boldsymbol{f}$ 是图像垂直方向上的高频部分，表示水平的纹理信息（记为 LH）；$\boldsymbol{D}_{2^j}^2\boldsymbol{f}$ 是图像水平方向上的高频部分，表示垂直的纹理信息（记为 HL）；$\boldsymbol{D}_{2^j}^3\boldsymbol{f}$ 是图像对角线方向上的高频部分（记为 HH）。

对小波变换每一级的 LH、HL、HH 应用相同方向数的 DFB（如图 8.14 所示为 8 方向的 DFB）进行方向滤波，可得到 WBCT 结构如图 8.15 所示，图中小波分解为 3 级，采用的 DFB 方向数为 8-4-4。

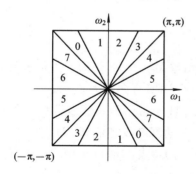

图 8.14　方向滤波器组

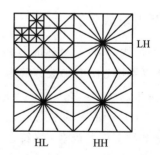

图 8.15　WBCT 结构示意图

WBCT 结构在小波分解较精细的层次上使用较多方向数的 DFB，以后各层递减，满足 width$\propto$length^2 的尺度各向异性法则[33]：尺度每精细两层，方向数翻一番，即第 $j+2$ 层上的方向数 l_{j+2} 是第 j 层上方向数 l_j 的两倍（$j=1, 2, \cdots$），就可以保证 WBCT 分解具有矩形支撑区间的基沿着曲线敷设，仅用少量系数就能有效地逼近平滑奇异曲线。这种尺度各向异性法则源于曲线波变换，是 M. N. Do 提出的轮廓波变换的重要基础，在 WBCT 中得到了继承，所以在这里对其进行论述。

图 8.16 为"稀疏"表示法的逼近示意图，其中 8.16(a) 给出了二维可分离小波基逼近曲线奇异的过程。二维可分离小波的多分辨率性质是通过使用具有不同尺度方形支撑区间的基函数来实现的，随着分辨率的升高，尺度变细，最终表现为使用众多的"点"来逼近曲线。在尺度 j 时，小波基的支撑区间边长近似为 2^{-j}，变换域内幅值超过 2^{-j} 的小波系数的数目至少为 $O(2^j)$ 阶[35]，即支撑区间尺度变细时，非零小波系数的数目呈指数增长，产生大量不可忽略的系数。因此，二维可分离小波非线性逼近曲线奇异的误差衰减缓慢[36]。图 8.16(b) 则显示了对曲线奇异的一种更为有效的"稀疏"表示法，该方法的基函数的支撑区间为不同规格的长条形且每个长条形的方向与包含于该区域内曲线的走向大体一致。显然分辨率相同时，图 8.16(b) 方式使用的长条形少于图 8.16(a) 方式中的方形，尤其在分辨率高的情况下，图 8.16(b) 方式可以使用少得多的基函数稀疏逼近曲线。与二维可分离小波基方向支撑区间的各向同性不同（方形的 width＝length），这种长条形支撑区间的 width 和 length 关系被称为各向异性（Anisotropy），满足 width∝length² 的条件称为尺度各向异性法则。

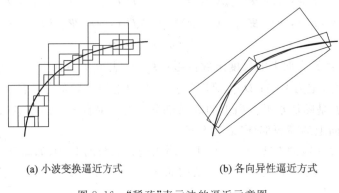

(a) 小波变换逼近方式　　　　　　　(b) 各向异性逼近方式

图 8.16　"稀疏"表示法的逼近示意图

8.4.2　WBCT 系数分析

图 8.17 是应用 WBCT 对标准 Barbara 图像（图像大小为 512×512）进行多尺度多方向分解后所得的系数图，图中小波分解为 2 级，采用的 DFB 方向数为 8-4。

由图 8.17 可以看出，多尺度多方向分解后的 LH 子带中的系数多是水平方向上的边缘和纹理信息，HL 子带中的系数多是垂直方向上的边缘和纹理信息，HL 方向系数较大，即垂直的边缘和纹理信息较多，这符合 Barbara 图像的特点：Barbara 图像中垂直方向上的边缘和纹理较多，如桌子、台布纹理、衣服纹理等。

WBCT 的一个优势在于，可以以类似构造小波包[37]（Wavelet Packets，WP）的方式构造 WBCT 包（Wavelet-Based Contourlet Packets，WBCP），不仅对低频部分进行分解，也能对高频部分进行分解（主要在图像去噪、图像压缩方面应用较多，图像融合中一般不再对高频部分进行分解），但这已不是本节重点讨论的内容，具体论述可参见文献[35]。

由于构成 WBCT 结构的小波变换和 DFB 都是非冗余、可完全重构的，两者结合形成一个双层滤波器组结构，可称为小波方向滤波器组（WDFB），其也是非冗余、可完全重构的。使用 WDFB 可实现对图像的多尺度多方向分解，可用于图像的多分辨率融合。

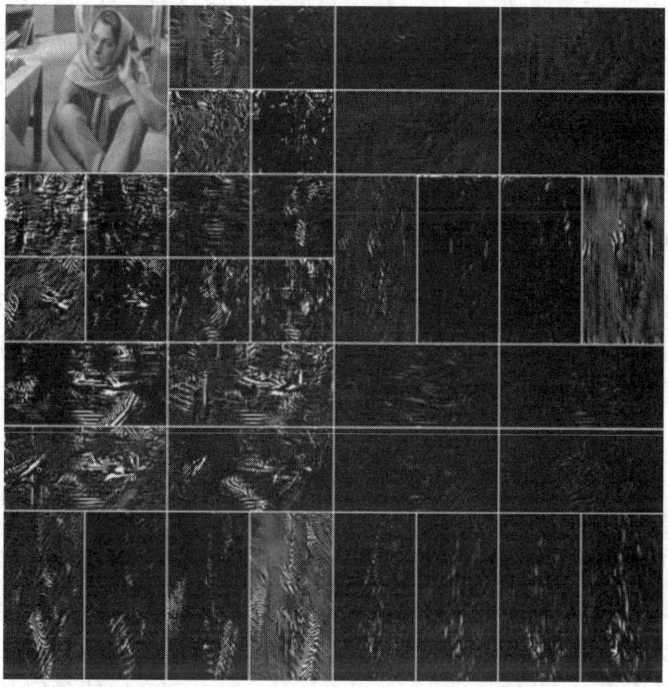

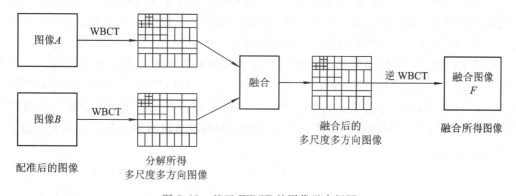

图 8.17　Barbara 图像的 WBCT 系数图

8.5　基于 Wavelet-based Contourlet 变换的图像融合

8.5.1　基于 Wavelet-based Contourlet 变换的图像融合框架

对于任意二维图像，背景信息属于频域中的低频部分，边缘和纹理等细节信息属于频域中的高频部分。因此，可以利用 WBCT 方法，将图像的高频和低频部分进行分离，然后分别进行融合处理，力求互补源图像中的各种细节信息，从而使融合后的图像具有更高的可信度、清晰度和更好的可理解性。其基本框图如图 8.18 所示。

图 8.18　基于 WBCT 的图像融合框图

以两幅图像 A、B 的融合为例，基于 Contourlet 变换的图像融合基本步骤为：

首先利用 WBCT 对源图像 A、B 进行多尺度多方向分解，得到与图 8.17 结构类似的多尺度多方向图像（图 8.18 中方向数为 8-4-4），此图像的左上角为低频部分，其余为各高频部分。然后，对低频部分和各高频部分分别采用不同的像素点融合规则进行融合处理，得到融合后的多尺度多方向图像。最后，对融合后的多尺度多方向图像经过逆变换进行图像重构，得到融合图像 F。

8.5.2　基于 Wavelet-based Contourlet 变换的图像融合方法

融合规则是像素级图像融合中非常重要的一个部分，关系着融合质量的好坏。目前，基于像素值的、基于对比度的、基于能量的、基于边缘特征等的融合规则在各种多分辨率图像融合方法中得到了应用，其中基于区域能量的融合规则具有相对普遍的适用性和良好的融合效果。

两幅源图像采用 WBCT 方法进行多尺度多方向分解后，对获得的多尺度多方向图像的低频部分和各高频部分分别进行融合。分解所得的低频部分主要包含图像中的背景信息，采用的融合规则为加权平均算子，即将低频部分进行平均处理。分解所得的各高频部分反映的是图像在各个方向上的边缘和纹理等细节信息，由于图像中某像素与邻域像素之间的相关性比较大，所以采用区域处理方法，取中心像素及其临近区域的能量作为融合标准。将图像中某像素点 (i, j) 的 w 区域 $(i-k, j-k; i+k, j+k)$ 能量定义为其邻域窗口内的能量，其计算公式如下：

$$E_A(i, j) = \sum_{(m, n) \in w} \omega(m, n) f_A^2(m, n) \tag{8-8}$$

式中，$i-k \leqslant m \leqslant i+k$，$j-k \leqslant n \leqslant j+k$，窗口横向、纵向宽度皆为 $w(w=2k+1)$ 个像素，$\omega(m, n)$ 为权值，离像素点 (i, j) 越近则权值越大，$f(m, n)$ 为 (m, n) 处像素点的灰度值。定义能量匹配度 $R_{AB}(i, j)$ 如下：

$$R_{AB}(i, j) = \frac{2 \sum_{(m, n) \in w} \omega(m, n) f_A(m, n) f_B(m, n)}{E_A(i, j) + E_B(i, j)} \tag{8-9}$$

其值在 0 和 1 之间变化，接近零就说明两区域的能量差别较大，相关程度低；接近 1 就说明两区域的能量差别较小，相关程度高。由于细节特征比较显著的地方，其区域能量较大，因此通过逐像素比较区域能量，选择区域能量较大的高频系数作为融合图像矩阵中相应的高频系数，可以有效实现对源图像细节特征的保留。

所采用的基于矩形区域特性量测的选择及加权平均算子正是基于上述原理[38]。当两幅融合图像在某局部区域（可以是 3×3 邻域窗口、5×5 邻域窗口等）上的能量差别较大时，选择能量大的区域的中心像素的高频系数作为融合后图像在该区域的中心像素的高频系数；当能量相近时，采用加权平均算子确定融合后图像在该区域中心像素的高频系数。其计算公式如下：

$$F(i, j) = \begin{cases} A(i, j), & E_A(i, j) > E_B(i, j), R_{AB}(i, j) < T \\ B(i, j), & E_A(i, j) < E_B(i, j), R_{AB}(i, j) < T \\ \omega_1 A(i, j) + \omega_2 B(i, j), & R_{AB}(i, j) \geqslant T \end{cases} \tag{8-10}$$

式中，T 为能量匹配度阈值，$\omega_1 + \omega_2 = 1$。各高频部分都通过上述融合规则进行融合，两幅源图像的高频部分能量大的系数得以保留，即融合了两幅源图像细节特征比较显著的区域，通过逆变换重构图像则表现为互补了两幅源图像中的细节信息，所得的融合图像优于任一源图像。

8.5.3　实验结果与分析

1. 多聚焦图像融合

取两幅标准多聚焦图像进行融合实验，图像大小为 512×512，WBCT 采用的小波分解为 3 级，DFB 方向数为 8 - 4 - 4，3×3 邻域窗口。Contourlet 中采用的 LP 分解为 3 级，DFB 方向数为 8 - 4 - 4。小波方法使用的是 9 - 7 系数小波。Laplace 金字塔方法使用的是 LP 变换。

图 8.19(a)中前景清晰，后景模糊，图 8.19(b)中前景模糊，后景清晰。为了便于显示，文中图像作了统一的缩小，各种方法的融合结果如图 8.19(c)～(f)所示。

(a) 源图像A

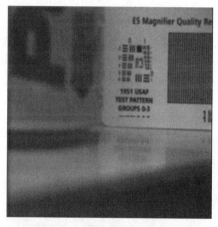

(b) 源图像B

(c) Laplace金字塔方法

(d) 小波方法

(e) Contourlet方法　　　　　　　　　(f) 基于WBCT方法

图 8.19　多聚焦图像融合实验

采用平均梯度、熵、平均交叉熵和均方根交叉熵等评价指标对融合效果进行定量评价。从融合结果上看，各种方法的融合图像都具有良好的视觉效果，都集中了两幅源图像中清晰部分的边缘和纹理信息，前景和后景均清晰可见，且均能分辨出图中的字符信息。融合结果的客观评价见表 8.3。

表 8.3　多聚焦图像融合结果客观评价

方　法	平均梯度	熵	MCE	RCE
Laplace 金字塔方法	6.4414	2.1366	0.0565	0.0568
小波方法	6.5351	2.1366	0.0563	0.0659
Contourlet 方法	6.5393	2.1368	0.0563	0.0568
基于 WBCT 方法	**6.5790**	**2.1382**	**0.0561**	**0.0564**

视觉观察融合图像 8.19（c）～（f），其清晰度皆高于原始图像，但看不出太大差别，而从表 8.3 给出的四类客观评价指标可以看出，基于 WBCT 的图像融合方法所得融合图像的平均梯度和熵都是最高的，表明融合图像的清晰度和所包含的平均信息量是相对最高的；平均交叉熵和均方根交叉熵是最低的，表明融合图像从源图像中提取的信息是相对最多的。因此，基于 WBCT 的图像融合方法的各项指标在四种方法中是相对更优的。

2. 红外与可见光图像融合实验

取两幅标准红外与可见光图像进行融合实验，图像大小为 512×512，WBCT 采用的小波分解为 3 级，DFB 方向数为 8-4-4，3×3 邻域窗口，其他方法同上面的多聚焦融合实验。图 8.20(a)红外源图像中目标人热量较高，所以清晰可见，周围环境如树木、山石、道路等的热量相近且较低，细节信息难以获取。图 8.20 (b)可见光源图像中因为树木、山石、道路等的光线反射率不同，周围环境的细节比较清晰，而目标人较模糊。各种方法的融合结果如图 8.20 （c）～（f）所示。

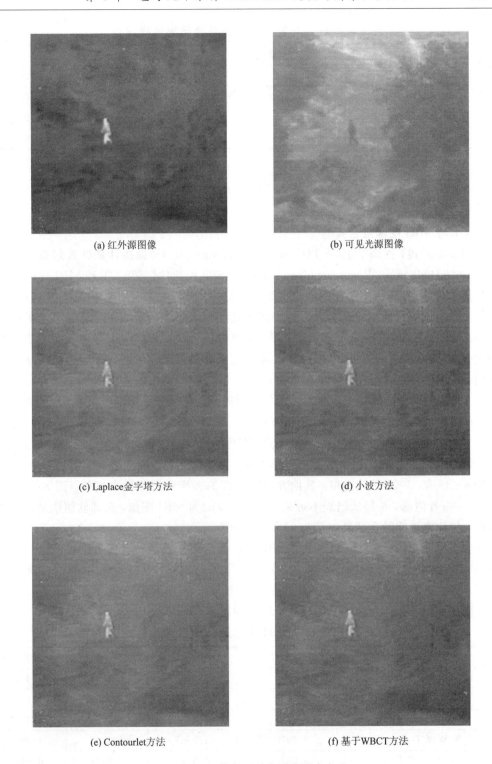

(a) 红外源图像   (b) 可见光源图像

(c) Laplace金字塔方法   (d) 小波方法

(e) Contourlet方法   (f) 基于WBCT方法

图 8.20 红外与可见光图像融合实验

从融合结果上看，各种方法的融合图像都具有较好的优于原始图像的视觉效果，目标人和周围环境的细节都较清晰。融合结果的客观评价见表8.4。

表 8.4　红外与可见光图像融合结果客观评价

方　　法	平均梯度	熵	MCE	RCE
Laplace 金字塔方法	3.7347	1.7936	0.9944	0.9949
小波方法	3.7755	1.7942	0.9905	0.9910
Contourlet 方法	3.7553	1.7938	0.9796	0.9797
基于 WBCT 方法	**3.7943**	**1.7945**	**0.9761**	**0.9767**

从表 8.4 可见，基于 WBCT 的图像融合方法所得融合图像的平均梯度和熵都是最高的，平均交叉熵和均方根交叉熵都是最低的，各项指标在四种方法中都是相对最优的，故其融合效果最佳。

3. CT 与 MRI 图像融合实验

如第 3 章所述，在医学上，CT(Computer Tomography)图像指计算机 X 射线层面造影术图像，MRI(Magnetic Resonance Imaging)为核磁共振成像图像。CT 和 MRI 得到的均是断层扫描图像。CT 图像中图像亮度与组织密度有关，骨骼在 CT 图像中亮度高，但一些软组织在 CT 图像中无法反映；MRI 图像中图像亮度与组织中的氢原子等的数量有关，一些软组织在 MRI 图像中亮度高，而骨骼在 MRI 图像中无法显示。由于这种固有特点，两种图像包含的信息是"互补"的，可以近似认为是由不同聚焦而生成的，只是离焦部分目标高度模糊，基本不可见，而且聚焦点和离焦点并不是通常多聚焦图像中的一个或两个，而是有无穷多个。同时，核磁共振成像中为节省成像时间，往往只采集部分信号，余下部分用 0 补足，致使融合后的图像容易产生吉布斯效应[39,40]。

取 CT 图像和 MRI 图像进行融合实验，图像大小为 512×512，WBCT 采用的小波分解为 3 级(则改进的 WBCT 算法行和列分别做 $2^3 = 8$ 次平移，要获得 64 组图像)，DFB 方向数为 8-4-4，5×5 邻域窗口，其他方法同上面的多聚焦图像融合实验。图 8.21 (a)为 CT 图像，头骨清晰，头部软组织不可见。图 8.21 (b)为 MRI 图像，头部软组织清晰，头骨不可见。各种方法的融合结果如图 8.21(c)～(g)所示。

从融合结果上看，CT 和 MRI 图像中的互补信息都有效地融合到了结果图像当中。改进的 WBCT 方法显示了消除吉布斯效应方面的作用。图 8.21 (c)～(f)中的吉布斯效应非常明显，特别是图像的边缘部分(如图中框选的部分)，有明显的震荡条纹，而图 8.21 (g)的融合图像则基本消除了这一现象。融合结果的客观评价见表 8.5。

表 8.5　CT 与 MRI 图像融合结果客观评价

方　　法	平均梯度	熵	MCE	RCE
Laplace 金字塔方法	3.7390	1.8418	1.1992	1.4501
小波方法	3.7405	1.8402	1.1967	1.4483
Contourlet 方法	3.7559	1.8403	1.1976	1.4483
基于 WBCT 方法	3.7970	1.8667	1.0634	1.2666
改进的 WBCT 方法	**3.9832**	**1.9254**	**0.8614**	**0.9108**

从表 8.5 可见，基于 WBCT 的图像融合方法及其改进算法所得融合图像的平均梯度和熵比其他方法高，平均交叉熵和均方根交叉熵比其他方法低，各项指标都是相对较好的，其中改进算法的融合效果更佳。

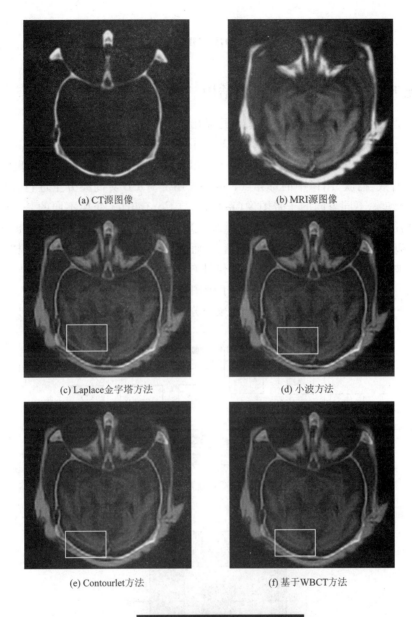

(a) CT源图像　　　　　　　　　(b) MRI源图像

(c) Laplace金字塔方法　　　　　　(d) 小波方法

(e) Contourlet方法　　　　　　(f) 基于WBCT方法

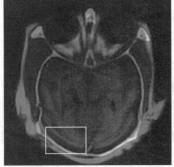

(g) 改进的WBCT方法

图 8.21　CT 与 MRI 图像融合实验

8.6　无下采样 Contourlet 变换基本理论

8.6.1　无下采样 Contourlet 变换的结构

NSCT 是在 Contourlet 变换的基础上提出的，NSCT 的结构分为无下采样金字塔（Nonsubsampled Pyramid，NSP）分解和无下采样方向滤波器组（Nonsubsampled Directional Filter Bank，NSDFB）分解两部分。首先利用 NSP 对图像进行多尺度分解，通过 NSP 分解可有效"捕获"图像中的奇异点；然后采用 NSDFB 对高频分量进行方向分解，从而得到不同尺度、不同方向的子带图像（系数）。与 Contourlet 变换不同的是，在图像的分解和重构过程中，NSCT 没有对 NSP 以及 NSDFB 分解后的信号分量进行分析滤波后的降采样（抽取）以及综合滤波前的上采样（插值），而是对相应的滤波器进行上采样，再对信号进行分析滤波和综合滤波，使得 NSCT 不仅具有多尺度、良好的空域和频域局部特性以及多方向特性，还具有平移不变特性以及各子带图像之间尺寸大小相同等特性。NSCT 的框架结构如图 8.22 所示，该结构将 2 - D 频域划分成如图 8.23 所示的楔形方向子带。

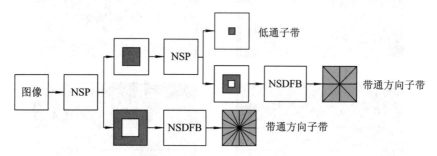

图 8.22　NSCT 分解结构示意图

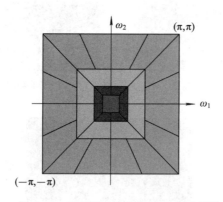

图 8.23　NSCT 的理想频域划分示意图

1. 无下采样金字塔分解

借鉴 à trous 算法的思想，NSCT 采用二通道无下采样滤波器组来实现 NSP 分解。如图 8.24 所示，其中，分析滤波器 $\{H_0(z), H_1(z)\}$ 和综合滤波器 $\{G_0(z), G_1(z)\}$ 满足 Bezout 恒等式，如式（8 - 11）所示，从而保证了 NSP 满足完全重构（Perfect Reconstruction，PR）条件。为实现对图像的多尺度分解，每一级需要对前一级滤波器按采

样矩阵 $\boldsymbol{D}=2\boldsymbol{I}$(其中 $\boldsymbol{I}$ 为 2 阶单位矩阵)进行上采样,即对上一尺度低频信号经上采样后的低通滤波器进行低通滤波,得到塔式分解后的低频信号,对上一尺度低频信号用上采样后的高通滤波器进行高通滤波,得到塔式分解后的高频信号。j 尺度下低通滤波器的理想频域支撑区间为 $[-(\pi/2^j),(\pi/2^j)]^2$,而相应的高通滤波器的理想频域支撑区间为 $[(-\pi/2^{j-1}),(\pi/2^{j-1})]^2/[(-\pi/2^j),(\pi/2^j)]^2$。二维图像经 k 级 NSP 分解后,可得到 $k+1$ 个与源图像具有相同尺寸大小的子带图像,分解过程如图 8.25 所示。图中,$2\boldsymbol{I}$ 表示对 $\boldsymbol{H}_0(\boldsymbol{z})$ 进行上采样。

$$\boldsymbol{H}_0(\boldsymbol{z})\boldsymbol{G}_0(\boldsymbol{z})+\boldsymbol{H}_1(\boldsymbol{z})\boldsymbol{G}_1(\boldsymbol{z})=1 \tag{8-11}$$

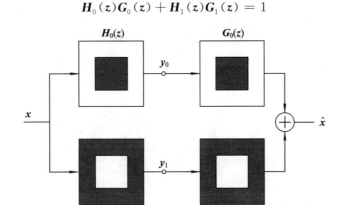

图 8.24　无下采样金字塔的二通道无下采样塔形滤波器组

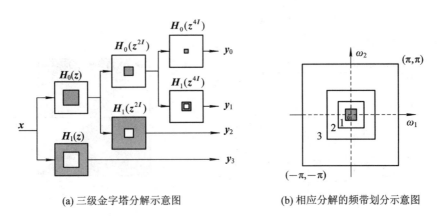

(a) 三级金字塔分解示意图　　　　　　(b) 相应分解的频带划分示意图

图 8.25　无下采样金字塔分解

2. 无下采样方向滤波器组

NSCT 的 NSDFB 在 Bamberger 和 Smith 所设计的扇形方向滤波器组[18]基础上,所构造的一组二通道非下采样滤波器组如图 8.26 所示。其中分析滤波器 $\{\boldsymbol{U}_0(\boldsymbol{z}),\boldsymbol{U}_1(\boldsymbol{z})\}$ 和综合滤波器 $\{\boldsymbol{V}_0(\boldsymbol{z}),\boldsymbol{V}_1(\boldsymbol{z})\}$ 也满足 Bezout 恒等式,如式(8-12)所示:

$$\boldsymbol{U}_0(\boldsymbol{z})\boldsymbol{V}_0(\boldsymbol{z})+\boldsymbol{U}_1(\boldsymbol{z})\boldsymbol{V}_1(\boldsymbol{z})=1 \tag{8-12}$$

从而保证了 NSDFB 满足完全重构条件。采用理想频域支撑区间为扇形的 $\boldsymbol{U}_0(\boldsymbol{z})$ 和 $\boldsymbol{U}_1(\boldsymbol{z})$ 可以实现二通道方向分解。在此基础上,对滤波器 $\boldsymbol{U}_0(\boldsymbol{z})$ 和 $\boldsymbol{U}_1(\boldsymbol{z})$ 采用不同的采样矩阵进行上采样,并对上一级方向分解后的子带图像进行滤波,可实现频域中更为精确的方向分解。

例如，可以对滤波器 $U_0(z)$ 和 $U_1(z)$ 分别按采样矩阵 $\boldsymbol{D}=\begin{bmatrix} 1 & -1 \\ 1 & 1 \end{bmatrix}$ 进行上采样得到滤波器 $U_0(z^D)$ 和 $U_1(z^D)$，然后再对前一级二通道方向分解后得到的子带图像进行滤波，可以实现四通道方向分解，如图 8.27 所示。NSDFB 由此将二维频域平面分割成多个具有方向性的楔形块结构，每一楔形块代表了该方向上的图像细节特征，其结果是形成一个由多个双通道 NSDFB 组成的树形结构。如果对某尺度下的子带图像进 l 行级方向分解，可得到 2^l 个与源图像具有相同尺寸大小的方向子带图像。

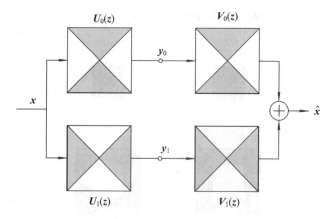

图 8.26　无下采样方向滤波器组的二通道无下采样扇形方向滤波器组

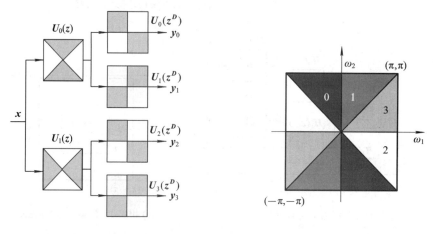

(a) 四通道方向分解示意图　　　　　　　　　(b) 相应分解的频带划分示意图

图 8.27　无下采样方向滤波器组分解

值得注意的是，由方向滤波器的特性可知，在低频和高频之间的频谱响应存在混叠现象，较高和较低频率之间的方向性响应会存在频率混叠现象，如图 8.28(a) 中标注"bad"的区域。对于采用金字塔分解得到的较粗尺度下的子带图像来说，高通通道的结果实际上是使用方向滤波器中频谱响应不是很好的部分（"Bad"部分）进行方向滤波得到的，这样就导致了严重的频率混叠现象，也在一定程度上影响了方向分辨率。较为简单的处理方法是对方向滤波器进行适当的上采样，让方向滤波器频谱响应较好的部分（"Good"部分）正好覆盖金字塔滤波器的通带区域，如图 8.28(b) 所示。

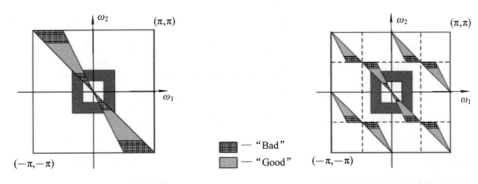

(a) 对方向滤波器没有进行上采样的情况　　　　(b) 对方向滤波器进行上采样后的情况

图 8.28　NSCT 频率混叠及消除

NSDFB 中对滤波器进行上采样并没有增加计算的复杂度。设给定采样矩阵 S 及二维滤波器 $H(z)$，使用滤波器 $H(z^s)$ 对信号 $x[n]$ 进行滤波，其输出 $y[n]$ 可由以下公式得到：

$$y[n] = \sum_{k \in \sup p(h)} h[k]x[n - S_k] \qquad (8-13)$$

因此，NSDFB 中每一个滤波器均与方向扇形滤波器具有相同的复杂度。同样，NSDFB 中每一个滤波器和第一级中采用的滤波器组具有相同的复杂度。

8.6.2　无下采样 Contourlet 变换中滤波器组的设计

由 NSCT 的构造可以看出，NSCT 的核心是二维（two-dimensional，2-D）二通道无下采样滤波器组的设计。采用如下映射方法可以获得满足 PR 条件的 2-D 有限脉冲响应（Finite Impulse response，FIR）无下采样滤波器组[19]：

步骤 1：构造一组满足 Bezout 恒等式的一维（one-dimensional，1-D）多项式函数 $\{H_i^{(1D)}(x), H_i^{(1D)}(x)\}_{i=0,1}$；

步骤 2：设计满足一定频谱响应的 2-D FIR 滤波器 $f(z) = f(z_1, z_2)$，用 $f(z)$ 代替 x，得到满足 Bezout 恒等式的 2-D FIR 滤波器组 $\{H_i^{(2D)}(f(z)), H_i^{(2D)}(f(z))\}_{i=0,1}$。

从上面的方法可以看出，2-D 滤波器组的设计主要包括 1-D 原型滤波器和 2-D 映射函数的设计，其中 1-D 原型滤波器保证了 2-D 滤波器组的 PR 条件，2-D 映射函数保证了 2-D 滤波器组中各滤波器的频谱响应特性。

NSCT 采用提升算法来提高运算速度。设 $\{H_i^{(1D)}(x), H_i^{(1D)}(x)\}$ 为互素的一维低通和高通滤波器，$\{G_i^{(1D)}(x), G_i^{(1D)}(x)\}$ 为相应的满足 Bezout 恒等式的综合滤波器，则采用 Euclidean 算法可以将滤波器分解成如下梯形结构[41]：

$$\begin{bmatrix} H_0^{(1D)}(x) \\ H_1^{(1D)}(x) \end{bmatrix} = \prod_{i=0}^{N} \begin{bmatrix} 1 & 0 \\ P_i^{1D}(x) & 1 \end{bmatrix} \begin{bmatrix} 1 & Q_i^{1D}(x) \\ 0 & 1 \end{bmatrix} \begin{bmatrix} 0 \\ 1 \end{bmatrix} \qquad (8-14)$$

为了获得具有更好频谱响应的滤波器以及简化设计，可以进一步限制 1-D 原型滤波器满足如下条件：

$$H_1^{(1D)}(x) = G_0^{(1D)}(-x) \qquad (8-15)$$

$$G_1^{(1D)}(x) = H_0^{(1D)}(-x) \qquad (8-16)$$

实际中，NSCT 采用如下 1-D 原型滤波器：

$$H_0^{(1D)}(x) = \frac{1}{2}(x+1)(\sqrt{2}+(1-\sqrt{2})x) \tag{8-17}$$

$$G_0^{(1D)}(x) = \frac{1}{2}(x+1)(\sqrt{2}+(4-3\sqrt{2})x+(2\sqrt{2}-3)x^2) \tag{8-18}$$

对于金字塔滤波器而言，要求其映射函数在 $\omega=(\pm\pi,\pm\pi)$ 处具有零点，并且有足够的平坦程度，即 $\omega=(\pi,\pi)$ 处具有多阶零点。根据如下命题可以得到满足要求的零相位2-D金字塔滤波器的映射函数。(对于零相位滤波器而言，其传输函数为关于 $(\cos\omega_1,\cos\omega_2)$ 的双变量多项式，因此采用 $F(x_1,x_2)$ 表示映射传输函数 $F(\cos\omega_1,\cos\omega_2)$。)

命题 8.1[19]　设 $G_1^{(1D)}(z)$ 是一个具有 n 个不同根 $\{z_i\}_{i=1}^n$ 的多项式，且每个根 z_i 的重数为 n_i，则 $G_1^{(1D)}(F(x_1,x_2))$ 式(8-19)的充要条件是映射函数 $F(x_1,x_2)$ 具有式(8-20)所示的形式：

$$G^{(1D)}(F(x_1,x_2)) = (x_1-c)^{N_1}(x_2-d)^{N_2}L(x_1,x_2) \tag{8-19}$$

$$F(x_1,x_2) = z_j + (x_1-c)^{N_1'}(x_2-d)^{N_2'}L_F(x_1,x_2) \tag{8-20}$$

其中，$z_j \in \{z_i\}_{i=1}^n$，$L(x_1,x_2)$、$L_F(x_1,x_2)$ 为双变量多项式，N_1'、N_2' 满足 $N_1'n_i \geq N_1$，$N_2'n_i \geq N_2$。

1-D 原型滤波器中 $H_0^{(1D)}(x)$、$G_0^{(1D)}(x)$ 为低通滤波器，在 $x=-1$ 处具有零点，因此，可以采用式(8-21)所示的映射函数得到 2-D 金字塔滤波器中具有最大平坦度的低通滤波器：

$$F^{(pyr)}(x_1,x_2) = -1 + 2P_{N_1,L_1}(x_1)P_{N_2,L_2}(x_2) \tag{8-21}$$

其中，$P_{N,L}(x) = \left(\frac{1+x}{2}\right)^N \sum_{l=0}^{L+l-1} \begin{bmatrix} N+l-1 \\ l \end{bmatrix} \left(\frac{1-x}{2}\right)^l$，$N$、$L$ 分别决定了 $x=-1$ 和 $x=1$ 处的平坦度。

NSDFB 的设计与 NSP 滤波器组的设计类似，所不同的是映射函数。扇形滤波器可以通过对菱形滤波器中一个频域变量进行调制得到，并且不改变 NSDFB 的 PR 条件。根据 1-D 原型滤波器中的特性，可以定义扇形滤波器的映射函数为

$$F_N^{(fan)}(x_1,x_2) = -1 + Q_N(x_1-x_2) \tag{8-22}$$

其中，$Q_N(x_1-x_2)$ 为 N 阶最大平坦滤波器多项式函数。图 8.29 给出了 NSP 滤波器组和 NSDFB 中分析滤波器的频谱响应示意图。

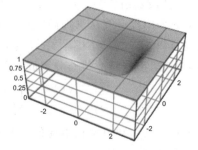

(a) NSP金字塔滤波器组中金字塔
滤波器$H_0(z)$的归一化频谱响应

(b) NSP金字塔滤波器组中金字塔
滤波器$H_1(z)$的归一化频谱响应

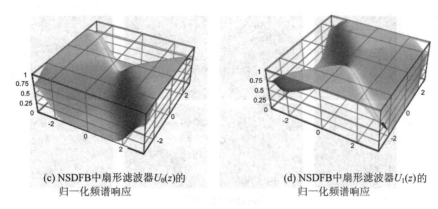

(c) NSDFB 中扇形滤波器 $U_0(z)$ 的
归一化频谱响应

(d) NSDFB 中扇形滤波器 $U_1(z)$ 的
归一化频谱响应

图 8.29　金字塔滤波器和扇形滤波器

8.6.3　无下采样 Contourlet 变换系数分析

Cunha A. L. 等人证明在空间 $L_2(Z^2)$ 上，NSCT 是一个框架算子，有以下命题成立：

命题 8.2[19]　在 NSCT 中，如果 NSP 以框架边界 A_p、B_p（$A_p \leqslant 1 \leqslant B_p$）构成框架，NSDFB 以框架边界 A_q、B_q（$A_q \leqslant 1 \leqslant B_q$）构成框架，则 NSCT 以边界 A、B 构成框架，且 A、B 满足：

$$A_p^J A_q^{\min\{l_j\}} \leqslant A \leqslant B \leqslant B_p^J B_q^{\max\{l_j\}} \tag{8-23}$$

如果 $A_p = B_p = A_q = B_q = 1$，则有 $A = B = 1$，则此时 NSCT 构成一个紧致框架。

由于构成 NSCT 结构的 NSP 和 NSDFB 都是可完全重构的，因此两者组合形成的双层滤波器组结构也是可完全重构的。使用 NSCT 可实现对图像的多尺度多方向分解，可用于多尺度分解的图像处理。

图 8.30 为采用 NSCT 对标准 Zone Plate 图像进行多尺度多方向分解后所得到的 NSCT 系数图，图中 NSP 分解级数为 3 级，NSDFB 方向分解数依次为 8-4-1。

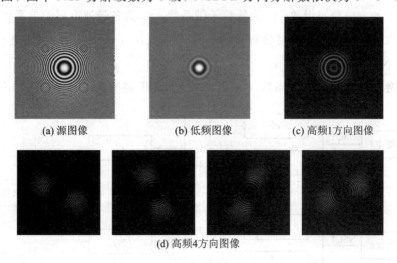

(a) 源图像　　　　　　　　(b) 低频图像　　　　　　(c) 高频1方向图像

(d) 高频4方向图像

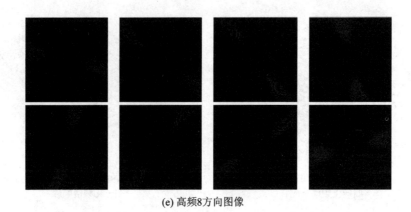

(e) 高频8方向图像

图 8.30　Zone Plate 图像的 NSCT 分解系数图

由图 8.30 可见，图像经 J 级 NSCT 分解后可得到 $1+\sum\limits_{j=1}^{J}2^{l_j}$ 个与源图像尺寸大小相同的子带图像，其中 l_j 为尺度 j 下的方向分解级数。

由于 NSCT 允许在每个尺度上具有 2^l 个方向分解数目，可以通过每隔一个尺度增加一倍方向分解数目，使 NSCT 具有各向异性特性，因此 NSCT 能够实现对图像的稀疏表示。

8.7　基于无下采样 Contourlet 变换的图像融合

基于 NSCT 的图像融合框架如图 8.31 所示，其具体步骤如下（以两幅图像为例）：

（1）采用 NSCT 对源图像 A 和 B 分别进行多尺度多方向分解，得到各自的 NSCT 系数 $\{c_j^A, d_{l_j}^A (1\leqslant j\leqslant J, 1\leqslant l\leqslant l_j)\}$ 和 $\{c_j^B, d_{l_j}^B (1\leqslant j\leqslant J, 1\leqslant l\leqslant l_j)\}$，其中，$J$ 为尺度分解数，l_j 为尺度 j 下的方向分解级数，c_j 为低频子带系数，d_{l_j} 为各带通方向子带系数。

（2）采取一定的融合规则对分解后的 NSCT 系数 $\{c_j^A, d_{l_j}^A\}$ 和 $\{c_j^B, d_{l_j}^B\}$ 进行融合处理，得到融合的 NSCT 系数 $\{c_j^F, d_{l_j}^F\}$。

（3）对融合得到的 NSCT 系数 $\{c_j^F, d_{l_j}^F\}$ 进行 NSCT 逆变换得到融合图像 F。

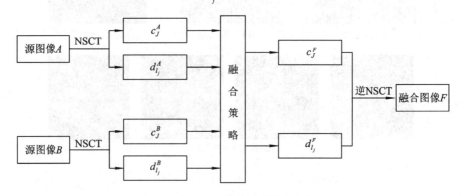

图 8.31　基于 NSCT 的图像融合框架

8.7.1　基于成像特性的 NSCT 域红外与可见光图像融合

红外图像与可见光图像是根据不同的机理成像的。红外图像是根据物体的热辐射特性成像的，因而能够提供热目标的位置信息（如隐藏在树林和草丛中的人员、车辆与火炮），但红外图像对场景的亮度变化不敏感，成像清晰度低，不利于人眼判读；而可见光图像主要是根据物体的光谱反射成像的，因而其图像有效反映了不同地物的轮廓与光谱信息，能够提供较丰富的背景信息，整体清晰度较高，能够很好地描述场景中的环境信息，但可见光成像传感器只敏感于目标场景的光谱反射，而对目标场景的热对比度不敏感。将红外与可见光图像进行融合将有利于综合红外图像的热目标位置信息和可见光图像的丰富背景信息，实现信息互补，从而提高对目标的识别能力和对环境的释义能力。

1. 基于成像特性的 NSCT 域红外与可见光图像融合算法

1）低频分量融合策略

由于红外图像与可见光图像中局部区域经常存在灰度差异较大的情况，如果对低频系数采取加权平均的融合策略，往往会降低融合图像的对比度。针对红外图像和可见光图像的成像特点，本节提出基于局部能量和局部方差的低频系数融合策略，低频的局部能量与局部方差分别定义如下：

$$\overline{E}_J(x, y) = \frac{1}{M \times N} \sum_{r=-(M-1)/2}^{(M-1)/2} \sum_{c=-(N-1)/2}^{(N-1)/2} c_J^2(x+r, y+c) \qquad (8-24)$$

其中，$\overline{E}_J(x, y)$ 表示包括点 (x, y) 的局域低频系数能量。局部区域 $M \times N$ 一般取为 3×3、5×5 等。

$$\sigma_J(x, y) = \frac{1}{M \times N} \sum_{r=-(M-1)/2}^{(M-1)/2} \sum_{c=-(N-1)/2}^{(N-1)/2} \left[c_J(x+r, y+c) - \bar{c}_J(x, y) \right]^2 \qquad (8-25)$$

其中，$\sigma_J(x, y)$ 表示包括点 (x, y) 的局域低频系数方差；$\bar{c}_J(x, y)$ 为局域低频系数均值。局域方差反映了该局部区域内图像灰度变化的剧烈程度，从而在一定程度上反映了该局域内图像的清晰程度。

若红外图像某点 (x, y) 的 $\overline{E}_J(x, y)$ 值远高于红外图像的整体能量均值，表明该点趋于红外图像的热目标区域，应将红外图像在该点的低频子带系数作为融合图像的低频子带系数；否则，按 $\sigma_J(x, y)$ 值选择低频子带系数，选择 $\sigma_J(x, y)$ 值较大的低频子带系数作为融合图像的低频子带系数。

低频分量融合策略归纳如下：

$$C_J^F(x, y) = \begin{cases} c_J^{\mathrm{IR}}(x, y), & \dfrac{\overline{E}_J^{\mathrm{IR}}(x, y)}{E_J^{\mathrm{IR}}} > T_1 \\[3mm] c_J^{\mathrm{IR}}(x, y), & \dfrac{\overline{E}_J^{\mathrm{IR}}(x, y)}{E_J^{\mathrm{IR}}} \leqslant T_1 \text{ 且 } \sigma_J^{\mathrm{IR}}(x, y) > \sigma_J^V(x, y) \\[3mm] c_J^V(x, y), & \dfrac{\overline{E}_J^{\mathrm{IR}}(x, y)}{E_J^{\mathrm{IR}}} \leqslant T_1 \text{ 且 } \sigma_J^{\mathrm{IR}}(x, y) \leqslant \sigma_J^V(x, y) \end{cases} \qquad (8-26)$$

2）高频分量融合策略

高频信息融合的目的是尽可能地提取源图像中的细节信息。根据人类视觉系统对局部对比度比较敏感，同时具有频率和方向选择特性的特点[42]，结合 NSCT 的多方向和良好的频域局部特性，借鉴文献[43]及 6.6.1 节中对图像对比度的定义，本节在 NSCT 域中也类似引入局部方向对比度的概念，以局部方向对比度作为量测算子，进行高频方向子带系数的选取，以获取源图像中的细节信息，进而获得视觉良好的融合图像。

局部方向对比度定义如下：

$$\text{Con}_{j, r}(x, y) = \frac{|d_{j, r}(x, y)|}{\bar{c}_j(x, y)} \qquad (8-27)$$

其中，$\text{Con}_{j, r}$ 表示在尺度 j、方向 $r(r = 1, 2, \cdots, 2^{l_j}, l_j$ 为尺度 j 下的方向分解级数)处的局部方向对比度；$d_{j, r}(x, y)$ 为在尺度 j、方向 r、点 (x, y) 处的高频方向子带系数；$\bar{c}_j(x, y)$ 相当于尺度 j 的低频子带 c_j 在点 (x, y) 处的局部区域的均值，即

$$\bar{c}_j(x, y) = \frac{1}{M \times N} \sum_{r=-(M-1)/2}^{(M-1)/2} \sum_{c=-(N-1)/2}^{(N-1)/2} c_j(x+r, y+c) \qquad (8-28)$$

局部区域 $M \times N$ 一般取为 3×3、5×5 等。

$\text{Con}_{j, r}(x, y)$ 量测算子反映了人眼视觉对该局部的敏感程度，$\text{Con}_{j, r}(x, y)$ 值愈大，表明该点所在局部特征愈加显著，人眼更容易辨识。因此可采用以上定义的局部对比度量测算子指导高频系数的选取，即

$$d_{j, r}^F(x, y) = \begin{cases} d_{j, r}^V(x, y), & \text{Con}_{j, r}^V(x, y) > \text{Con}_{j, r}^{\text{IR}}(x, y) \\ d_{j, r}^{\text{IR}}(x, y), & \text{Con}_{j, r}^V(x, y) \leqslant \text{Con}_{j, r}^{\text{IR}}(x, y) \end{cases} \qquad (8-29)$$

根据上述融合策略，可以得到融合图像 F 的 NSCT 系数，再经过 NSCT 逆变换，就可以重构出融合图像 F。

2. 实验结果与分析

为验证本节所提出的融合算法的融合效果，选取一组红外和可见光图像进行融合实验，并与基于冗余小波变换的图像融合算法（RWT_Simple）和基于 NSCT 的图像融合算法（NSCT_Simple）进行对比实验。为使各种融合算法之间具有可比性，在对源图像经多尺度分解后的系数进行融合处理时后，两种融合算法均采用最简单的融合规则：低频系数取平均，高频系数取模值最大。包括本节算法在内的三种融合算法的图像多尺度分解级数均为 3 级；在基于 NSCT_Simple 的融合算法和本节融合算法中，从"细"尺度到"粗"尺度的方向分解级数依次为 4、3、2，尺度分解滤波器均采用均 9 - 7 滤波器，方向分解滤波器均采用 dmaxflat 滤波器；在基于 RWT_Simple 的融合算法中，采用"db4"小波滤波器对图像进行分解和重构。

本节实验所用红外和可见光图像取自荷兰 TNO Human Factors Research Institute 拍摄的"UN Camp"红外和可见光序列图。红外和可见光图像以及各种融合算法的融合结果如图 8.32 所示。图 8.32 (a)是某一场景的红外图像，能够清晰看到一个走动的人，但其他景物比较模糊；而在同一场景的图 8.32 (b)可见光图像中，由于光线较暗，很难辨识图 8.32 (a)中的人，但道路、灌木、方桌、水壶、栅栏等景物都清晰可辨。基于本节算法的融合结果见图 8.32 (c)，基于 RWT_Simple 算法的融合结果见图 8.32 (d)，基于 NSCT_Simple 算法的融合结果见图 8.32 (e)。

从视觉效果来看，本节算法的融合图像既较好地保留了可见光图像中的景物特征信息，又完全继承了红外图像中的热目标（人物）信息，且边缘细节突出，这反映了 NSCT 捕

捉图像中边缘信息的能力。相比之下，RWT_Simple 算法和 NSCT_Simple 算法的融合图像虽然也保留了两幅源图像中的主要景物特征信息，但 RWT_Simple 的融合图像边缘细节信息较模糊，整体对比度较低；NSCT_Simple 的融合图像虽然整体对比度有所改善，但背景信息不如本节算法的融合图像丰富，且人物特征信息明显不如本节算法突出。因此，无

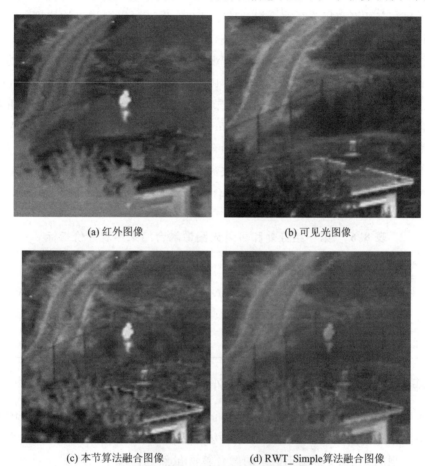

(a) 红外图像　　　　　　　　　　　(b) 可见光图像

(c) 本节算法融合图像　　　　　　(d) RWT_Simple算法融合图像

(e) NSCT_Simple算法融合图像

图 8.32　红外与可见光图像融合实验

论在热目标信息的显著程度还是在图像细节表现能力方面，本文算法的融合图像均明显优
于其他两种融合算法，视觉效果更好。对融合结果的评价，除了目视效果这种简单有效的
定性分析法外，还可以对相关的评价指标做定量的分析。从基于互补信息特征的角度考
虑，好的融合效果应能充分保留原始图像各自的目标波谱特性以及边缘细节信息。前者可
以通过信息熵、交叉熵和相关系数等指标进行评价，后者可以通过平均梯度、空间频率等
指标进行评价。本节采用信息熵、交叉熵及平均梯度三个指标来进行客观评价。表 8.6 给
出了第一组红外与可见光图像融合结果的客观评价指标。可以看出，本节算法的熵值高于
RWT_Simple 算法和 NSCT_Simple 算法约 10％以上，而交叉熵则和 NSCT_Simple 算法
相当，远低于 RWT_Simple 算法，这表明本节算法的融合图像对两幅源图像的重要信息均
保持得非常好，满足了信息互补的融合要求；本节算法的平均梯度显著高于 RWT_Simple
算法，也高于 NSCT_Simple 算法，表明其融合图像较好地保留了源图像的边缘细节信息，
图像清晰度高，这与视觉观察结果完全一致，也证实了 NSCT 捕捉图像中边缘信息的能
力。综合所有评价指标，表明本节算法的融合效果优于 RWT_Simple 算法和 NSCT_Sim-
ple 算法。

表 8.6　第一组红外和可见光图像融合结果客观评价指标

算　　法	熵	交叉熵	平均梯度
本节算法	**6.9575**	**0.0187**	**10.2762**
RWT_Simple 算法	6.0583	0.2027	6.7685
NSCT_Simple 算法	6.3292	0.0180	9.5327

8.7.2　基于区域分割和 NSCT 域的红外与可见光图像融合

目前大多数图像融合算法主要是基于单个像素或者是基于窗口提出的。但图像的局部
区域特征不是单个像素所能表征的，而是由构成该区域的、具有较强相关性的多个像素来
共同表征和体现的。8.7.1 节基于窗口的融合算法虽然也体现了区域融合的思想，但其窗
口内的像素不一定是有意义的、具有高度关联的像素集合。因此基于像素和窗口的融合有
其片面性。基于区域的图像融合是将构成某区域的、具有高度相关性的多个像素作为一个
整体参与到融合过程中，其融合图像的整体视觉效果更好，并可有效抑制融合痕迹。此外，
基于区域特性的融合算法还具有较好的鲁棒性，可在一定程度上克服像素级融合存在的一
些问题，比如融合图像易产生模糊效应、对噪声敏感以及要求源图像严格配准等[44,45]。

结合 NSCT 在图像处理中的优异特性，提出了一种基于区域分割的红外与可见光图像
融合算法。具体步骤是：首先对红外与可见光图像进行区域分割及区域关联，按关联映射
图对红外与可见光图像进行区域划分，以获取目标区域及背景区域信息；然后再采用
NSCT 对红外与可见光图像分别进行多尺度、多方向分解，并针对不同区域采取与之相适
应的融合规则；最后对融合结果重构得到融合图像。

1. 区域分割与关联分析

采用基于 Otsu 理论[46]的阈值分割法对红外与可见光图像进行区域分割。Otsu 法是一

种自适应阈值分割方法，它以图像的直方图为依据，依据类间距离极大准则进行阈值选取；基于分割效果与速度两方面考虑，对源图像进行单阈值分割，得到一幅相应的二值图像。其分割方法表示如下：

$$R(x, y) = \begin{cases} 1, & f(x, y) \geqslant T \\ 0, & f(x, y) < T \end{cases} \tag{8-30}$$

这里，$f(x, y)$ 为源图像在点 (x, y) 处的像素值，$R(x, y)$ 为二值分割图，T 为采用 Otsu 算法所得到的阈值。

　　由于红外与可见光图像对应空间的像素所包含的物理意义是有差异的，对应的区域分割图必然存在差异，即每个分割图中的各区域所包含的目标或背景的轮廓形状必然存在差异，因此有必要对红外与可见光图像的分割图进行关联处理，按关联映射图对红外与可见光图像进行区域划分，用于指导后面的区域融合决策。

　　可按照如下的关联规则来产生关联分割图：

　　(1) 若区域 $R^{(1)}$ 与区域 $R^{(2)}$ 无重叠，则在关联分割图中映射为两个区域，$R_1^{(j)} = R^{(1)}$，$R_2^{(j)} = R^{(2)}$；

　　(2) 若区域 $R^{(1)}$ 与区域 $R^{(2)}$ 部分重叠，则在关联分割图中映射为 3 个区域，$R_0^{(j)} = R^{(1)} \bigcap R^{(2)}$，$R_1^{(j)} = R^{(1)} - R_0^{(j)}$，$R_2^{(j)} = R^{(2)} - R_0^{(j)}$；

　　(3) 若区域 $R^{(1)}$ 与区域 $R^{(2)}$ 完全重叠，则在关联分割图中映射为 1 个区域，$R^{(j)} = R^{(1)} = R^{(2)}$；

　　(4) 若一个区域完全包含另一区域，如 $R^{(1)} \subset R^{(2)}$，则在关联分割图中映射为 2 个区域，$R_1^{(j)} = R^{(1)}$，$R_2^{(j)} = R^{(2)} - R^{(1)}$。

　　这里，$R^{(1)}$ 表示源图像 1 的某一区域，$R^{(2)}$ 表示源图像 2 的某一区域，$R^{(j)}$ 为关联分割图的某一区域。图 8.33 为采用上述规则所得到的区域关联映射图示例。

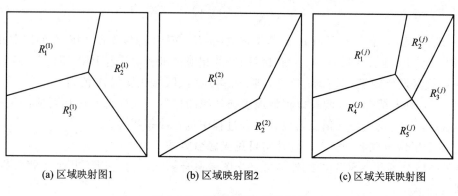

(a) 区域映射图1　　　　　　(b) 区域映射图2　　　　　　(c) 区域关联映射图

图 8.33　区域关联映射图示例

　　关联分割图中会有一些过小的区域，它们不包含足够有效的区域信息，易在融合图像中产生虚假影像，可在区域特征提取前，用形态学算子对这些小区域进行平滑和合并处理。

　　在一些基于区域分割的图像融合算法里，提出了一些区域特征量测算子来表征区域特征，如文献[44]、[45]所提出的区域活跃度、匹配度、相似度等算子。将这些算子用于同类图像的区域信息表征，取得了较理想的效果，但应用于异类图像的融合则效果不明显，原因在于异类图像对应像素点所包含的物理意义是完全不同的。针对红外与可见光图像的成像特点，采用区域能量比（Ratio of Region Energy，RRE）和区域清晰比（Ratio of Region Sharpness，RRS）算子进行区域特征量测，分别定义如下：

(1) RRE：

$$\text{RRE}(R_i^{(A, B)}) = \frac{\overline{E}(R_i^{(A)})/\overline{E}_A}{\overline{E}(R_i^{(B)})/\overline{E}_B} \tag{8-31}$$

式中

$$\overline{E}(R_i^{(k)}) = \frac{1}{N_{R_i}} \sum_{(x, y) \in R_i} f_{(k)}^2(x, y) \tag{8-32}$$

$$\overline{E}_k = \frac{1}{M \times N} \sum_{x=0}^{M-1} \sum_{y=0}^{N-1} f_{(k)}^2(x, y) \tag{8-33}$$

其中，N_{R_i} 为区域 R_i 的像素个数；$k=A$、B；$f_{(k)}(x, y)$ 为图像 k 在点(x, y)处的像素值；M、N 分别为图像的高度和宽度；$\overline{E}(R_i^{(k)})$ 为图像 k 在区域 R_i 的能量均值；$\overline{E}_k$ 为整幅图像 k 的能量均值。

$\text{RRE}(R_i^{(A, B)})$表征了图像 A、B 在区域 R_i 的相对能量高低，若 $\text{RRE}(R_i^{(A, B)})>1$，表明图像 A 在该区域的能量集中程度比图像 B 高；反之，则图像 B 在该区域的能量集中程度比图像 A 高。

(2) RRS：

$$\text{RRS}(R_i^{(A, B)}) = \frac{\sigma[(R_i^{(A)})]/u[R_i^{(A)}]}{\sigma[R_i^{(B)}]/u[R_i^{(B)}]} \tag{8-34}$$

式中

$$u(R_i^{(k)}) = \frac{1}{N_{R_i}} \sum_{(x, y) \in R_i^{(k)}} f_k(x, y) \tag{8-35}$$

$$\sigma(R_i^{(k)}) = \sqrt{\frac{1}{N_i}(f_k(x, y) - u(R_i^{(k)}))^2} \tag{8-36}$$

其中，$u(R_i^{(k)})$表示图像 k 在区域 R_i 的像素均值，$\sigma(R_i^{(k)})$表示图像 k 在区域 R_i 的像素方差。

$\text{RRS}(R_i^{(A, B)})$表征了图像 A、B 在区域 R_i 的相对清晰程度，若 $\text{RRS}(R_i^{(A, B)})>1$，表明图像 A 在该区域比图像 B 清晰；反之，则图像 B 在该区域比图像 A 清晰。

RRE 和 RRS 结合在一起可以很好地表征各源图像在与关联分割图相对应的某一区域的特征信息，利用这些特征信息可以在融合过程中进行决策指导。

2. 基于区域分割和 NSCT 的红外与可见光融合算法

基于区域分割和 NSCT 的红外与可见光图像融合算法可分为以下几个步骤（以两幅图像为例）：

(1) 对红外图像 IR 和可见光图像 V 分别进行区域分割，得到分割图 $R^{(\text{IR})}$、$R^{(\text{V})}$，对分割图 $R^{(\text{IR})}$ 和 $R^{(\text{V})}$ 进行关联处理得到关联分割图 $R^{(j)}$，计算图像 IR 和 V 中与关联图 $R^{(j)}$ 对应的各区域的 RRE 值和 RRS 值。

(2) 采用 NSCT 对图像 IR 和 V 分别进行多尺度多方向分解，得到图像 IR 和 V 各自的 NSCT 系数$\{c_J^{\text{IR}}, d_{l_j}^{\text{IR}}(1 \leqslant j \leqslant J, 1 \leqslant l \leqslant l_j)\}$和$\{c_J^{\text{V}}, d_{l_j}^{\text{V}}(1 \leqslant j \leqslant J, 1 \leqslant l \leqslant l_j)\}$，其中，$J$ 为尺度分解数，l_j 为尺度 j 下的方向分解级数，c_J 为低频子带系数，d_{l_j} 为各带通方向子带系数。

（3）采取一定的融合规则对分解后的 NSCT 系数 $\{c_J^{\text{IR}}, d_{l_j}^{\text{IR}}\}$ 和 $\{c_J^V, d_{l_j}^V\}$ 进行融合处理，得到融合的 NSCT 系数 $\{c_J^F, d_{l_j}^F\}$。

（4）对融合得到的 NSCT 系数 $\{c_J^F, d_{l_j}^F\}$ 进行 NSCT 逆变换得到融合图像。

基于区域分割和 NSCT 的红外与可见光图像融合算法流图如图 8.34 所示。

第（3）步中融合规则的选择对于融合质量至关重要，也是图像融合研究中的热点。目前广为采用的融合规则可概括为基于像素和基于窗口邻域的融合规则，但由于图像的目标或区域特征并不是由单个像素或者某个窗口像素所能表征的，而是由该区域的具有高度相关性的像素集合来表征和体现的，因此，基于像素和基于窗口邻域的融合规则存在一定的局限性。另外，采用何种量测指标进行融合系数选择也对融合效果极其重要，而目前大多数融合算法所采用的量测指标基本没有考虑到不同图像的成像特性差异，难以取得理想的融合效果。

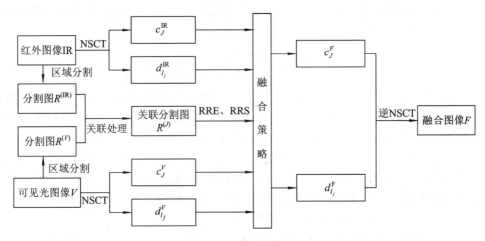

图 8.34　基于区域分割和 NSCT 的红外与可见光图像融合算法流图

本节根据红外与可见光图像不同的成像特性以及人眼的视觉特性，并结合 NSCT 的优良特性，采用以下基于区域的融合规则及符合红外与可见光图像特性的量测算子进行NSCT 融合系数的选择。

1）低频子带的融合策略

图像的低频子带包括了图像的主要能量，决定了图像的轮廓。对于红外与可见光图像的融合来说，其主要目的是在获取红外图像中的热目标区域信息的前提下，尽量保持可见光图像中具有丰富背景区域的光谱信息。可见光图像中清晰度较高的区域一般都具有丰富的背景。因此，RRE 和 RRS 可分别恰当表征红外图像的热目标区域和可见光图像的背景丰富区域。设式（8-31）和式（8-34）中定义的 A 代表红外图像 IR，B 代表可见光图像 V。若 RRE 大于某一阈值 T_1，表明该区域为趋于红外图像的热目标区域，应选择红外图像在该区域的低频系数作为融合图像的低频系数；若 RRE 值小于 T_1，表明该区域为非热目标区域，应按照区域清晰程度即 RRS 值来选择低频系数。若 RRS 大于某一阈值 T_2 或小于$1/T_2$，表明两幅图像在该区域差异较大，应选择清晰度高（即具有丰富背景）的图像在该区域的低频系数作为融合图像的低频系数；若 $1/T_2 \leqslant \text{RRS} \leqslant T_2$，表明两幅图像在该区域相似，可对两幅图像在该区域的低频系数作加权平均。

低频子带的融合策略归纳如下：

$$C_J^F(R_i) = \begin{cases} c_J^{IR}(R_i), & RRE(R_i^{(IR,V)}) > T_1 \\ c_J^{IR}(R_i), & RRE(R_i^{(IR,V)}) < T_1 \text{ 且 } RRS(R_i^{(IR,V)}) > T_2 \\ c_J^V(R_i), & RRE(R_i^{(IR,V)}) < T_1 \text{ 且 } RRS(R_i^{(IR,V)}) < 1/T_2 \\ 0.5 \times c_J^{IR}(R_i) + 0.5 \times c_J^V(R_i), & RRE(R_i^{(IR,V)}) < T_1 \\ & \text{ 且 } \leqslant RRS(R_i^{(IR,V)}) \leqslant 1/T_2 \end{cases} \quad (8-37)$$

其中，$c_J(R_i)$ 为区域 R_i 的低频系数；T_1 为 RRE 阈值，T_2 为 RRS 阈值，一般可取 $T_1 = 3\sim5$，$T_2 = 1.2\sim1.5$。

2）高频方向子带的融合策略

与 8.7.1 节类似，本节也采用方向对比度作为量测算子，进行高频方向子带系数的选取，但由于是基于区域整体进行高频方向子带系数选取的，因此本节将其定义略作修改，并将其命名为区域方向对比度以示区别，定义如下：

$$\text{Con}_{j,r}(R_i) = \frac{1}{N_{R_i}} \sum_{x,y \in R_i} \frac{|d_{j,r}(x,y)|}{\bar{c}_j(R_i)} \quad (8-38)$$

其中，$\text{Con}_{j,r}(R_i)$ 表示在尺度 j、方向 $r(r=1,2,\cdots,2^{l_j}$，l_j 为尺度 j 下的方向分解级数）、区域 R_i 处的区域方向对比度；$d_{j,r}(x,y)$ 为尺度 j、方向 r、点 (x,y) 处的高频方向子带系数；$\bar{c}_j(R_i)$ 相当于尺度 j 的低频子带 c_j 在点 (x,y) 处的均值。

为了保证将红外图像的热目标信息完整注入融合图像，融合图像在热目标区域的低频系数和高频系数应保持一致；而在其余的背景区域，则采用以上定义的区域方向对比度量测算子指导高频系数的选取。高频方向子带的融合策略归纳如下：

$$d_{j,r}^F(R_i) = \begin{cases} d_{j,r}^{IR}(R_i), & RRE(R_i^{(IR,V)}) > T_1 \\ d_{j,r}^V(R_i), & RRE(R_i^{IR,V}) \leqslant T_1 \text{ 且 } \text{Con}_{j,r}^V(R_i) > \text{Con}_{j,r}^{IR}(R_i) \\ d_{j,r}^{IR}(R_i), & RRE(R_i^{IR,V}) \leqslant T_1 \text{ 且 } \text{Con}_{j,r}^V(R_i) \leqslant \text{Con}_{j,r}^{IR}(R_i) \end{cases} \quad (8-39)$$

根据上述融合策略，可以得到融合图像 F 的 NSCT 系数，再经过 NSCT 逆变换，就可以重构出融合图像 F。

3. 实验结果与分析

为验证文中所提出的融合算法的融合效果，本节选取两组红外和可见光图像进行融合实验。

第一组红外和可见光图像与图 8.32(a) 和 8.32(b) 相同。图 8.35 (c)、8.35 (d) 分别为红外与可见光图像的分割图，图 8.35(e) 则为其关联分割图，基于本节算法的融合结果如图 8.35 (f) 所示。

从视觉效果来看，本节算法的融合图像具有较理想的融合效果，不仅继承了可见光图像中景物的光谱信息，而且也完全保留了红外图像中的热目标（人物）信息，且边缘细节突出，这反映了区域分割对目标特征信息的提取能力。另外，相对 8.7.1 节的 3 种算法，本节算法的融合图像景物特征更为平滑自然，这是因为基于区域融合的思想是将具有高度相关性的多个像素作为一个区域整体参与到融合过程中，没有割裂像素之间的物理意义。因此本节算法的融合图像具有更佳的视觉效果。

表 8.7 给出了第一组红外与可见光图像融合结果的客观评价指标。由表中数据可以看

出，本节算法的平均梯度仅稍低于基于窗口的融合算法，高于 RWT_Simple 算法和 NSCT
_Simple 算法，表明其融合图像较好地保留了源图像的边缘细节信息，图像清晰度高。

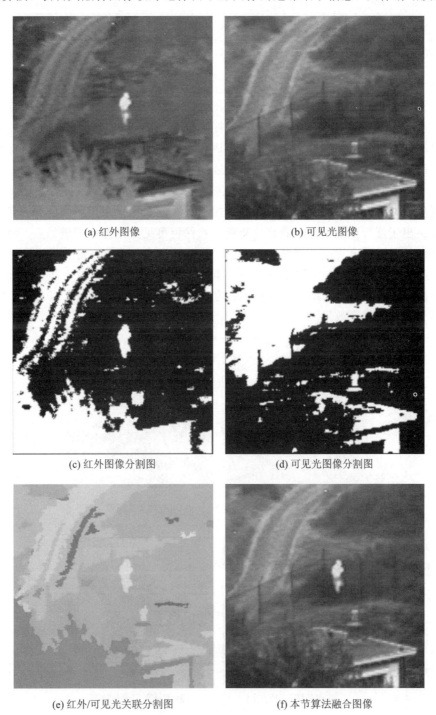

(a) 红外图像　　　　　　　　　　　　　　(b) 可见光图像

(c) 红外图像分割图　　　　　　　　　　　(d) 可见光图像分割图

(e) 红外/可见光关联分割图　　　　　　　　(f) 本节算法融合图像

图 8.35　第一组红外与可见光图像融合实验

表 8.7　　第一组红外和可见光图像融合结果客观评价指标

算　　法	熵	交叉熵	平均梯度
本节算法	**7.0226**	**0.0077**	**9.8094**
RWT_Simple 算法	6.0583	0.2027	6.7685
NSCT_Simple 算法	6.3292	0.0180	9.5327

　　第二组红外和可见光图像取自荷兰 TNO Human Factors Research Institute 拍摄的"Dune"红外和可见光序列图。各算法的融合图像分别如图 8.36(f)～(i)所示。表 8.8 给出了第二组红外与可见光图像融合结果的客观评价指标。视觉观察的比较分析结果及客观评价指标的结果与第一组实验图像的结论是一致的。

　　以上对比实验表明，基于区域分割的图像融合算法(如本节算法)可有效获取源图像的目标特征信息，从而可在融合过程中针对目标信息及背景信息采用不同的融合策略，使融合图像既突出了红外图像的目标特征，又能有效保留可见光图像的光谱信息。而基于像素及基于窗口的图像融合算法由于是单个或多个相邻像素参与融合，无法区分目标信息与背景信息，只能在融合过程中采取单一的融合策略，使其融合效果远逊于基于区域分割的图像融合算法。因此可以得出结论：基于区域的图像融合算法比基于像素以及基于窗口的融合算法具有更好的融合效果。

　　　(a) 红外图像　　　　　　　　　　(b) 可见光图像

　　(c) 红外图像分割图　　　　　　　(d) 可见光图像分割图

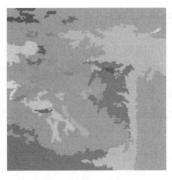 

(e) 红外/可见光关联分割图　　　　　　(f) 本节算法融合图像

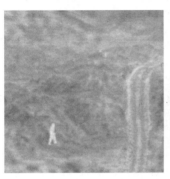 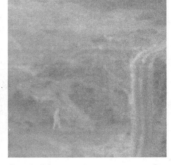

(g) 基于空间域的算法融合图像　　　　(h) RWT_Simple算法融合图像

(i) NSCT_Simple算法融合图像

图 8.36　第二组红外与可见光图像融合实验

表 8.8　第二组红外和可见光图像融合结果客观评价指标

算　　法	熵	交叉熵	平均梯度
本节算法	7.2183	3.45×10^{-4}	9.5977
基于空间域的算法	7.7426	5.96×10^{-5}	9.0107
RWT_Simple 算法	6.3248	3.91×10^{-2}	6.2274
NSCT_Simple 算法	6.4873	3.65×10^{-2}	9.3791

8.7.3 基于区域相关度的 NSCT 域多光谱与全色图像融合

由于多光谱图像与全色图像是在各自的谱段成像的，同一场景的地物或目标在不同谱段的成像将存在差异，表现为呈现出不同的空间强度和光谱特性。多光谱图像与全色图像之间的这种差异，是造成融合图像光谱失真的主要原因。因此，在强度差异较大的区域，应保持多光谱图像的空间强度信息，以减少光谱失真；而在强度差异较小的区域，注入全色图像的强度信息不会造成过大的光谱失真，可予以注入以增强空间分辨率。而且通过实验观察可以发现，强度差异较大的区域往往是多光谱图像光谱信息比较丰富的区域，依靠多光谱波段的分辨能力已经足够对其进行描述。基于以上分析，本节提出了一种基于区域特性的 NSCT 域多光谱与高分辨率全色图像融合算法。该算法首先对多光谱图像进行多阈值区域分割，然后利用本节定义的区域相关系数将多光谱图像划分为需要进行空间细节增强及需要保持光谱特征的区域；再对多光谱图像的强度分量和高分辨率图像进行 NSCT 分解，并采用区域相关系数等量测算子指导融合过程；最后对获得的融合系数重构得到高分辨率的多光谱图像。

1. 多光谱图像分割与分析

图像分割方法一般包括阈值分割法、聚类分割法、统计学分割法等。本节采用基于 Otsu 理论[46]的多阈值分割法对多光谱图像的亮度分量进行多阈值分割。Otsu 法是一种自适应阈值分割方法，它以图像的直方图为依据，依据类间距离极大准则进行阈值选取。设图像有 L 个灰度级，阈值 t 将图像划分为 2 个区域：灰度级为 $1\sim t$ 的像素区域 A（背景类），灰度级为 $t+1\sim L-1$ 的像素区域 B（目标类）。p_i 为灰度 i 出现的概率。A、B 出现的概率分别为

$$p_A = \sum_{i=0}^{t} p_i, \quad p_B = \sum_{i=t+1}^{L-1} p_i = 1 - p_A \tag{8-40}$$

A 和 B 两类的灰度均值 u_A、u_B 及整幅图像的灰度均值 u 分别为

$$u_A = \frac{\sum_{i=0}^{t} ip_i}{p_A}, \quad u_B = \frac{\sum_{i=t+1}^{L-1} ip_i}{p_B}, \quad u = \sum_{i=0}^{L-1} ip_i \tag{8-41}$$

由此可以得到 A、B 两区域的类间方差 $d_{(t)} = p_A(u_A - u)^2 + p_B(u_B - u)^2$。为了得到最优分割阈值，Otsu 把两区域的类间方差作为判别准则，认为使得 $d_{(t)}$ 值最大的 t^* 即为所求的最佳阈值：

$$t^* = \mathrm{Arg} \max_{0 \leqslant t \leqslant L-1} \left[p_A(u_A - u)^2 + p_B(u_B - u)^2 \right] \tag{8-42}$$

扩展到多阈值分割（设有 k 个阈值），则有 k 个区域的类间方差：

$$d(t_1, t_2, \cdots, t_k)$$
$$= p_0(u_0 - u)^2 + p_1(u_1 - u)^2 + p_2(u_2 - u)^2 + \cdots + p_k(u_k - u)^2 \tag{8-43}$$

其中，$p_{n-1} = \sum_{i=t_{n-1}+1}^{t_n} p_i$，$u_{n-1} = \dfrac{\sum_{i=t_{n-1}+1}^{t_n} ip_i}{p_{n-1}}$，且 $1 \leqslant n \leqslant (k+1)$。最佳阈值 t_1^*，t_2^*，$\cdots$，t_k^* 使得总方差取得最大值，即 t_1^*，t_2^*，$\cdots$，$t_k^* = \mathrm{Arg} \max_{0 < t_1 < t_2 < \cdots < t_k} d(t_1, t_2, \cdots, t_k)$。这样，利用最

大类间方差法，求得最佳阈值后，即可将多光谱图像的强度分量（灰度图像）分割成 k 类区域。

在一些基于区域分割的图像融合算法里，提出了一些区域特征量测算子来表征区域特征信息，如文献[44]、[45]所提出的区域活跃度、匹配度等算子，都对提高融合效果具有一定作用。而本节区域分割的目的是将多光谱图像划分为需要保持光谱特性的区域（即空间强度差异较大的区域）以及需要注入全色图像空间细节的区域（即空间强度差异较小的区域），上述算子尚不能有效表征该类区域。为此，本节提出区域相关系数的概念（Region Correlation Coefficient，RCC），其定义如下：

$$\mathrm{RCC}_{I,\,P}(R_i) = \frac{\sum\limits_{(x,\,y)\in R_i}\left[I(x,\,y) - u^I_{R_i}\right] * \left[P(x,\,y) - u^P_{R_i}\right]}{\sqrt{\sum\limits_{(x,\,y)\in R_i}\left[I(x,\,y) - u^I_{R_i}\right]^2 \sum\limits_{(x,\,y)\in R_i}\left[P(x,\,y) - u^P_{R_i}\right]^2}} \qquad (8-44)$$

式中

$$u(R_i) = \frac{1}{N_{R_i}}\sum_{(x,\,y)\in R_i^{(k)}} L(x,\,y) \qquad (8-45)$$

其中，N_{R_i} 为区域 R_i 的像素个数，$L(x,\,y)$ 为 $I(x,\,y)$ 或 $P(x,\,y)$，分别表示多光谱图像的强度分量和全色图像的灰度值；$u(R_i)$ 表示区域 R_i 的灰度均值。

$\mathrm{RCC}_{I,\,P}(R_i)$ 表征了多光谱图像的强度分量与全色图像在区域 R_i 的相似程度。若 $\mathrm{RCC}_{I,\,P}(R_i)$ 值较小，表明多光谱图像与全色图像在该区域差异较大，需要保持多光谱图像的强度分量，以避免光谱失真；否则，表明多光谱图像与全色图像在该区域差异较小，可以注入全色图像的空间信息，以增强融合图像的空间分辨率。

$\mathrm{RCC}_{I,\,P}(R_i)$ 算子能够较好地表征多光谱图像中需要保持光谱及空间增强的区域，因此可以利用 $\mathrm{RCC}_{I,\,P}(R_i)$ 算子在融合过程中进行决策指导。

2. 基于区域的 NSCT 域多光谱与全色图像融合算法

本节提出的基于区域的 NSCT 域多光谱与全色图像融合算法可分为以下几个步骤（以两幅图像为例）：

（1）对多光谱图像 T 进行 IHS 变换，得到 IHS 色彩空间的强度分量 I、色度分量 H 和饱和度分量 S。

（2）对强度分量 I 进行区域分割，得到分割映射图 R，计算图 R 各区域中强度分量 I 和全色图像 P 之间的 RCC 值。

（3）采用 NSCT 对强度分量 I 和全色图像 P 分别进行多尺度、多方向分解，得到强度分量 I 和全色图像 P 各自的 NSCT 系数 $\{c_J^I, d_{l_j}^I (1\leqslant j\leqslant J, 1\leqslant l\leqslant l_j)\}$ 和 $\{c_J^P, d_{l_j}^P (1\leqslant j\leqslant J, 1\leqslant l\leqslant l_j)\}$，其中，$J$ 为尺度分解数，l_j 为尺度 j 下的方向分解级数，c_j 为低频子带系数，d_{l_j} 为各带通方向子带系数。

（4）采取一定的融合规则对分解后的 NSCT 系数 $\{c_J^I, d_{l_j}^I\}$ 和 $\{c_J^P, d_{l_j}^P\}$ 进行融合处理，得到融合的 NSCT 系数 $\{c_J^r, d_{l_j}^r\}$。

（5）对 NSCT 系数 $\{c_J^r, d_{l_j}^r\}$ 进行 NSCT 逆变换得到新的强度（融合）分量 I'。

（6）对 I'、H、S 三个分量进行 IHS 逆变换，得到融合的高分辨率多光谱图像 F。

本节提出的基于区域的 NSCT 域多光谱与全色图像融合算法流图如图 8.37 所示。

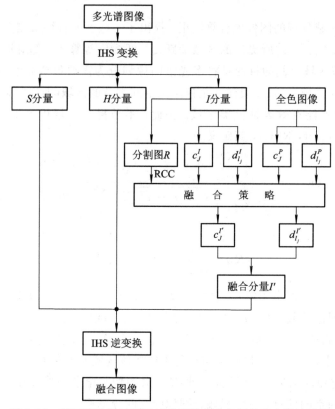

图 8.37　基于区域的 NSCT 域多光谱与全色图像融合算法流图

1）低频子带的融合策略

前面的章节已经指出，低频分量反映图像的近似信息，决定图像的概貌，一般采用加权平均的融合策略。但低分辨率多光谱图像与高分辨率全色图像融合的目的是在保持多光谱图像光谱特性的前提下，注入全色图像的空间细节信息。

由于光谱信息主要集中于多光谱图像的低频子带，全色图像的低频子带所含光谱信息十分有限，因此，可直接将低分辨率多光谱图像 I 分量的低频子带系数作为融合（强度）分量 I' 的低频子带系数，即

$$c_J^{I'} = c_J^I \tag{8-46}$$

2）高频方向子带的融合策略

高频分量反映图像的细节信息，全色图像的空间分辨率远高于多光谱图像，高频分量融合的主要目标是在尽量保持光谱信息的前提下，获取高分辨率全色图像的空间细节信息。针对本节分区域融合的思想，采用 $\mathrm{RCC}_{I,P}(R_i)$ 作为量测算子进行高频方向子带系数的选取。若 $\mathrm{RCC}_{I,P}(R_i)$ 小于某一阈值 T，表明多光谱图像和全色图像在 R_i 区域的空间特征差异较大，为避免过大的光谱失真，应将该区域多光谱图像 I 分量的高频方向子带系数作为融合后的 I' 分量的高频方向子带系数；否则，表明多光谱图像和全色图像在 R_i 区域的空间相关度较高，注入全色图像的高频细节信息不会引起较大的光谱失真，可将全色图像的高频方向子带系数作为融合后的 I' 分量的高频方向子带系数。

融合规则表示如下：

$$d_{j,\,r}^{r}(R_i) = \begin{cases} d_{j,\,r}^{I}(R_i), & \mathrm{RCC}_{I,\,P}(R_i) < T \\ d_{j,\,r}^{P}(R_i), & \text{其他} \end{cases} \tag{8-47}$$

式中，$d_{j,\,r}(R_i)$ 为图像在尺度 j、方向 $r(r = 1, 2, \cdots, 2^{l_j}, l_j$ 为尺度 j 下的方向分解级数）、区域 R_i 处的方向子带系数；T 为区域相关系数阈值，一般可取 $T = 0.7 \sim 0.85$。

大多数融合算法直接将全色图像的高频分量作为融合图像 I' 分量的高频系数，完全舍弃了多光谱图像中的显著信息。而事实上，多光谱图像中也有全色图像未能反映出来的地物信息。而采用区域相关系数量测算子在有效减少光谱失真的同时，也将多光谱图像中存在、而全色图像未能反映出来的显著地物信息保留到融合图像中。

3. 实验结果与分析

为验证本节所提出融合算法的融合效果，选取一组多光谱与高分辨率全色图像进行融合实验，并与基于 IHS 变换的融合算法、基于冗余小波变换的融合算法（RWT_Simple）以及基于 NSCT 的图像融合算法（NSCT_Simple）进行对比实验。为使各种融合算法之间具有可比性，在对源图像经多尺度分解后的系数进行融合处理时，RWT_Simple 算法和 NSCT_Simple 算法均采用最简单的融合规则：低频系数取多光谱图像的低频系数，高频系数取全色图像的高频系数。包括本节算法在内的三种基于多分辨率分析的融合算法的图像多尺度分解级数均为 3 级；在基于 NSCT_Simple 的融合算法和本节融合算法中，从"细"尺度到"粗"尺度的方向分解级数依次为：4、3、2，尺度分解滤波器均采用均 9-7 滤波器，方向分解滤波器均采用 dmaxflat 滤波器；在基于 RWT_Simple 的融合算法中，采用"db4"小波滤波器对图像进行分解和重构。

实验结果如图 8.38 所示。图 8.38（a）为配准后的 Landsat 多光谱图像，图 8.38（b）为高分辨率全色图像，图 8.38（c）为多光谱图像强度分量 I 的多阈值分割图，基于本节算法的融合结果如图 8.38（d）所示，基于 IHS 算法的融合结果如图 8.38（e）所示，基于 RWT_Simple 的融合结果如图 8.38（f）所示，基于 NSCT_Simple 的融合结果如图 8.38（g）所示。为了更清楚地说明，我们将图 8.38（d）～（g）中相同坐标的地物进行了放大处理，如图 8.39 所示。

(a) 多光谱图像　　　　　　　　　　　　　　　(b) 全色图像

(c) 多光谱图像强度分量 I 的多阈值分割图

(d) 基于本节算法的融合图像

(e) 基于IHS算法的融合图像

(f) 基于RWT_Simple算法的融合图像

(g) 基于NSCT_Simple算法的融合图像

图 8.38　多光谱与全色光图像融合实验

　　从视觉效果来看，基于 IHS 变换的融合图像较好地继承了高分辨率全色 Pan 图像的空间细节信息，但同时也存在严重的光谱失真问题，在图像中间偏右的植被区域光谱失真尤为明显；基于 RWT_Simple 的融合算法和基于 NSCT_Simple 的融合算法较好地保留了低分辨率多光谱图像的光谱信息，但空间分辨率不如 IHS 变换法的融合图像，NSCT_Simple算法在某些空间细节信息上要好于 RWT_Simple 算法；本节算法的融合图像空间细节表现力与 NSCT_Simple 算法一致，略低于 IHS 变换法，高于 RWT_Simple 算法；本节算法的融合图像在光谱信息保持方面是四种算法中最为理想的，比如在植被等空间强度差异较大的区域，较好地继承了低分辨率多光谱图像的光谱信息。

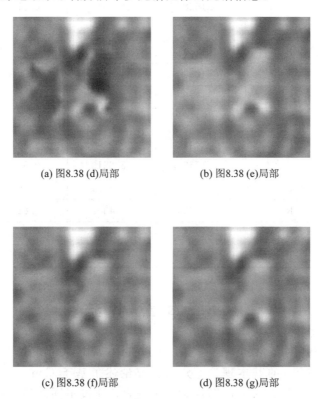

(a) 图8.38 (d)局部　　　　　　　　(b) 图8.38 (e)局部

(c) 图8.38 (f)局部　　　　　　　　(d) 图8.38 (g)局部

图 8.39　来自图 8.38 融合结果的局部放大图

　　本节算法的另一个优点是融合图像较好地保留了在多光谱图像中能够反映出来、而全色图像未能反映出来的显著地物信息。在图 8.39 的局部放大图中，在多光谱源图像中显示了一个深坑，在全色图像中未能有效反映，本节算法在融合图像中突出了这一显著信息，而其他三种算法均未能有效反映这一显著信息。

　　对于遥感图像融合结果的客观评价可分为两个方面。空间细节信息的增强情况可通过方差、信息熵和平均梯度等指标进行评价，光谱信息的保持情况可通过扭曲程度、偏差指数和相关系数等指标进行评价。这里采用信息熵、平均梯度、相关系数和扭曲程度 4 个指标来进行客观评价。表 8.9 给出了第一组多光谱与全色图像融合结果的客观评价指标。可以看出，本节算法的熵值高于原多光谱图像及另三种算法，而平均梯度值仅略低于 IHS 算法，高于另两种算法，这表明本节算法对空间细节信息的增强作用略低于 IHS 算法，优于另两种算法；本节算法的相关系数值在四种算法中最大，而扭曲程度值最小，表明本节算法对原多光谱图像的光谱信息保持得更好。综合所有评价指标表明，本节算法的融合效果优于另三种算法，这与视觉观察结果完全一致。

表 8.9　融合结果客观评价指标

算　　法	波段	信息熵	平均梯度	相关系数	扭曲程度
多光谱 源图像	R	7.1689	11.6726	—	—
	G	7.1631	11.7762	—	—
	B	7.2756	11.8414	—	—
IHS算法	R	7.1628	16.8645	0.5108	29.2086
	G	7.2005	16.5902	0.5274	27.8626
	B	7.1160	16.4994	0.5905	28.2815
RWT_Simple 算法	R	7.1258	16.0602	0.8246	8.7337
	G	7.1742	15.8748	0.8306	8.4078
	B	7.2450	15.8042	0.8589	8.3853
NSCT_Simple 算法	R	7.1285	16.0666	0.8280	8.6578
	G	7.1763	15.8810	0.8340	8.3347
	B	7.2477	15.8123	0.8616	8.3111
本节算法	R	7.2272	16.4303	0.8803	8.5245
	G	7.2809	16.2056	0.8847	8.1853
	B	7.3405	16.2099	0.8998	8.1881

8.8　本章小结

本章系统阐述了 Contourlet 变换、Wavelet-based Contourlet 变换及无下采样 Contourlet变换（NSCT）的基本理论，分别研究论述了基于 Contourlet 变换、Wavelet-based Contourlet 变换及 NSCT 的图像融合方法，并通过不同图像的融合实验，验证了 Contourlet 变换、Wavelet-based Contourlet 变换及 NSCT 用于图像融合的正确性及优越性。

Contourlet 变换、Wavelet-based Contourlet 变换及 NSCT 都继承了小波变换的优良特性，不仅具有多尺度、良好的时频局部特性，还具有多方向性，能够有效捕捉图像中的几何特征。其中，NSCT 还具有平移不变性，在避免虚假信息引入的同时能够为图像融合提供更多的有用信息。因此，NSCT 非常适合用于图像融合。

针对红外与可见光图像的融合，结合红外图像和可见光图像各自的成像特性，本章提出了两种基于 NSCT 的图像融合算法。在基于窗口选择的融合算法中，提出了以局部能量和局部方差作为量测算子的低频子带系数融合策略及以局部方向对比度作为量测算子的高频方向子带融合策略，该算法有效融合了红外图像中的热目标信息及可见光图像中的丰富光谱信息。在基于区域分割和 NSCT 的融合算法中，采取了区域融合的思想，并定义了区域能量比和区域清晰比量测算子，用以表征区域特征信息，指导 NSCT 域融合系数的选取。实验结果表明，该算法具有更佳的融合性能和视觉效果。

针对多光谱与全色图像的融合，本章提出了基于区域相关度的 NSCT 域图像融合算法。该算法提出区域相关系数的概念，并以之作为量测算子，将多光谱图像划分为与全色图像的强度差异明显的区域以及强度差异不明显区域，采取在强度差异明显的区域保留多光谱图像的高频方向子带系数，而在强度差异较小的区域则注入全色图像高频方向子带系数的融合策略。实验结果表明，相比基于 IHS 变换的融合算法和基于小波变换的融合算法，该算法在空间分辨率和光谱特性两方面达到了良好的平衡，融合后的多光谱图像在减少光谱失真的同时，有效增强了融合图像的空间分辨率，且保留了多光谱图像中的显著特征信息。

参 考 文 献

[1] Garzelli A. Wavelet-based Fusion of Optical and SAR Image Data Over Urban Area[C]. In: Photogrammetric Computer Vision, ISPRS Commission III, Symposium 2002, Graz, Austria. September 9-13, 2002. p. B-59.

[2] Chibani Y, Houacine A, Barbier Ch, et al. Fusion of Multispectral and Radar Images In the Redundant Wavelet Domain[C]. In: Proc. SPIE Vol. 3500, Image and Signal Processing for Remote Sensing IV. Sebastiano B. Serpico, Spain, September 1998. 330-338.

[3] Luciano Alparone, Luca Facheris, Stefano Baronti. Fusion of Multispectral and SAR Images by Intensity Modulation[C]. In: Proceedings of the Seventh International Conference on Information Fusion, Swedish Defence Research Agency, Stockholm, Sweden, 2004. 637-643.

[4] Yong Du, Vachon Paris W and Joost J. van der Sanden. Satellite Image Fusion with Multiscale Wavelet Analysis for Marine Applications: Preserving Spatial Information and Minimizing Artifacts (PSIMA) [J]. Can. J. Remote Sensing, 29(1): 14-23.

[5] 李树涛，王耀南，张昌凡. 基于视觉特性的多聚焦图像融合[J]. 电子学报，2001，29(12)：1699-1701.

[6] 陈勇，皮德富，周士源，等. 基于小波变换的红外图像融合技术研究[J]. 红外与激光工程，2001，30(1)：15-17.

[7] Do M N, Vetterli M. Coutourlets: A new directional multiresolution image representation[A]. Conference Record of the Thirty-Sixth Asilomar Conference on Signals, Systems and Computers. 2002, 11, 1: 497-501.

[8] 倪伟，郭宝龙，杨谬. 图像多尺度几何分析新进展：Contourlet[J]. 计算机科学，2006，33(2)：234-236.

[9] Daugman J. Two-dimensional Spectral Analysis of Cortical Receptive Field Profile[J]. Vision Research, 1980, 20: 847-856.

[10] Porat M, Zeevi Y Y. The generalized Gabor Scheme of Image Representation in Biological and Machine Vision [J]. IEEE Trans, 1988, Patt. Recog. and Mach. Intell. -10(4): 452-468.

[11] Watson A B. The Cortex Transform: Rapid Computation of Simulated Neural Images[J]. Computer Vision, Graphics, and Image Processing, 1987, 39(3): 311-327.

[12] Simoncelli E P, Freeman W T, Adelson E H, et al. Shiftable Multiscale Transform[J]. IEEE Trans, 1992, Information Theory, 38(2): 587-607.

[13] Antoine J P, Carrette P, Murenzi R, et al. Image Analysis with Two Dimensional Continuous Wavelet Transform[J]. Signal Processing, 1993, 31: 241-272.

[14] Meyer F G, Coifman R R. Brushlets: A Tool for Directional Image Analysis and Image Compression [J]. Applied and Computational Hamonic Analysis, 1997, 5: 147-187.

[15] Kingsbury N. Complex Wavelets for Shift Invarian Analysis and Filtering of Signals[J]. Applied and Computational Hamonic Analysis, 2001, 10(3): 234-253.

[16] Burt P J, Adelson E H The laplacian pyramid as a compact image code[J]. IEEE Transactions on Communications. 1983, 31(4): 432-540.

[17] Do M N, Vetterli M. Framing pyramids[J]. IEEE Trans. Signal Proc. , 2003, 51(9): 2329-2342.

[18] Bamberger R H, Smith M J T. A filter bank for the directional decomposition of images: Theory and design[J]. IEEE Trans. Signal Proc. , 1992, 40(4): 882-893.

[19] Cunha A L, Zhou J, Do M N. The nonsubsampled contourlet transform: Theory, design, and applications[J]. IEEE Trans. Image Proc. , 2006, 15(10): 3089-3101.

[20] Cunha A L, Zhou J, Do M N. Nonsubsampled contourlet transform: Filter design and application in denoising[C]. In: IEEE Int. Conf. on Image Proc. , Genoa, Italy, 2005, 749-752.

[21] Zhou J, Cunha A L, Do M N. Nonsubsampled contourlet transform: Construction and application in enhancement[C]. In: IEEE Int. Conf. on Image Proc. , Genoa, Italy, 2005, 469-472.

[22] Zhang Q, Guo B L. Research on image fusion based On the nonsubsampled contourlet transform [C]. In: 2007 IEEE International Conference on Control and Automation, Guangzhou, China, 2007, 3239-3243.

[23] 李振华,敬忠良,孙韶媛,等. 基于方向金字塔变换的遥感图像融合算法[J].光学学报,2005,25(5): 598-602.

[24] Do M N, Vetterli Martin. The Contourlet Transform: An Efficient Directional Multiresolution Image Representation. IEEE Transactions On Image Processing, 2004, 1-16. www. ifp. uiuc. edu/minhdo/publications

[25] Do M N, Vetterli Martin. Contourlets[J]. Beyond Wavelets, 2003, 10(1): 83-105.

[26] 喻汉龙,余胜生,周敬利,等. 一种基于改进的 Contourlet 变换的图像压缩算法[J]. 计算机工程与应用,2005,(14),40-43.

[27] 杨福生. 小波变换的工程分析与应用[M]. 北京:科学出版社,1999,129-132.

[28] 刘海,杜锡钰,裘正定. 四方向上的任意角度扇形数字滤波器的设计[J]. 通信学报,1994,15(4): 11-20.

[29] Chen T, Vaidyanathan P P. Multidimensional Multirate Filters and Filter Banks Derived from One-dimensional Filters[J]. IEEE Transactions on Signal Processing, 1993: 412(5): 1749-1765.

[30] Do M N. Directional Multiresolution Image Representations[D]. PhD Thesis, Department of Communication System, Switzerland: Swiss Federal Institute of Technology Lausanne, December 2001.

[31] Do M N, Vetterli Martin. Pyramidal Directional Filter Banks and Curvelets[A]. Proc. IEEE Int Conf. on Image Proc[C], Thessaloniki, Greece, vol. 3, Oct. 2001: 158-161.

[32] Cohen A, Daubechies I, Feauveau J C. Biorthogonal bases compactly supported wavelets[J]. Communications on Pure and Applied Mathematics, 1992, 45: 485-560.

[33] Ramin Eslami, Hayder Radha. Wavelet-based Contourlet Coding Using an SPIHT-like Algorithm [A]. IEEE International Conference on Image Processing[C], Oct, 2004.

[34] Ramin Eslami, Hayder Radha. Wavelet-based Contourlet Packet Image Coding[A]. Conference on Information Sciences and Systems[C], The Johns Hopkins University, March 16-18, 2005.

[35] Donoho D L. Orthonormal Ridgelets and Linear Singularities[J]. SIAM Journal on Mathematical Analysis, 2000, 31(5): 1062-1099.

[36] 易文娟,郁梅,蒋刚毅. Contourlet:一种有效的方向多尺度变换分析方法[J].计算机应用研究,

2006，(9)：18-22.

[37] Coifman R R，Meyer Y．Wickerhauser M V．Wavelet Analysis and Signal Processing[A]．Signal Processing，Part I：Signal Processing Theory[C]，1992，153-178.

[38] Toet A．Hierarchial image fusion[J]．Machine Vision and Applications，1990，3(1)：1-11.

[39] 林宙辰，石青云．用二进小波消除磁共振图像中的振铃效应[J]．模式识别与人工智能，1999，12(3)：320-324.

[40] 江铭炎．基于小波变换的图像振铃效应去除方法[J]．山东大学学报(自然科学版)，2002，37(1)：58-60.

[41] Abidi M A，Gonzalez R C．Data Fusion in Robotics and Machine Intelligence[M]．San Diego：Academic Press，Inc．1992.

[42] DeVallois R L，Yund E W，Hepler N．The orientation and direction selectivity of cells in macaque visual cortex[J]．Vision Research，1982，22：531-544.

[43] 刘贵喜．多传感器图像融合方法研究[D]．西安：西安电子科技大学博士学位论文，2001.

[44] Piella G．A region-based multiresolution image fusion algorithm[C]．In：ISIF Fusion 2002 conference，Annapolis，2002：1557-1564.

[45] Wang Rong，Gao Li-Qun，Yang Shu．An image fusion approach based on segmentation region[J]．International Journal of Information Technology，2005，11(7)：92-100.

[46] Otsu N．A threshold selection method from gray-level histograms[J]．IEEE Trans．on Syst．Man，Cybern．，1979，9(1)：62-66.

第 9 章　基于 Shearlet 变换的图像融合方法

9.1　引　　言

大量实践表明，小波主要适用于表示具有各向同性（isotropic）的奇异性对象，对于各向异性（anisotropic）的奇异性对象，如数字图像中的边界以及线状特征等，小波并不是一个很好的表示工具。这也正是基于小波的一系列处理方法，在如图像压缩、去噪等应用中，均不可避免地在图像边缘和细节位置引入一定程度模糊的原因所在。但是这些边缘或纹理的不连续（也称为奇异性）特征恰恰是信号最重要的信息。为了解决小波这一局限性，新的理论不断发展。这就是多尺度集合分析工具——Shearlet。Shearlet 变换继承了小波变换的优良特性，不仅具有多尺度、良好的时频局部特性，还具有多方向特性，允许每个尺度上具有不同数目的方向分解，其基支撑区间具有随尺度而长宽比变化的"各向异性"特性，能够实现对图像的稀疏表示。Shearlet 变换采用 Shear 滤波器实现图像的多方向分解，是一种"真正"意义上的二维图像表示方法[1]。

Shearlets 不仅拥有其他多尺度几何分析变换的优点，而且拥有一个和小波类似的数学结构：多分辨率分析。Shearlet 变换将多尺度分析和多方向分析分开进行，首先利用非下采样拉普拉斯金字塔（Laplacian Pyramid，LP）变换[2, 3]对图像进行多尺度分解，以"捕获"图像中的奇异点；然后对每一级 LP 分解后的高频分量采用第 2 章设计的 Shear 滤波器组进行多方向分解，实现图像的多尺度、多方向分解。

除了 Shearlet 变换，图像的多尺度多方向表示方法还包括 2 - D Gabor 小波[4]、Cortex 变换[5]、Steerable Pyramid[6]、2 - D 方向小波[7]、Brushlet[8]、复小波[9]、Contourlet 变换等。不过，除了 Contourlet 变换外，上述变换在每个尺度上只具有较少的方向数目。对于 Contourlet 变换而言，Shearlet 变换的时域实现方法与 Contourlet 变换是类似的。Contourlet 变换是由拉普拉斯金字塔变换和一个方向滤波器构成的。在 Shearlet 变换中，Contourlet 变换的方向滤波器被换成了 Shear 滤波器[8]。相比于 Contourlet 变换，对于 Shearlet 变换来说，最突出的优点就是在 Shear 滤波器下，没有方向数的约束，并且 Shear 滤波器也可以通过一个矩阵形式的窗函数表示。除此之外，Shearlet 变换中，对旋转方向的支集的大小没有限制，但是对方向滤波器是有限制的[10, 11]。

目前，Shearlets 在图像处理中的应用主要有图像去噪、图像稀疏表示和边缘检测，而其在图像融合中的应用还在进一步研究中。由于拉普拉斯金字塔变换是非下采样的，所以 Shearlet 变换具有平移不变性，能够有效降低配准误差对融合性能的影响[12-17]；同时图像经 Shearlet 变换后得到的各子带图像与源图像具有相同的尺寸大小，容易找到各子带图像之间的对应关系，从而有利于融合规则的制定。因此，Shearlet 变换非常适合应用于图像融合。

9.2　Shearlet 变换基本理论

近年来，Glenn Easley 等人在文献[13]中介绍了合成小波的理论，在基于传统的仿射系统的理论之上提出了一种新的多尺度几何分析方法[12-17]。

在二维情况下，合成仿射系统的形式为

$$A_{AB}(\psi) = \{\psi_{j,l,k}(x) = |\det A|^{j/2}\psi(B^l A^j x - k) | j, l \in \mathbf{Z}, k \in \mathbf{Z}^2\} \qquad (9-1)$$

其中，$\psi \in L^2(R^2)$，A、B 是可逆矩阵，并且 $|\det B| = 1$。如果 $A_{AB}(\psi)$ 具有如下形式的 Parseval 框架，则这个系统的元素被称为合成小波[18-19]，即对任意的 $f \in L^2(R^2)$，有

$$\sum_{j,l,k} |\langle f, \psi_{j,l,k} \rangle|^2 = \|f\|^2 \qquad (9-2)$$

其中 $f \in L^2(R^2)$。

在式(9-1)中，对角矩阵 A^j 和一个尺度变换相关联，矩阵 B^l 和一个几何变换，如旋转、剪切相关联。对 $\forall a > 0, s \in \mathbf{R}$，有

$$A = \begin{bmatrix} a & 0 \\ 0 & \sqrt{a} \end{bmatrix}, \quad B = \begin{bmatrix} 1 & s \\ 0 & 1 \end{bmatrix} \qquad (9-3)$$

矩阵 A 控制了 Shearlet 变换的尺度，矩阵 B 控制了 Shearlet 变换的方向。a 和 s 取值不同的 Shearlet 变换的频域支集图如图 9.1 所示。

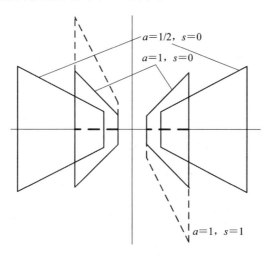

图 9.1　不同 a 和 s 的 Shearlet 频域支集图

考虑仿射变换的一个特殊的例子，在 $L^2(R^2)$ 上的合成小波，也叫做剪切波（Shearlet）。在式(9-3)中取 $a = 4, s = 1$，得到的 A_0 是一个对角矩阵，B_0 是一个 Shear 矩阵，其中

$$A_0 = \begin{bmatrix} 4 & 0 \\ 0 & 2 \end{bmatrix}, \quad B_0 = \begin{bmatrix} 1 & 1 \\ 0 & 1 \end{bmatrix}$$

对任意的 $\boldsymbol{\xi} = [\xi_1, \xi_2] \in \hat{R}^2, \xi_1 \neq 0$，设 $\psi^{(0)}$ 为

$$\hat{\psi}^{(0)}(\boldsymbol{\xi}) = \hat{\psi}^{(0)}(\xi_1, \xi_2) = \hat{\psi}_1(\xi_1)\hat{\psi}_2\left(\frac{\xi_2}{\xi_1}\right) \qquad (9-4)$$

其中 $\hat{\psi}_1$，$\hat{\psi}_2 \in C^\infty(\hat{\mathbf{R}})$，$\mathrm{supp}\hat{\psi}_1 \subset [-1/2, -1/16] \bigcup [1/16, 1/2]$，并且 $\mathrm{supp}\hat{\psi}_2 \subset [-1, 1]$。
能够得到 $\hat{\psi}^{(0)} \in C^\infty(\mathbf{R})$，并且 $\mathrm{supp}\hat{\psi}^{(0)} \subset [-1/2, 1/2]^2$。

假设

$$\sum_{j \geqslant 0} |\hat{\psi}_1(2^{-2j}\omega)|^2 = 1, \quad |\omega| \geqslant \frac{1}{8} \tag{9-5}$$

并且，对 $\forall j \geqslant 0$

$$\sum_{l=-2^j}^{2^j-1} |\hat{\psi}_2(2^j\omega - l)|^2 = 1, \quad |\omega| \leqslant 1 \tag{9-6}$$

根据 $\hat{\psi}_1$，$\hat{\psi}_2$ 的支集就能够得到函数 $\psi_{j,l,k}$ 的频域支集为

$$\mathrm{supp}\hat{\psi}_{j,k,l}^{(0)} \subset \left\{(\xi_1, \xi_2) \mid \xi_1 \in [-2^{2j-1}, -2^{2j-4}] \bigcup [2^{2j-4}, 2^{2j-1}], \left|\frac{\xi_2}{\xi_1} + l2^{-j}\right| \leqslant 2^{-j}\right\} \tag{9-7}$$

也就是说，$\hat{\psi}_{j,k,l}$ 是一个大小为 $2^{2j} \times 2^j$ 的梯形对，方向沿着 $l2^{-j}$（如图 9.2 所示）。

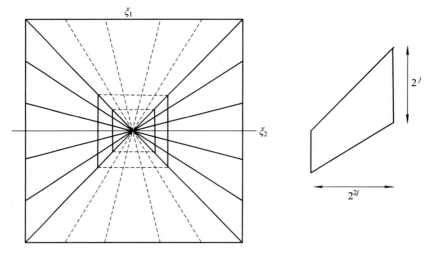

(a) Shearlet 的频域支集图　　　　　(b) $\psi_{j,k,l}$ 在频域支集的大小

图 9.2　Shearlet 的频域支集图和 $\psi_{j,k,l}$ 在频域支集的大小

对于满足上面性质的 $\hat{\psi}_1$，$\hat{\psi}_2$ 的选择有许多种。综合式(9-4)和式(9-5)，也就是说对 $\forall(\xi_1, \xi_2) \in D_0$，有

$$\sum_{j \geqslant 0} \sum_{l=-2^j}^{2^j-1} |\hat{\psi}^{(0)}(\xi A_0^{-j} B_0^{-l})|^2 = \sum_{j \geqslant 0} \sum_{l=-2^j}^{2^j-1} |\hat{\psi}_1(2^{-2j}\xi_1)|^2 |\hat{\psi}_2(2^j \frac{\xi_2}{\xi_1} - l)|^2 = 1 \tag{9-8}$$

其中：$D_0 = \{(\xi_1, \xi_2) \in \hat{\mathbf{R}}^2 \mid |\xi_1| \geqslant 1/8, |\xi_2| \leqslant 1\}$，即 $\{\hat{\psi}^{(0)}(\xi A_0^{-j} B_0^{-l})\}$ 形成了 D_0 上的一个紧支集。这个性质，结合 $\hat{\psi}^{(0)}$ 的支集在 $[-1/2, 1/2]^2$，得到集合

$$\{\psi_{j,l,k}^{(0)}(x) = 2^{\frac{3j}{2}}\psi^{(0)}(B_0^l A_0^j x - k) \mid j \geqslant 0, -2^j \leqslant l \leqslant 2^j - 1, k \in \mathbf{Z}^2\} \tag{9-9}$$

是 $L^2(D_0)^\vee = \{f \in L^2(\mathbf{R}^2) \mid \mathrm{supp}\,\hat{f} \subset D_0\}$ 上的一个 Parseval 框架。

类似地，可以构造 $L^2(D_0)^\vee$ 上的 Parseval 框架，其中：$D_1 = \{(\xi_1, \xi_2) \in \hat{\mathbf{R}}^2 \mid |\xi_2| \geqslant 1/8,$ $\left|\dfrac{\xi_1}{\xi_2}\right| \leqslant 1\}$。设

$$A_1 = \begin{bmatrix} 2 & 0 \\ 0 & 4 \end{bmatrix}, \quad B_1 = \begin{bmatrix} 1 & 0 \\ 1 & 1 \end{bmatrix}$$

并且令 $\hat{\psi}^{(1)}(\boldsymbol{\xi}) = \hat{\psi}^{(1)}(\xi_1, \xi_2) = \hat{\psi}_1(\xi_2)\hat{\psi}_2\left(\dfrac{\xi_1}{\xi_2}\right)$。其中 ψ_1 和 ψ_2 在上面已经定义过。集合

$$\{\psi_{j,l,k}^{(1)}(x) = 2^{\frac{3j}{2}}\psi^{(1)}(B_1^l A_1^j x - k) \mid j \geqslant 0, -2^j \leqslant l \leqslant 2^j - 1, k \in \mathbf{Z}^2\} \quad (9-10)$$

即为 $L^2(D_1)^\vee$ 上的 Parseval 框架。

设 $\hat{\varphi} \in C_0^\infty(\mathbf{R}^2)$，对 $\forall \boldsymbol{\xi} \in \hat{\mathbf{R}}^2$，$\hat{\varphi}$ 的选择满足

$$G(\boldsymbol{\xi}) = |\hat{\varphi}(\boldsymbol{\xi})|^2 + \sum_{j \geqslant 0} \sum_{l=-2^j}^{2^j-1} |\hat{\psi}^{(0)}(\boldsymbol{\xi} A_0^{-j} B_0^{-l})|^2 \chi_{D_0}(\boldsymbol{\xi}) + \sum_{j \geqslant 0} \sum_{l=-2^j}^{2^j-1} |\hat{\psi}^{(1)}(\boldsymbol{\xi} A_1^{-j} B_1^{-l})|^2 \chi_{D_1}(\boldsymbol{\xi})$$

$$= 1$$

其中 χ_D 表示 D 上的特征函数。

设 $\varphi_k(x) = \varphi(x - k)$ 并且 $\psi_{j,k,l}^{(d)}(x) = 2^{\frac{3j}{2}}\psi^{(d)}(B_d^l A_d^j x - k)$，其中 φ、ψ 如上面所定义，则 Shearlet 的集合为

$$\{\varphi_k \mid k \in \mathbf{Z}^2\} \bigcup \{\psi_{j,k,l}^{(d)}(x) : j \geqslant 0, -2^j + 1 \leqslant l \leqslant 2^j - 2, k \in \mathbf{Z}^2, d = 0, 1\}$$

$$\bigcup \{\tilde{\psi}_{j,k,l}^{(d)}(x) : j \geqslant 0, -2^j + 1 \leqslant l \leqslant 2^j - 2, k \in \mathbf{Z}^2, d = 0, 1\}$$

其中 $\hat{\tilde{\psi}}_{j,k,l}^{(d)}(\boldsymbol{\xi}) = \hat{\psi}_{j,k,l}^{(d)}(\boldsymbol{\xi})\chi_{D_d}(\boldsymbol{\xi})$，是 $L^2(\mathbf{R}^2)$ 上的一个 Parseval 框架。

下面总结 Shearlet 的一些性质：

（1）Shearlet 具有较好的局部特性。它在频域上是紧支集的，并且在空间域具有较快的衰减性。

（2）Shearlet 变换具有多尺度性。

（3）Shearlet 具有高度的方向敏感性。$\hat{\psi}_{j,k,l}$ 的方向沿着 $-l2^{-j}$，$\psi_{j,k,l}$ 的方向沿着 $l2^{-j}$。

（4）Shearlet 具有稀疏特性。

9.2.1　离散 Shearlet 变换

下面介绍离散 Shearlet 变换，它更易于工程上的实现。离散 Shearlet 变换公式如下：

$$W_{j,l}^0(\boldsymbol{\xi}) = \begin{cases} \hat{\psi}_2\left(2^j \dfrac{\xi_2}{\xi_1} - l\right)\chi_{D_0}(\boldsymbol{\xi}) + \hat{\psi}_2\left(2^j \dfrac{\xi_1}{\xi_2} - l + 1\right)\chi_{D_1}(\boldsymbol{\xi}), & l = -2^j \\[3mm] \hat{\psi}_2\left(2^j \dfrac{\xi_2}{\xi_1} - l\right)\chi_{D_0}(\boldsymbol{\xi}) + \hat{\psi}_2\left(2^j \dfrac{\xi_1}{\xi_2} - l - 1\right)\chi_{D_1}(\boldsymbol{\xi}), & l = 2^j - 1 \\[3mm] \hat{\psi}_2\left(2^j \dfrac{\xi_2}{\xi_1} - l\right), & \text{其他} \end{cases}$$

$$(9-11)$$

并且

$$W_{j,l}^1(\boldsymbol{\xi}) = \begin{cases} \hat{\psi}_2\left(2^j\dfrac{\xi_2}{\xi_1}-l+1\right)\chi_{D_0}(\boldsymbol{\xi}) + \hat{\psi}_2\left(2^j\dfrac{\xi_1}{\xi_2}-l\right)\chi_{D_1}(\boldsymbol{\xi}), & l=-2^j \\[2ex] \hat{\psi}_2\left(2^j\dfrac{\xi_2}{\xi_1}-l-1\right)\chi_{D_0}(\boldsymbol{\xi}) + \hat{\psi}_2\left(2^j\dfrac{\xi_1}{\xi_2}-l\right)\chi_{D_1}(\boldsymbol{\xi}), & l=2^j-1 \\[2ex] \hat{\psi}_2\left(2^j\dfrac{\xi_1}{\xi_2}-l\right) & ,\text{其他} \end{cases}$$

其中 ψ_2，D_0，D_1 已经定义。

对 $-2^j\leqslant l\leqslant 2^j-2$，每一个 $W_{j,l}^{(d)}(\boldsymbol{\xi})$ 都是作用在一个梯形对上的窗函数，如图 9.2(a) 所示。当 $l=-2^j$ 或者 $l=2^j-1$ 时，在水平锥 D_0 和垂直锥 D_1 的交界处，$W_{j,l}^{(d)}(\boldsymbol{\xi})$ 是两个函数的叠加。

对 $j\geqslant 0$，$-2^j+1\leqslant l\leqslant 2^j-2$，$k\in\mathbf{Z}^2$，$d=0$，$1$，可以写出 Shearlet 在紧支集上的傅立叶变换

$$\hat{\psi}_{j,l,k}^{(d)}(\boldsymbol{\xi}) = 2^{\frac{3j}{2}}V(2^{-2j}\boldsymbol{\xi})W_{j,l}^{(d)}(\boldsymbol{\xi})\mathrm{e}^{-2\pi\mathrm{i}\xi A_d^{-j}B_d^{-l}k}$$

其中

$$V(\xi_1,\xi_2) = \hat{\psi}_1(\xi_1)\chi_{D_0}(\xi_1,\xi_2) + \hat{\psi}_1(\xi_2)\chi_{D_1}(\xi_1,\xi_2)$$

Shearlet 变换 $f\in L^2(\mathbf{R}^2)$ 的系数可以按照式(9-11)进行计算：

$$\langle f,\psi_{j,l,k}^{(d)}\rangle = 2^{\frac{3j}{2}}\int_{R^2}\hat{f}(\boldsymbol{\xi})\overline{V(2^{-2j}\boldsymbol{\xi})W_{j,l}^{(d)}(\boldsymbol{\xi})}\mathrm{e}^{-2\pi\mathrm{i}\xi A_d^{-j}B_d^{-l}k}\mathrm{d}\boldsymbol{\xi} \tag{9-12}$$

可以验证：

$$\sum_{d=0}^{1}\sum_{l=-2^j}^{2^j-1}|W_{j,l}^{(d)}(\xi_1,\xi_2)|^2 = 1$$

并且有

$$|\hat{\varphi}(\xi_1,\xi_2)|^2 + \sum_{d=0}^{1}\sum_{j\geqslant 0}\sum_{l=-2^j}^{2^j-1}|V(2^{2j}\xi_1,2^{2j}\xi_2)||W_{j,l}^{(d)}(\xi_1,\xi_2)|^2 = 1$$

9.2.2 频域实现

下面是一个 Shearlet 频域实现的算法，用来计算式(9-11)Shearlet 的分解系数。

图像 $N\times N$ 是一个有限的序列，$\{x[n_1,n_2]\}_{n_1,n_2=0}^{N-1,N-1}$。给定的一个图像 $f\in l^2(\mathbf{Z}_N^2)$，设 $\hat{f}[k_1,k_2]$ 表示二维离散傅立叶变换(DFT)：

$$\hat{f}[k_1,k_2] = \frac{1}{N}\sum_{n_1,n_2=0}^{N-1}f[n_1,n_2]\mathrm{e}^{-2\pi\mathrm{i}\left(\frac{n_1}{N}\xi_1+\frac{n_1}{N}\xi_2\right)} \tag{9-13}$$

首先在离散域计算 $\hat{f}(\xi_1,\xi_2)\overline{V(2^{-2j}\xi_1,2^{-2j}\xi_2)}$。对于尺度 j，应用拉普拉斯金字塔算法进行多尺度分解，这是在空间域实现的。图像 $f_a^{j-1}[n_1,n_2]$ 被分解为一个低通子带 $f_a^j[n_1,n_2]$ 和一个高通子带 $f_d^j[n_1,n_2]$。矩阵 $f_a^{j-1}[n_1,n_2]$ 的大小为 $N_j\times N_j$，其中 $N_j=2^{-2j}N$，并且 $f_a^0[n_1,n_2]=f[n_1,n_2]$，大小为 $N\times N$。我们得到

$$\hat{f}_d^j[\xi_1,\xi_2] = \hat{f}(\xi_1,\xi_2)\overline{V(2^{-2j}\xi_1,2^{-2j}\xi_2)} \tag{9-14}$$

$f_d^j[n_1,n_2]$ 是 $f_d^j[x_1,x_2]$ 的离散采样值，它的傅立叶变换为 $\hat{f}_d^j[\xi_1,\xi_2]$。

为了获得方向的局部性，我们将在伪极网格上计算 DFT，然后在这个网格上对信号的分量应用一维带通滤波器滤波。下面是定义的伪极网格坐标：

$$(u, v) = \left(\xi_1, \frac{\xi_2}{\xi_1}\right), (\xi_1, \xi_2) \in D_0$$

$$(u, v) = \left(\xi_2, \frac{\xi_1}{\xi_2}\right), (\xi_1, \xi_2) \in D_1$$

在坐标系的转换之后，我们得到 $g_j(u, v) = \hat{f}_d^j(\xi_1, \xi_2)$，并且当 $l = 1 - 2^j, \cdots, 2^j - 1$ 时，有

$$\hat{f}(\xi_1, \xi_2) \overline{V(2^{-2j}\xi_1, 2^{-2j}\xi_2) W_{jl}^{(d)}(\xi_1, \xi_2)} = g_j(u, v) \overline{W(2^j v - l)} \qquad (9-15)$$

式(9-15)表明，不同的方向系数的获得，仅仅是由窗函数 W 的变换得到的。离散采样 $g_j[n_1 n_2] = g_j(n_1, n_2)$ 是 $f_d^j[n_1, n_2]$ 在伪极坐标网格上的 DFT 的数值。

观察式(9-11)，在实现中，对于频域窗函数 W 有很大的选择(也就是上面提到的 ψ_2 的选择)。

总结上面的算法过程(在固定的尺度 j)：

(1) 应用拉普拉斯金字塔将图像 f_a^{j-1} 分解为低通子带 f_a^j 和高通子带 f_d^j；

(2) 将 f_d^j 从笛卡尔坐标系转换到伪极网格上，并在伪极网格上计算 $\hat{f}_d^j$，记做 $P f_d^j$；

(3) 对矩阵 $P f_d^j$ 应用一个频域子带滤波器；

(4) 将伪极坐标系转换到笛卡尔坐标系。

该算法的时间复杂度为 $O(N^2 \lg N)$。

综上所述，在图像 f 上进行剪切波变换的框图如图 9.3 所示。

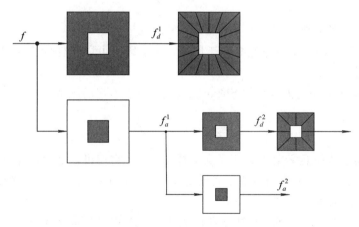

图 9.3　在图像 f 上进行剪切波变换的框图

9.2.3　时域实现

前面提到过对于窗函数的选择具有很大的灵活性。这里考虑一个频域的窗函数 $\widetilde{W}$，使得 $\sum_{l=-2^j}^{2^j-1} \widetilde{W}[2^j n_2 - l] = 1$。$\varphi_p$ 是一个从笛卡尔坐标系到伪极坐标系转换的映射函数。在9.2.2 节最后的步骤总结中第(3)和第(4)步可以用下式表示：

$$\varphi_p^{-1}(g_j[n_1, n_2]\widetilde{W}[2^j n_2 - l])$$

其中 g_j 表示转换到伪极坐标系的 $\hat{f}_d^j$。

在频域用下式计算 Shearlet 系数：

$$\varphi_p^{-1}(g_j[n_1, n_2])\varphi_p^{-1}(\hat{\delta}_p[n_1, n_2]\widetilde{W}[2^j n_2 - l])$$

其中 $\hat{\delta}_p$ 表示在伪极坐标系的离散傅立叶变换的 δ 函数。这是因为映射 φ_p 可以被看做是一个选择矩阵。那么在离散傅立叶变换域计算 Shearlet 系数公式为：

$$\hat{f}_d^j[n_1, n_2]\hat{w}_{j,l}^s[n_1, n_2]$$

其中

$$\hat{w}_{j,l}^s[n_1, n_2] = \varphi_p^{-1}(\hat{\delta}_p[n_1, n_2]\widetilde{W}[2^j n_2 - l])$$

采用 Meyer 小波得到这样的一个滤波器 $\hat{w}_{j,l}^s$，如图 9.4 所示。

图 9.4　窗函数 $\hat{w}_{j,l}^s$ 采用 Meyer 小波时形成的滤波器

时域实现的好处主要有以下两点：

（1）由于滤波器的计算过程是独立于图像 f 的，因而可以在任何大小的坐标系统中重构 Shear 滤波器。

设 w_l^s 表示支集大小为 $L \times L$ 的 Shear 滤波器。对于给定的图像 $f \in l^2(Z_N^2)$，有

$$\sum_{l=-2^j}^{2^{j-1}} f * w_l^s = f \tag{9-16}$$

尽管这些滤波器在传统意义上不具有紧支集特性，但是它们可以通过一个比给定的图像小的矩阵来实施。也就是说，通过卷积，就可以直接将 Shear 滤波器在空间域进行实施，并且不限制 Shear 滤波器的大小。

（2）由于实施中不限制 Shear 滤波器的大小，所以在多尺度分解时，可以选择非下采样拉普拉斯变换。尽管非下采样拉普拉斯变换是一个冗余变换，但是在提高图像的处理效果方面，它仍然是十分有效的。

本章后面的仿真实验中，都采用的是时域的实现方法，选择的是 Meyer 小波。图 9.5 显示的是辣椒图像的两层 Shearlet 分解，第一层分解生成 4 个子带，第二层分解生成 8 个子带。

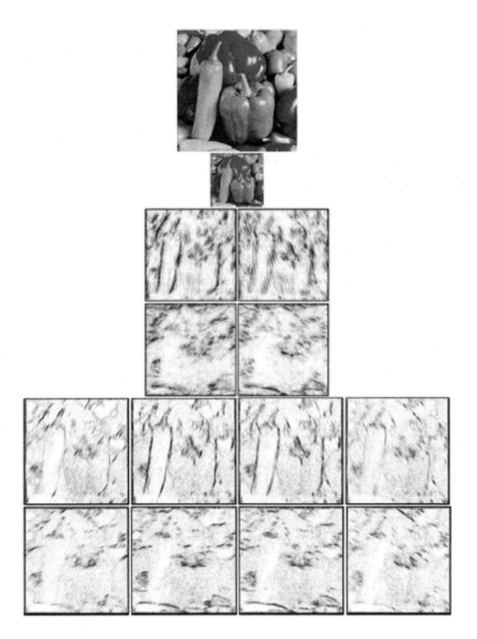

图 9.5　Shearlet 对辣椒图像进行两层分解图

（第一层分解为 4 个子带，第二层分解为 8 个子带）

9.3　基于 Shearlet 变换的多聚焦图像融合

9.3.1　基于 Shearlet 变换的图像融合框架

　　Shearlet 理论在 2005 年提出，由于其提出较晚，所以现在仍在不断完善中，对其在图像处理方面的应用研究仍然在起步阶段。现在的文献中，大多是基于 Contourlet 变换的图像融合研究[20-24]，而基于 Shearlet 的图像处理算法多集中于图像去噪、边缘检测和图像分割方面，在图像融合中的研究在国内外期刊中基本上没有。本章根据多聚焦图像融合特点，将 Shearlet 理论引入图像融合中，提出了基于 Shearlet 的多聚焦图像融合算法，算法具体步骤如下：

（1）对聚焦不同部分的两幅图像进行配准。

（2）对配准的图像分别进行 Shearlet 分解，将图像分解成一个低频图像和若干个高频方向子带图像。

（3）分别对图像的低频图像和高频子带图像采用融合规则进行融合处理。

（4）进行 Shearlet 逆变换，得到融合图像。

在步骤（3）中，采用的融合规则如下：

（1）对于低频系数融合，本节采用对应系数取平均值的方法进行融合处理。

（2）对于高频系数融合，一般文献采用以下三个规则对多聚焦图像进行融合处理：

规则 1：基于清晰度的图像融合规则。

计算图像的区域清晰度，选择区域清晰度较大的像素值作为融合图像的像素值。区域清晰度计算公式如下：

$$C_X(i, j) = \sum_{(i, j) \in M \times N} \{ [Y(i, j) - Y(i+1, j)]^2 + [Y(i, j) - Y(i, j+1)]^2 \}^{1/2}, \ X = A、B \qquad (9-17)$$

其中 $Y(i, j)$ 表示 (i, j) 点的像素值；A、B 则是两幅源图像。

规则 2：基于能量的图像融合规则。

计算图像的区域能量，选择区域能量值较大的像素值作为融合图像的像素值。区域能量计算公式如下：

$$E_X(i, j) = \sum_{i \leqslant M, j \leqslant N} |Y_X(i, j)|, \ X = A, B \qquad (9-18)$$

其中 $Y_X(i, j)$ 是 (i, j) 点处的像素值；M、N 是邻域大小，本节选择邻域大小为 3×3；A、B 则是两幅源图像。

规则 3：基于方差的图像融合规则。

计算图像的区域方差，选择区域方差值较大的像素值作为融合图像的像素值。区域方差计算公式如下：

$$D_X(i, j) = \frac{\sum_{i \leqslant M, j \leqslant N} (Y_X(i, j) - \bar{Y}_X)^2}{M \times N}, \ X = A, B \qquad (9-19)$$

其中 $Y_X(i, j)$ 是 (i, j) 点处的像素值；M、N 是邻域大小，本节选择邻域大小为 3×3；A、B 则是两幅源图像；$\bar{Y}_X$ 是图像 X 在邻域内的均值。

多聚焦图像成像过程中，聚焦图像具有丰富的高频细节信息，而图像的方差、区域梯度能量、清晰度等因子在某种程度上都能反映图像的高频细节信息，因而能够很好地反映多聚焦图像的聚焦特性，能够较好地区分多聚焦图像中的清晰区域与模糊区域。而采用单一规则容易丢失图像的细节信息，并且噪声等对图片的污染信息也会对这些融合度量因子产生影响，所以本节提出了多判决融合规则。具体算法如下：

（1）分别对多聚焦图像 A 和 B 进行 Shearlet 分解，对高频图像的像素值对应计算其邻

域的清晰比、能量比和方差比,计算公式分别如下:

$$R_1(i,j) = \frac{C_A(i,j)/C_A}{C_B(i,j)/C_B}, \ R_2(i,j) = \frac{E_A(i,j)/E_A}{E_B(i,j)/E_B}, \ R_3(i,j) = \frac{D_A(i,j)/D_A}{D_B(i,j)/D_B}$$

其中:C_X、E_X、$D_X(X{=}A、B)$分别表示整幅图像的清晰度、能量和方差值;$R_1(i,j)$表示了图像 A、B 在该像素点的相对清晰度的高低,若 $R_1(i,j){>}1$,表明图像 A 在该点的清晰程度比图像 B 高;反之,则图像 B 在该点的清晰度更高。$R_2(i,j)$、$R_3(i,j)$ 与 $R_1(i,j)$ 的表征意义相同。

(2) 对同一像素点的邻域,计算得到 R_1、R_2 和 R_3 的值,比较这三个值,选择三个值中最大的一个所对应的规则,作为此像素点的融合规则,得到融合图像的像素点。如计算得到 $R_1(i,j)$ 最大,则对 (i,j) 点处的像素值采用规则 1 进行融合,其余类似。

对于一幅图像,并不是每个规则都能很好地表征图像中的特性,所以,在三个比值中,当一种区域比值的数值越大,说明此种规则能更好地区别图像区域中的特性,所以选择此种规则对像素进行融合处理。基于 Shearlet 变换的多聚焦图像融合算法框架如图 9.6 所示。

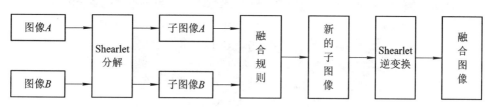

图 9.6　基于 Shearlet 变换的多聚焦图像融合框架

9.3.2　实验结果与分析

本章将 Shearlet 理论引入图像融合中,并提出了基于多判决的融合规则。本节针对提出的多聚焦图像融合规则和多判决融合规则,进行了仿真实验。

1. 基于 Shearlet 变换的多聚焦图像融合实验

多聚焦图像聚焦部分具有大量的细节信息,所以对于多聚焦图像融合,最重要的就是准确地提取图像的细节特征。而 Shearlet 变换分解的方向数不受限,具有较强的方向信息表示能力,能够较为准确地表示出图像的细节信息。

本章实验对可乐瓶的多聚焦图像和医学 CT、MRI 图像采用 Shearlet 变换进行融合处理。算法 Shearlet 变换中采用非下采样拉普拉斯变换对图像进行多尺度分解,分解层数为 4 层,采用 Meyer 小波形成的 Shear 滤波器对图像进行多方向分解,分解方向数分别为 6,6,10,10。Contourlet 变换的尺度分解滤波器采用均 9-7 滤波器,分解层数为 4 层,方向分解滤波器采用 pkva 滤波器,分解方向数分别为 4-4-8-8,采用的融合规则均为本章 9.3.1 节提出的融合规则。

图 9.7 是可乐瓶的多聚焦图像融合实验,图 9.7 (c)是本章算法融合的图像,图像较好地表现出了图 9.7 (a)的左半边信息和图 9.7 (b)的右半边信息,图像左边的字母和右边的刻度都清晰可见。基于 Contourlet 的多聚焦图像融合算法得到的融合图像的右边图像信息产生了振铃效应,有一些重影显现。其余方法得到的融合图像细节信息丢失较为严重,不能较好地辨认源图像聚焦部分的信息。

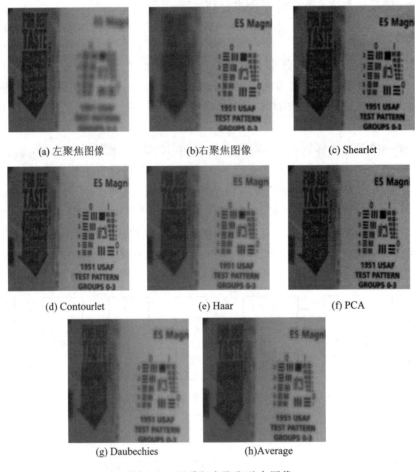

(a) 左聚焦图像　　　　　(b)右聚焦图像　　　　　(c) Shearlet

(d) Contourlet　　　　　(e) Haar　　　　　(f) PCA

(g) Daubechies　　　　　(h)Average

图 9.7　可乐瓶多聚焦融合图像

图 9.8 是医学图像的融合实验。医学图像的 CT 和 MRI 图像，由于其固有的特点，可以近似认为是不同聚焦而生成的两种图像，都是离焦部分高度模糊，基本不可见。图 9.8 (a)是 CT(Computer Tomography，计算机 X 射线断层造影术)图像，图 9.8 (b)是 MRI(Magnetic Resonance Imaging，核磁共振成像)图像。CT 和 MRI 得到的均为断层扫描图像，然而其特性是有差别的。CT 图像中图像的亮度与组织密度有关，骨骼在 CT 图像中亮度高，一些软组织在 CT 图像中无法反映。MRI 图像中图像的亮度与组织中的氢原子的数量有关，一些软组织在 MRI 图像中亮度高，而骨骼在 MRI 图像中无法显示。图 9.8 (c)是基于 Shearlet 的多聚焦图像融合算法得到的融合图像。图像骨骼信息清晰，软组织信息也能够较好地保持，融合图像包含了更多的细节信息。图 9.8 (d)是基于 Contourlet 的多聚焦图像融合算法融合的图像，融合图像中骨骼信息较为清晰，但是软组织信息严重失真，没有较好地保持 MRI 图像的特性。其余融合图像从 CT 和 MRI 图像中获得的信息量较少，骨骼信息不够清晰，软组织信息也较为模糊。

从表 9.1 可以看出，对于多数评价标准，本节提出的算法得到的评价值都是最优的，说明本节算法融合的图像携带的信息量更大，融合的效果更好。

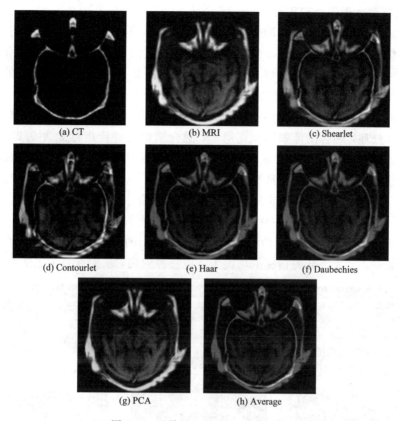

(a) CT　　　　　　　　(b) MRI　　　　　　　　(c) Shearlet

(d) Contourlet　　　　　　(e) Haar　　　　　　(f) Daubechies

(g) PCA　　　　　　(h) Average

图 9.8　医学 CT 和 MRI 融合图像

表 9.1　多聚焦融合图像评价标准

实验	算法	$Q_{AB/F}$	信息熵	标准差	平均梯度	互信息
可乐瓶多聚焦融合实验	Shearlet	**0.7559**	**6.9203**	62.9550	**0.0244**	**6.4136**
	Contourlet	0.7353	6.9177	**63.6422**	0.0348	6.0193
	Haar	0.6544	6.9536	41.3655	0.0279	6.0221
	DB	0.6457	5.9523	41.2291	0.0257	6.0646
	PCA	0.6900	6.9200	50.2367	0.0255	6.0125
	Average	0.6474	6.9411	41.0763	0.0212	6.3267
医学影像融合实验	Shearlet	**0.6676**	**6.2441**	**51.7268**	**0.0276**	2.0498
	Contourlet	0.5137	6.0461	50.4757	0.0502	1.4457
	Haar	0.4783	5.9702	35.8877	0.0425	3.2373
	DB	0.4354	5.9440	35.1599	0.0338	3.6173
	PCA	0.4425	5.9324	36.5277	0.0325	3.2201
	Average	0.4248	5.7602	34.8580	0.0286	**5.0939**

2. 多判决融合规则比较实验

　　为了验证本章提出的多判决融合规则的有效性，本节采用了闹钟的多聚焦图像进行了仿真实验。本实验均采用 Shearlet 变换对图像进行分解。Shearlet 变换中采用非下采样拉普拉斯变换对图像进行多尺度分解，分解层数为 4 层，采用 Meyer 小波形成的 Shear 滤波器对图像进行多方向分解，分解方向数分别为 6 - 6 - 10 - 10。

　　实验分别采用融合规则 1、规则 2、规则 3 和本章提出的多判决融合规则对多聚焦闹钟图像进行融合处理，融合图像如图 9.9 所示，融合图像的评价指标如表 9.2 所示。图 9.9 中，图 9.9（c）是采用多判决融合规则融合的图像，图像对于左聚焦图像的表盘刻度和右聚焦图像的表盘竖线的纹理信息，都有较好的保持，并且在聚焦图像的中心，没有出现视觉上的分割线，说明本章提出的融合规则能够较好地融合多聚焦图像。从表 9.2 可以看出，采用规则 1、2 和 3 融合的图像在评价指标上来看，没有很大的差别，但是也没有哪一种融合规则的评价指标值都优于其他两种规则，而本章提出的多判决融合规则，避免了传统单一融合规则的缺点，大部分的指标值均优于其他三种规则，从而获得了更优的融合效果。

(a)左聚焦图像

(b) 右聚焦图像

(c) 多判决算法

(c)规则1

(d) 规则2

(e) 规则3

图 9.9　基于 Shearlet 的多聚焦图像融合框架

表 9.2　基于多判决融合规则融合图像评价标准

算法	$Q_{AB/F}$	Q	熵	标准差	平均梯度	互信息	清晰度
规则 1	0.7118	0.8927	7.4200	52.4893	0.0511	6.9388	23.8727
规则 2	0.7233	0.8848	7.4240	52.4115	0.0511	7.0636	23.7038
规则 3	0.7000	0.8849	**7.4275**	51.8059	0.0498	**7.0356**	23.0585
多判决算法	**0.7310**	**0.8910**	7.4269	**51.9642**	**0.4381**	7.0354	**25.1367**

9.4　基于 Shearlet 和 PCNN 的遥感图像融合

20 世纪 90 年代以来，视觉仿生图像处理技术成为一个活跃的研究领域，引起了众多学者的重视。其中，Eckhorn 在猫眼视觉机制基础上提出的 Eckhorn 神经元模型产生了较大的影响，并被许多研究者引入到图像处理中。但是 Eckhorn 神经元模型有许多不足：第一，由于神经元的高度非线性时空整合特性，难以对 Eckhorn 神经元模型的运行机制进行数学分析；第二，基于空间邻近与灰度相似的像素级群是模糊的；第三，难以确定网络参数。为了解决以上问题，Johnson 与 Kunyimad 等人对 Eckhorn 神经元模型进行了改进，并称改进后的神经元模型为脉冲耦合神经模型，相应的神经网络称为脉冲耦合神经网络（Pulse-Coupled Neural Network，PCNN）[25-29]，从而使模型更适合于图像处理。

由于 Shearlet 变换能够对图像进行多尺度和多方向分解，并且分解的方向数不受限制，可以结合算法的时间复杂度和融合图像效果的需要进行方向数的选择，而且 Shearlet 分解后各个子图的大小与原始图像大小相同，所以结合 Shearlet 和 PCNN 对遥感图像进行融合，能够得到更好的融合效果。本章提出了基于 Shearlet 和 PCNN 的遥感图像融合算法。由于人眼对于边缘的敏感度高于对灰度值的敏感度，所以本章算法将图像的梯度特征和 Shearlet 变换的方向特征相结合，采用 PCNN 对遥感图像进行融合处理。

9.4.1　脉冲耦合神经网络(PCNN)工作原理及特性

1990 年，Eckhorn 等人通过对小型哺乳动物大脑皮层神经系统工作机理的仔细研究，提出了展示脉冲发放现象的连接模型，在此基础上，得到了一种能够仔细解释在猫等哺乳动物的大脑皮层试验中观察到的与同步行为特征有关的简化模型——脉冲耦合神经网络。

Johnson 提出的 PCNN 神经元模型是由若干个分支 PCNN 的神经元互连所构成的反馈型网络，其中每一个神经元由三个部分组成：接受域、调制部分和脉冲产生部分。图 9.10 为 PCNN 神经元的基本模型[29,30]。

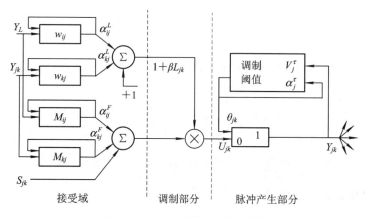

图 9.10　PCNN 神经元的基本模型

接受域接受来自其他神经元和外部的输入。接受域接收到输入后，将其通过两条通道传输，其中，一个通道称为 F 通道，另一个通道称为 L 通道。调制部分将来自 L 通道的信

号 L，加上一个正的偏移量后与来自 F 通道的信号 F_{jk} 进行相乘调制。脉冲产生部分由阈值可变的比较器与脉冲产生器组成。当神经元的阈值 θ_{jk} 超过 U_{jk} 时，脉冲产生器就被关掉，停止发放脉冲；当阈值低于 U_{jk} 时，脉冲产生器被打开，神经元就被点火，即处于激活状态，输出一个脉冲或系列。整个脉冲耦合神经网络的工作过程是这样的：如果神经元有脉冲输出，则其动态门限突然增大，当门限增大到不可能产生脉冲输出时，门限又开始指数衰减，当门限衰减到小于其内部活动项时，脉冲又再次产生，如此周而复始。显然这些脉冲串输出又输入到与之相连的其他神经元的树突上，从而又影响这些神经元的激发状态。神经元之间通过 M 和 W 达到信息互连。

PCNN 网络运行时，每个神经元按照下式进行循环计算：

$$\begin{cases} F_{ij}[n] = \exp(-\alpha_F)F_{ij}[n-1] + V_F \sum m_{ijkl}Y_{kl}[n-1] + S_{ij} \\ L_{ij}[n] = \exp(-\alpha_L)L_{ij}[n-1] + V_L \sum w_{ijkl}Y_{kl}[n-1] \\ U_{ij}[n] = F_{ij}[n](1+\beta L_{ij}[n]) \\ Y_{ij}[n] = \begin{cases} 1, U_{ij}[n] > \theta_{ij}[n] \\ 0 \quad 其他 \end{cases} \\ \theta_{ij}[n] = \exp(-\alpha_\theta)\theta_{ij}[n-1] + V_\theta Y_{ij}[n-1] \end{cases}$$

（1）根据两个通道接收来的输入、上一时刻的点火矩阵和连接系数等计算 F 和 L：

$$F_{ij}[n] = \exp(-\alpha_F)F_{ij}[n-1] + V_F \sum m_{ijkl}Y_{kl}[n-1] + S_{ij} \qquad (9-20)$$

$$L_{ij}[n] = \exp(-\alpha_L)L_{ij}[n-1] + V_L \sum w_{ijkl}Y_{kl}[n-1] \qquad (9-21)$$

（2）将这两个通道的结果送到调制部分进行加权相乘调制，得到中间状态信号 U：

$$U_{ij}[n] = F_{ij}[n](1+\beta L_{ij}[n]) \qquad (9-22)$$

（3）在脉冲产生部分，U 和动态阈值 θ 进行比较。当 U_{ij} 大于 θ_{ij} 时，脉冲产生器被打开，神经元点火，输出一个脉冲；当 U_{ij} 小于 θ_{ij} 时，脉冲产生器被关闭，神经元不点火。输出的脉冲为

$$Y_{ij}[n] = \begin{cases} 1, U_{ij}[n] > \theta_{ij}[n] \\ 0 \quad 其他 \end{cases} \qquad (9-23)$$

（4）阈值 θ 是动态的，当神经元点火时（$U>\theta$ 时），阈值迅速提高，然后进行衰减，直到再次点火，θ_{ij} 可表示为

$$\theta_{ij}[n] = \exp(-\alpha_\theta)\theta_{ij}[n-1] + V_\theta Y_{ij}[n-1] \qquad (9-24)$$

PCNN 用于图像处理时，它是一个单层连接的二维网络，神经元与像素一一对应。每个像素的亮度值输入到相应的神经元，神经元的点火对应像素点的点火。

9.4.2　基于 Shearlet 和 PCNN 的图像融合框架

当 PCNN 用于图像处理时，是一个二维的神经网络，其中神经元的个数就等于图像的灰度值的个数。

在本节中，采用 Shearlet 和 PCNN 对图像进行融合处理，如图 9.11 所示。

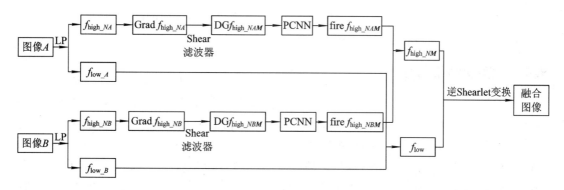

图 9.11　基于 Shearlet 和 PCNN 的图像融合框架

算法的基本步骤如下：

（1）多尺度分解。分别采用非下采样拉普拉斯金字塔算法分解原始图像 A、B，将两个源图像分解成若干个高频图像和一个低频图像：f_{high_NA}，f_{high_NB}，f_{low_A}，f_{low_B}（$N=1$，$\cdots$，n）。（在后面的仿真实验中，选取 $n=4$，也就是分解层数为 4 层。）

（2）提取梯度特征。分别计算每一个尺度图像的梯度特征，得到图像的边缘信息图 $\text{Grad} f_{\text{high}\_NA}$，$\text{Grad} f_{\text{high}\_NB}$，$\text{Grad} f_{\text{low}\_A}$，$\text{Grad} f_{\text{low}\_B}$。

人眼对于边缘的敏感性高于对灰度值的敏感性，所以本算法在此提取了图像的梯度特征，将梯度特征图进行了多方向分解。没有选择多方向分解之后再提取梯度特征的原因在于多方向分解高频图像之后的子图中不仅有边缘信息，还有很多的非边缘信息，在方向子图中，这些信息很难区分，难以获得真正的边缘信息，而未进行多方向分解时的高频图像边缘信息和非边缘信息区别较大，容易分割出边缘信息，所以在此步骤进行了梯度特征图的提取。

（3）多方向分解。对步骤（2）得到的高频图像采用 Shear 滤波器进行多方向分解，分解后的图像分别为 $\text{DG} f_{\text{high}\_NAM}$，$\text{DG} f_{\text{high}\_NBM}$，其中 $\boldsymbol{M}$ 是一个方向分解数的向量，如本节仿真实验中选择 $\boldsymbol{Q}=[2, 2, 3, 3]$，则 Shear 滤波器的方向数为 $m=2^i+2$，$\boldsymbol{M}[l]=m$，$l \in Q(i)$，$i=1, 2, 3, 4$，也就是分别将步骤（2）得到的高频系数分解为 6，6，10，10 个方向。

Shear 滤波器对图像进行多方向分解的方向数可以根据需要任意选择，这也是 Shearlet 变换与 Contourlet 变换相比的优势所在。

（4）PCNN 融合。将 $\text{DG} f_{\text{high}\_NAM}$，$\text{DG} f_{\text{high}\_NBM}$ 图像输入 PCNN 中，得到各个尺度和方向的点火图像 $\text{fire} f_{\text{high}\_NAM}$，$\text{fire} f_{\text{high}\_NBM}$。

（5）融合图像。再次对原始图像 A 和 B 进行 Shearlet 分解，得到高频图像和低频图像分别为 f_{high_NAM}、f_{high_NBM}、f_{low_A} 和 f_{low_B}，并根据下式对图像进行融合处理：

低频系数融合规则：

$$f_{\text{low}} = \begin{cases} f_{\text{low}\_A}, & \text{Var} f_{\text{low}\_A} \geqslant \text{Var} f_{\text{low}\_B} \\ f_{\text{low}\_B}, & \text{Var} f_{\text{low}\_A} < \text{Var} f_{\text{low}\_B} \end{cases} \quad (9-25)$$

其中 $\text{Var} f$ 是 f 的区域方差，区域大小为 3×3。

高频系数融合规则：

$$f_{\text{high}\_NM} = \begin{cases} f_{\text{high}\_NAM}, & \text{fire} f_{\text{high}\_NAM} \geqslant f_{\text{high}\_NBM} \\ f_{\text{high}\_NBM}, & \text{fire} f_{\text{high}\_NAM} < f_{\text{high}\_NBM} \end{cases} \quad (9-26)$$

(6) 逆 Shearlet 变换。对融合的低频图像 f_{low} 和多尺度多方向的高频图像 $f_{\text{high\_NM}}$ 进行逆 Shearlet 变换，得到最终的融合图像。

9.4.3　实验结果与分析

为了验证上节所提算法的有效性和正确性，本节分别采用了可见光和 SAR 图像、高分辨率遥感多波段图像、高光谱遥感多波段图像进行融合处理。同时，本节也对这些图像采用多种不同的融合方法进行融合效果比较，如：对源图像计算像素值的平均值（Average）、拉普拉斯金字塔（LP）、梯度金字塔（GP）、对比度金字塔（CP）、基于 Contourlet 和 PCNN 的图像融合方法（C - P），以及基于 Wavelet 和 PCNN 的图像融合方法（W - P）。主观视觉感受给出了直观的融合效果，但是对于融合结果的客观评价也是必要的。本节采用了 $Q_{AB/F}$ 和 Q 熵、标准差、平均梯度、交叉熵对三个实验的多个融合图像进行了客观评价，以分析算法的优劣。

拉普拉斯金字塔（LP）、梯度金字塔（GP）、对比度金字塔（CP）三个算法的融合规则均为选择两幅源图像低频系数的较大值作为融合图像的低频系数；选择两幅图像高频系数方差值较大的区域作为融合图像的高频系数。基于 Contourlet 和 PCNN 的图像融合方法（C - P）以及基于 Wavelet 和 PCNN 的图像融合方法（W - P）的融合规则与式（9 - 23）和式（9 - 24）相同。

本节算法中 Contourlet 变换的尺度分解滤波器采用均 9 - 7 滤波器，分解层数为 4 层，方向分解滤波器采用 pkva 滤波器，分解方向数分别为 4 - 4 - 8 - 8；Wavelet 变换采用"db2"小波滤波器对图像进行分解和重构；Shearlet 变换中采用拉普拉斯变换对图像进行多尺度分解，分解层数为 4 层；采用 Meyer 小波形成的 Shear 滤波器对图像进行多方向分解，分解方向数分别为 6 - 6 - 10 - 10。

在这三个实验中，PCNN 的点火次数均为 $n=100$，其余参数值分别设置如下：

实验 1：

$$\alpha_L = 0.03, \ \alpha_\theta = 0.1$$
$$V_L = 1, \ V_\theta = 10$$
$$\beta = 0.2$$
$$W = \begin{bmatrix} 1/\sqrt{2} & 1 & 1/\sqrt{2} \\ 1 & 1 & 1 \\ 1/\sqrt{2} & 1 & 1/\sqrt{2} \end{bmatrix}$$

实验 2：

$$\alpha_L = 0.02, \ \alpha_\theta = 0.05$$
$$V_L = 1, \ V_\theta = 15$$
$$\beta = 0.7$$
$$W = \begin{bmatrix} 1/\sqrt{2} & 1 & 1/\sqrt{2} \\ 1 & 1 & 1 \\ 1/\sqrt{2} & 1 & 1/\sqrt{2} \end{bmatrix}$$

实验 3：

$$\alpha_L = 0.03, \ \alpha_\theta = 0.1$$

$$V_L = 1, \ V_\theta = 15$$

$$\beta = 0.5$$

$$W = \begin{bmatrix} 1/\sqrt{2} & 1 & 1/\sqrt{2} \\ 1 & 1 & 1 \\ 1/\sqrt{2} & 1 & 1/\sqrt{2} \end{bmatrix}$$

图 9.12～图 9.14 是基于 Shearlet-PCNN 和一些其他常用方法的融合实验图，表 9.3 是融合图像的评价标准数据。从三个实验的融合图像中，我们可以看出基于 Shearlet 和 PCNN 的融合图像与其他方法相比，能够从两个源图像中获得更多的信息，具有更小的光谱扭曲性。在实验 1 中，图 9.12(a)的可见光图像具有更好的边缘特性，边缘信息在图像中显示得十分清晰，但是图像较暗，大地中的光谱信息基本上看不清楚。图 9.12(b)是 SAR 图像，图像光谱信息保持较好，但是与图 9.12(a)相反，图像的边缘信息较为模糊。图 9.12(c)是采用本节提出的基于 Shearlet 和 PCNN 的图像融合算法得到的融合图像。从图中可以看出，边缘信息和光谱信息都有较好的保持，并且没有视觉上的失真。图9.12(d)

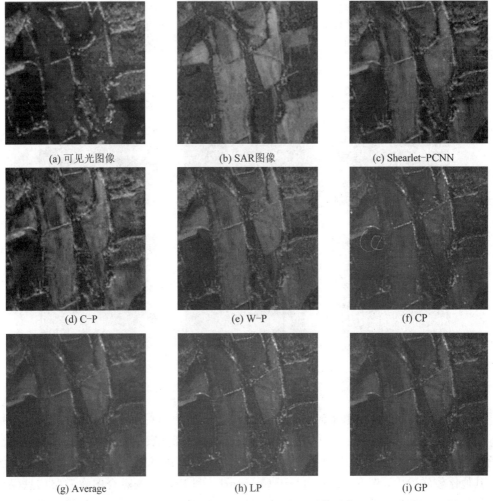

图 9.12　实验 1：可见光和 SAR 图像融合

是基于 Contourlet 和 PCNN 的融合图像，图像中边缘信息保持较好，但是光谱信息扭曲严重。图 9.12(e)～(i)融合的图像边缘信息丢失，光谱信息也比较模糊。

图 9.13 是多分辨率遥感图像的多波段图像融合。因为多波段图像成像能够穿透云层，甚至植被，所以具有较好的成像效果。不同的波段所呈现的图像具有不同的特点。图 9.13(a)和(b)是遥感 8 波段和遥感 4 波段图像。遥感 8 波段图像具有更多的河流信息，但是城市信息较为模糊。遥感 4 波段图像相反，城市信息十分清楚，河流边上的码头信息都清晰可见，但是大的河流信息模糊不清。为了得到河流和城市信息都清楚的图像，本实验对不同波段的图像进行了融合处理。从图 9.13(c)中可以看到，本节提出的算法获得了较为理想的融合图像，而从图 9.13(d)中可以看出，基于 Contourlet 和 PCNN 融合的图像具有较为清晰的块效应，影响了融合图像。图 9.13(e)～(i)融合的效果图像则不够理想。

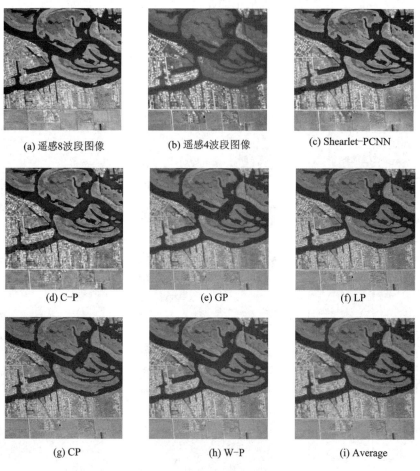

(a) 遥感8波段图像　　(b) 遥感4波段图像　　(c) Shearlet-PCNN

(d) C-P　　(e) GP　　(f) LP

(g) CP　　(h) W-P　　(i) Average

图 9.13　实验 2：多分辨率遥感图像的多波段图像融合

图 9.14 是多光谱遥感图像的多波段图像融合。图 9.14(a)中机场的跑道信息比较清晰，但是飞机信息丢失，图 9.14(b)则正好相反。从融合图像(c)中可以看出，本节算法的融合图像中飞机和跑道信息都较为清晰，能够准确地反映源图像的信息，具有较小的失真。其他比较实验中，图 9.14(d)的基于 Contourlet 和 PCNN 的融合图像云层信息保持较多，使得地面的跑道信息和飞机信息模糊。图 9.14(e)～(i)的融合图像清晰度都较低，不

能较好地反映出源图像的信息。

评价标准也具有一些局限性，如图像光谱扭曲较大、边缘过于锐化、图像失真等，但是有些指标，如平均梯度等反而会高，所以要综合考虑评价数据和主观视觉效果，来决定算法的优劣。从表 9.3 中可以看出三个实验的多项评价标准，本节提出的算法的大部分评价指标都是最优的。所以可以得出结论，本节算法对于遥感图像的融合是有效的和正确的。

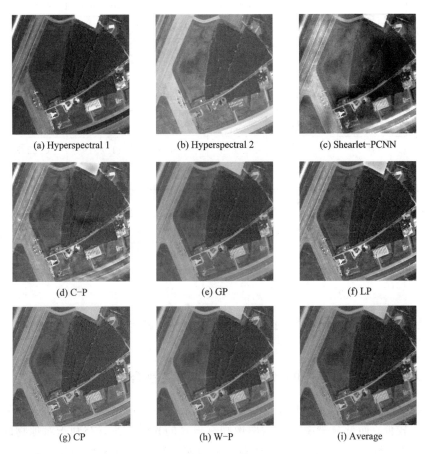

(a) Hyperspectral 1　　　　　(b) Hyperspectral 2　　　　　(c) Shearlet-PCNN

(d) C-P　　　　　(e) GP　　　　　(f) LP

(g) CP　　　　　(h) W-P　　　　　(i) Average

图 9.14　实验 3：多光谱遥感图像的多波段图像融合

表 9.3　融合图像质量评价标准比较

数据集	算法	$Q_{AB/F}$	Q	熵	标准差	平均梯度	交叉熵
实验 1	平均值	0.1842	0.2908	6.3620	22.1091	0.0285	3.2870
	LP	0.3002	0.3017	6.5209	24.8906	0.0478	3.0844
	GP	0.2412	0.2953	6.3993	22.6744	0.0379	3.2336
	CP	0.2816	0.2961	6.4759	24.1864	0.0457	3.1292
	C - P	0.3562	0.4523	6.7424	31.2693	**0.0665**	0.5538
	W - P	0.3753	0.4976	6.6142	25.2683	0.0662	0.5689
	本节算法	**0.4226**	**0.5010**	6.9961	**34.1192**	0.0575	**0.5410**

数据集	算法	$Q_{AB/F}$	Q	熵	标准差	平均梯度	交叉熵
实验2	平均值	0.4016	0.7581	6.1975	46.1587	0.0236	2.9600
	LP	0.5219	0.7530	6.9594	49.2283	**0.0399**	3.3738
	GP	0.4736	0.7599	6.9024	47.0888	0.0342	3.6190
	CP	0.5120	0.7475	6.9237	48.9839	0.0392	3.3812
	C－P	0.5658	0.7516	**7.3332**	54.3504	0.0390	3.0628
	W－P	0.4283	0.7547	6.8543	47.3304	0.0346	3.2436
	本节算法	**0.6212**	**0.7775**	7.1572	**56.2993**	0.0381	**2.9046**
实验3	平均值	0.5021	**0.7955**	6.5011	41.0552	0.0161	1.0939
	LP	**0.6414**	0.7728	6.8883	47.4990	0.0274	0.9959
	GP	0.5720	0.7898	6.5649	41.3974	0.0223	1.0249
	CP	0.5909	0.7469	6.7499	43.4631	**0.0318**	0.9834
	C－P	0.5838	0.7435	6.9451	46.5294	0.0262	1.1745
	W－P	0.5319	0.7788	6.5847	41.6623	0.0231	1.5318
	本节算法	0.6230	0.7502	**7.0791**	**55.9533**	0.0246	**0.5246**

9.5 基于 Shearlet 的多光谱和全色图像融合

9.5.1 基于 Shearlet 变换的多光谱和全色图像融合框架

高分辨率全色图像较好地反映了空间结构信息，能够精确描述地物的细节特征，但其光谱分辨率较低；而低分辨率多光谱图像则有丰富的光谱信息，有利于对地物的识别与解释，但其空间分辨率较低。因此，可将多光谱图像与高分辨率全色图像进行融合，使融合后的多光谱图像既具有较高的空间细节表现能力，同时保留多光谱图像的光谱特性，以获得对地物更全面的描述[31-33]。

融合后的多光谱图像与高分辨率全色图像之间的差异越小，则融合图像的空间分辨率越高，光谱失真越严重；若融合后的多光谱图像与源多光谱图像之间的差异越小，则融合图像的光谱失真越轻，空间分辨率越低。也就是说任何一种算法的融合图像都不可能既在空间分辨率方面与高分辨率全色图像一致，同时又完全保持多光谱源图像的光谱特性[34,35]。但是由于实际应用中，需要对图像进行融合处理，以更全面地反映地物特征，所以研究更好的融合方法使得融合图像能够尽可能多地保持高分辨率全色图像的空间信息和多光谱图像的光谱信息就显得尤为重要。本节首先提出区域清晰比和区域匹配度的概念，在此基础之上，提出了一种新的基于 Shearlet 和区域关联的多光谱和全色图像融合算法。

第 8 章中已经提出了区域分割和区域关联的概念，并提出了区域清晰比，为了更加符合多光谱和全色图像的成像特点，在此提出区域匹配度（Degree of Region Match，DRM）的概念[36]，联合区域清晰比和区域匹配度对图像进行融合处理。

区域匹配度：

$$R_{\text{DRM}}(R_i^{A,\,B}) = \frac{2 \sum\limits_{(x,\,y) \in R_i} f_A(x,\,y) f_B(x,\,y)}{E_A(x,\,y) + E_B(x,\,y)} \tag{9-27}$$

式中

$$E_{(k)}(x,\,y) = \sum\limits_{(x,\,y) \in R_i} f_{(k)}(x,\,y)^2 \tag{9-28}$$

$E_{(k)}(x,\,y)$ 表示图像 k 在区域 R_i 的能量值；$R_{\text{DRM}}(R_i^{A,\,B})$ 表征了图像 A、B 在区域 R_i 的匹配程度，其值越大，说明两个区域的相似程度越高，否则，说明两个区域的差异程度越大。

基于 Shearlet 和区域关联的多光谱和全色图像融合算法框架如图 9.15 所示。

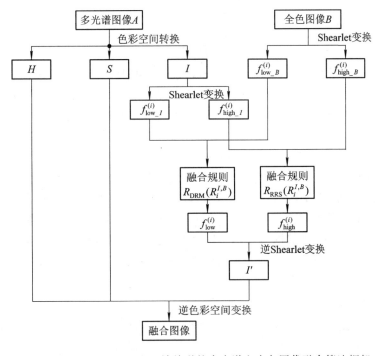

图 9.15　基于 Shearlet 和区域关联的多光谱和全色图像融合算法框架

算法的基本步骤如下：

（1）对图像进行色彩空间的转换。将多光谱图像 A 从 RGB 色彩空间转换到 HSI 色彩空间，以获得图像的空间信息分量 I；

（2）对 I 分量图像和全色图像 B 分别进行 Shearlet 变换，分解得到图像的高频系数 f_{high_I} 和 f_{high_B}，低频系数 f_{low_I} 和 f_{low_B}；

（3）对低频图像 f_{low_I} 和 f_{low_B} 分别进行区域分割，得到分割图 R_I 和 R_B，对 R_I 和 R_B 进行关联处理得到关联分割图 R，计算图像关联分割图 R 中各个区域的 R_{DRM} 值，对高频图像 f_{high_I} 和 f_{high_B} 计算对应的每个 3×3 邻域的 R_{RRS} 值；

（4）根据 R_{DRM} 值指导各个区域低频系数的融合，根据 R_{RR3} 值指导各个邻域的高频系数的融合；

（5）对步骤（4）图像进行逆 Shearlet 变换，得到新的空间分量 I'；

（6）色彩空间逆变换，将 H、S 和 I' 分量转换到 RGB 空间，得到最终的融合图像。

在步骤（4）中，融合规则的选择对融合图像效果起着非常重要的作用，本节采用的融合规则如下。

1）针对图像的低频分量

多光谱图像的 I 分量表示了图像的空间信息，但是其中仍然包含了大量的光谱信息，这也是单纯采用 HSI 替换法融合的图像严重失真的原因。本节结合区域关联图，采用"匹配度"的思想，对低频图像进行融合，融合的规则如下：

$$f_{\text{low}}^{(i)} = \begin{cases} w_1 f_{\text{low\_}I}^{(i)} + w_2 f_{\text{low\_}B}^{(i)}, & R_{\text{DRM}}(R_i^{I,\,B}) > T \\ f_{\text{low\_}I}^{(i)}, & R_{\text{DRM}}(R_i^{I,\,B}) < T \end{cases} \tag{9-29}$$

其中

$$w_1 = \frac{E_I^{(i)}}{E_I^{(i)} + E_B^{(i)}}, \quad w_2 = 1 - w_1 \tag{9-30}$$

$f_{\text{low\_}I}^{(i)}$、$f_{\text{low\_}B}^{(i)}$ 分别表示图像 I 和 B 在第 i 个区域的低频图像；$f_{\text{low}}^{(i)}$ 表示融合后第 i 个区域的低频融合图像；T 是阈值，表示两幅图像对应的区域能量的接近程度或者远离程度，一般取 $T = 0.75$，如果匹配度大于这个阈值，就说明两幅图像在此区域能量比较接近，否则就说明相差较远。

图像的低频系数聚集了图像的大部分能量信息，包含了大量的光谱信息，所以在低频图像融合规则的设计上，在获得高分辨率全色图像的空间信息的同时，要尽可能地保护多光谱图像的光谱信息，避免融合图像光谱扭曲。本节设计的融合规则当 I 分量图像和全色图像的匹配度较高时，说明两幅图像在此区域比较接近，那么就可以在融合图像中采用加权的方法，在保持光谱信息的同时获得空间信息；当匹配度较低时，说明两幅图像在此区域差异较大，那么为了不造成最后融合图像的光谱扭曲，就将在此区域的 I 分量图像作为最后的融合图像。

2）针对图像的高频分量

高频分量反映图像的细节特征，突出了图像的空间信息。由于在低频系数的融合规则的设计上，充分考虑了光谱信息的保持性，所以对于多光谱图像的 I 分量和高分辨率全色图像的高频系数，设计的目的就是在融合图像中充分保持全色图像的空间信息，尽可能地提高融合图像的空间分辨率。本节采用区域清晰比对高频图像进行融合，融合规则如下：

$$f_{\text{high}}^{(i)} = \begin{cases} f_{\text{high\_}I}^{(i)}, & R_{\text{RRS}}(R_i^{(I,\,B)}) > 1 \\ f_{\text{high\_}B}^{(i)}, & R_{\text{RRS}}(R_i^{(I,\,B)}) \leqslant 1 \end{cases} \tag{9-31}$$

其中，$f_{\text{high\_}I}^{(i)}$ 和 $f_{\text{high\_}B}^{(i)}$ 表示图像 I 和 B 在第 i 个邻域的高频分量图，$f_{\text{high}}^{(i)}$ 表示第 i 个邻域的融合图，邻域大小为 3×3。

9.5.2 实验结果与分析

为了验证本节算法的有效性，采用了两组 LANDSAT TM 图像和 SPOT PAN 图像进行融合处理。同时，本节采用了具有代表性的多光谱图像融合方法，如 HSI、基于 Contourlet和 HSI 的多光谱和全色图像融合方法（Con – HSI）、基于 Wavelet 和 HSI 的多光谱和全色图像融合方法（W – HSI），与本节提出算法进行对比。本节算法中 Contourlet 变换的尺度分解滤波器采用均 9 – 7 滤波器，分解层数为 4 层，方向分解滤波器采用 pkva 滤波器，分解方向数分别为 4 – 4 – 8 – 8；Wavelet 变换采用"db2"小波滤波器对图像进行分解和重构；Shearlet 变换中采用拉普拉斯变换对图像进行多尺度分解，分解层数为 4 层；采用 Meyer 小波形成的 Shear 滤波器对图像进行多方向分解，分解方向数分别为 6 – 6 – 10 – 10。以上算法采用的融合规则均按照 9.5.1 节所述。

　　表 9.4 是各个融合方法的评价数据。对融合图像的评价分别从 R、G、B 三个波段来计算平均梯度、相关系数和光谱扭曲度。平均梯度值越大，说明融合图像从全色图像中获得的空间信息越多；相关系数值越大，说明融合图像与两幅源图像越接近；光谱扭曲度越小，说明融合图像从多光谱图像中得到的光谱信息越丰富，失真越小。本节以这三个评价指标来验证所提出算法的正确性。

表 9.4　LANDSAT TM 图像和 SPOT PAN 图像融合评价数据

		Band	本节算法	Con – HSI	W – HSI	HSI
第一组实验	光谱扭曲度	R	14.3379	17.4727	8.0257	33.6514
		G	13.9596	16.9889	7.7694	32.8160
		B	13.7176	16.6912	7.6952	32.1789
	相关系数	R	0.8848	0.8262	0.9555	0.4443
		G	0.8894	0.8338	0.9578	0.4596
		B	0.9061	0.8585	0.9641	0.5304
	平均梯度	R	16.8976	16.8748	14.8786	17.5521
		G	16.7147	16.6434	14.7200	17.1672
		B	16.5773	16.4765	14.6794	16.9936
第二组实验	光谱扭曲度	R	16.0646	18.3105	25.1352	85.7957
		G	14.2592	16.9589	24.9310	68.7611
		B	23.1415	25.8159	31.8757	109.3128
	相关系数	R	0.9574	0.9535	0.9547	0.5539
		G	0.9493	0.9435	0.9490	0.5439
		B	0.7816	0.7494	0.7299	0.1533
	平均梯度	R	21.4867	20.8935	19.2064	23.1827
		G	19.6794	19.9668	20.3318	18.2956
		B	26.4403	24.4923	19.7261	32.8074

图 9.16 是第一组 LANDSAT TM 图像和 SPOT PAN 图像融合实验。从图 9.16（c）中很明显可以看出，融合的图像具有较好的空间分辨率，但是光谱信息扭曲严重，尤其是图中画圈的绿色植被部分，颜色已经完全改变。这是由于 HSI 采用的是简单地将 I 分量图像替换成全色图像，从而造成了光谱信息丢失导致的。图 9.16（d）和（e）都是采用基于 HSI 的多尺度几何分析方法进行的融合处理，融合图像的光谱信息有了较好的保持，尤其是基于 Contourlet 和 HSI 的图像融合方法，颜色信息保持得更加丰富，但是由于为了尽可能地保持光谱信息，这两种方法的空间信息有些丢失。图 9.16（d）中画圈部分的纹理信息，以及图像左下角的道路信息，都有些模糊不清。图 9.16（e）中画圈部分信息丢失严重，城市中的道路信息也没有获得理想的效果。图 9.16（f）是采用本节算法融合的图像。图像中光谱信息和空间信息都保持得较好，既从多光谱图像中获得了较好的光谱信息，也得到了较为清晰的纹理信息。

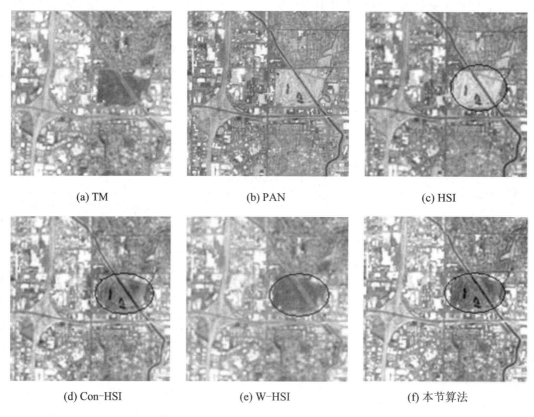

（a）TM   （b）PAN   （c）HSI

（d）Con-HSI   （e）W-HSI   （f）本节算法

图 9.16　第一组 LANDSAT TM 图像和 SPOT PAN 图像融合

图 9.17 是第二组 LANDSAT TM 图像和 SPOT PAN 图像融合实验。图 9.17（c）中 HSI 算法得到的融合图像光谱扭曲严重。图 9.17（d）采用 Contourlet 和 HSI 的融合算法得到的图像与图 9.17（f）中采用本节算法得到的图像相比，基本上可以较好地保持图像的光谱信息和空间特征，但是在图像右边的海洋部分，基于 Contourlet 的图像融合算法融合的图像有一些颜色失真，融合的蓝色海洋信息不够均匀，而采用本节算法融合的图像在蓝色海洋区域更加均匀和平滑，能够得到更好的融合图像。图 9.17（e）是基于小波和 HSI 的融合算法融合的图像，图像中没有明显的光谱信息的扭曲，但是空间分辨率较低，红色区域

的纹理信息基本上不可见，没有达到理想的融合效果。

　　从表 9.4 中可以看出，基于 HSI 算法融合的图像梯度值都较大，但是同时光谱扭曲度值也较大，同时验证了 HSI 算法从全色图像得到的高分辨率信息较多，但是丢失了较多的光谱信息。由于 Wavelet 只能提取图像三个方向的信息，所以基于 Wavelet 和 HSI 的图像融合算法融合的图像获得的光谱信息较好，但是从全色图像中得到的空间信息较少。从表 9.4 中可以看出，融合图像的平均梯度值都比较小。Contourlet 能够提取图像更多的方向信息，所以基于 Contourlet 和 HSI 算法融合的图像在空间分辨率的保持上优于 Wavelet，但是在 Contourlet 采用方向滤波器对图像进行方向提取时，方向滤波器的方向数受限制，只能提取图像 8 个方向或者 16 个方向的信息，而 Shearlet 提取方向信息采用的是 Shear 滤波器，Shear 滤波器能够提取图像任意多个方向的特征，通过方向数的选择，也就能更好地提取图像的方向特征，从而在融合图像中获得较多的空间信息。从表 9.4 中也可以看出，Shearlet 融合的图像的平均梯度、相关系数和光谱扭曲度都稍优于 Contourlet 融合的图像。

　　从以上分析可以看出，对图 9.16 和 9.17 的视觉效果分析和表 9.4 的数据显示是一致的，从而可以证明，本节算法相比于其他常用算法来说是有效的和正确的。

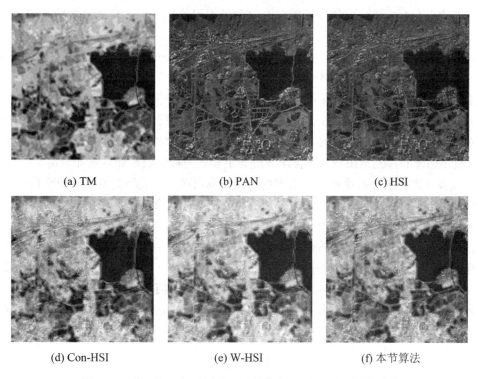

(a) TM　　　　　　　　　(b) PAN　　　　　　　　　(c) HSI

(d) Con-HSI　　　　　　　(e) W-HSI　　　　　　　(f) 本节算法

图 9.17　第二组 LANDSAT TM 图像和 SPOT PAN 图像融合

9.6　本 章 小 结

　　本章系统阐述了 Shearlet 理论，并以 Shearlet 变换为多尺度几何分析工具，针对多聚焦图像的成像特点，提出了基于多判决和 Shearlet 的多聚焦图像融合算法；针对遥感图像成像特点，将 PCNN 引入图像融合中，提出了基于 Shearlet 和 PCNN 的遥感图像融合算法；针对多光谱和全色图像的成像特点，结合区域分割和区域关联理论，提出了基于区域和 Shearlet 的多光谱和全色图像融合算法。对每一种算法，文中都详细介绍了理论基础、算法框架、融合规则，并进行了大量的仿真实验，从主观和客观方面都对融合效果图进行了分析和评价，证明了提出的每种算法的有效性和正确性。

本章针对 Contourlet 变换分解图像的缺点，研究 Shearlet 变换理论，将 Shearlet 变换引入图像融合中，结合 Shearlet 变换所具有的多尺度性、多方向性以及平移不变性等优良特性，提出一种基于 Shearlet 的多聚焦图像融合算法。最新文献在图像融合方面的研究大多集中于 Contourlet 变换，但是 Contourlet 变换是采用方向滤波器对图像进行分解的，其分解的方向数受到限制，而最新提出的 Shearlet 变换采用 Shear 滤波器对图像进行分解，分解图像的方向数不受限制，可以根据需要进行选择。所以 Shearlet 变换具有更加优良的图像表示特性，能够更好地进行图像处理。但是 Shearlet 理论的研究起步较晚，其理论仍在完善中，所以应用研究还在探索，尤其是其在图像融合中的应用研究，在国内外还未见到相关文献的发表。所以，本章对 Shearlet 在多聚焦图像的融合应用进行了探索性的研究，提出了基于 Shearlet 的多聚焦图像融合框架。实验结果表明，Shearlet 变换能够有效地提取图像的细节信息，融合后的图像能够有效避免虚假信息的引入并消除振铃效应，得到整幅图像均聚焦清晰的图像。

针对遥感图像的成像特点，本章提出了一种基于 Shearlet 和 PCNN 的图像融合算法。PCNN能够较好地模拟人眼的视觉特征，Shearlet 变换能够对图像进行多尺度和多方向分解，并且 Shearlet 分解后各个子图的大小与原始图像大小相同，更利于图像融合规则的设计。在融合过程中，根据人眼对于图像边缘信息敏感性高于灰度值信息，结合图像的梯度信息对图像进行融合处理。仿真实验结果表明，本算法能够较好地融合 SAR 和可见光图像、多波段图像和多光谱图像，融合图像得到了较好的视觉效果和客观评价值。

针对多光谱和全色图像融合中出现的光谱失真问题，本章分析多光谱和全色图像的成像特点，提出了一种基于 Shearlet 的多光谱和全色图像融合算法。现在常用的多光谱和全色图像融合算法都很难达到光谱信息和空间分辨率的平衡，有的算法会造成光谱信息的严重扭曲，有的算法会丢失全色图像的空间信息。本章对常用算法进行了深入研究，根据区域融合的思想，结合区域分割和区域关联相关理论，提出了基于区域清晰度和匹配度的图像融合规则。该算法在空间分辨率和光谱特性两方面达到了良好的平衡，融合后的图像在减少光谱失真的同时，有效增强了空间分辨率。其融合的图像与传统的多光谱和全色图像融合算法融合的图像相比，具有更佳的融合性能和视觉效果。

参 考 文 献

[1]　Daugman J. Two-dimensional Spectral Analysis of Cortical Receptive Field Profile[J]. Vision Research，1980，20(10)：847-856.

[2]　Liu G，Jing Z L，Sun S Y，et al. Image fusion based on expectation maximization algorithm and steerable pyramid[J]. Chinese Optics Letters，2004，2(7)：386-389.

[3]　Zhang Q，Guo B L，Research on image fusion based On the nonsubsampled contourlet transform[C]. In：2007 IEEE International Conference on Control and Automation，Guangzhou，China，

2007，3239-3243.

[4]　Watson A B. The Cortex Transform：Rapid Computation of Simulated Neural Images[J]. Computer Vision，Graphics，and Image Processing，1987，39(3)：311-327.

[5]　Simoncelli E P，Freeman W T，Adelson E H，et al. Shiftable Multiscale Transform[J]. IEEE Transactions on Information Theory，1992，38(2)：587-607.

[6]　Antoine J P，Carrette P，Murenzi R，et al. Image Analysis with Two Dimensional Continuous Wavelet Transform[J]. Signal Processing，1993，31(3)：241-272.

[7]　Meyer F G，Coifman R R. Brushlets：A Tool for Directional Image Analysis and Image Compression [J]. Applied and Computational Hamonic Analysis，1997，4(2)：147-187.

[8]　Kingsbury N. Complex Wavelets for Shift Invarian Analysis and Filtering of Signals[J]. Applied and Computational Hamonic Analysis，2001，10(3)：234-253.

[9]　Guo K，Lim W，Labate D，et al. Wavelets with composite dilations[J]. Electronic rearch announcements of the American Mathematical society，2004，10：78-87.

[10]　Guo K，Lim W，Labate D，et al. The theory of wavelets with composite dilations[J]. Harmonic Analysis and Applications，2006，4：231-249.

[11]　Guo K，Lim W，Labate D，et al. Wavelets with composite dilations and their MRA properties[J]. Appl. Comput. Harmon. Anal. 2006，20(6)：231-249.

[12]　Kutyniok，Labate G and D. Construction of Regular and Irregular Shearlet Frames[J]. Journal of Wavelet Theory and Applications，2007，17(1)：1-10.

[13]　Glenn Easley，Demetrio Labate and Wang-Q Lim. Sparse Directional Image Representations using the Discrete Shearlet Transform[J]. Applied Computational Harmonic Analysis，2008，25(1)：25-46.

[14]　Guo K and Labate D. Optimally Sparse Multidimensional Representation using Shearlets[J]. SIAM Journal on Mathematical Analysis，2007，39(1)：298-318.

[15]　Guo K，Labate D and Lim W. Edge Analysis and Identification using the Continuous Shearlet Transform[J]. Applied Computational Harmonic Analysis，2009，30(2)：24-46.

[16]　Kutyniok G and Labate D. Resolution of the Wavefront Set using Continuous Shearlets[J]. Trans. American Manthematical Society，2009，361(5)：2719-2754.

[17]　Shearlet webpage，http://www. shearlet. org.

[18]　Amolins Krista，Zhang Yun，Dare Peter. Wavelet Based Image Fusion Techniques：An introduction，review and comparison[J]. International Society for Photogrammetry and Sensing，2007，62(4)：249-263.

[19]　Mallat S G. Theory for Multiresolution Signal Decomposition：The Wavelet Representation[J]. IEEE Transaction on Pattern Analysis and Machine Intelligence，1989，11(7)：674-693.

[20]　李振华，敬忠良，孙韶媛，等. 基于方向金字塔变换的遥感图像融合算法[J]. 光学学报，2005，25(5)：598-602.

[21]　Eltoukhy H A，Kavusi S. A computationally efficient algorithm for multi-focus image reconstruction [C]. Proceedings of SPIE Electronic Imaging，2003，332-341.

[22]　那彦. 图像融合方法研究[D]. 西安：西安电子科技大学博士学位论文，2005.

[23]　Yang Xiao hui，Jiao Li cheng. Fusion Algorithm for Remote Sensing Images Based on Nonsubsampled Contourlet Transform[J]. Acta Automatica Sinica，2008，34(3)：274-281.

[24]　那彦，焦李成. 基于多分辨分析理论的图像融合方法[M]. 西安：西安电子科技大学出版社，2007.

[25]　Eckhorn R，Reitboeck H J，Arndt M，et al. Feature linking via synchronization among distributed

assemblies：Simulation of results from cat cortex[J]. Neural Computation，1990，2(3) 293-307.

[26] Eckhorn R，Reitboeck H J，Arndt M，et al. Feature linking via Stimulus-Evoked Oscillstions：Experimental Results form Cat Visual Cortex and Functional Implications form Network Model[C]. In：Proc Int JCNN，Washington D C，1989，1(1)：723-730.

[27] Broussard Randy P，Rogers Steven K，Oxley Mark E，et al. Physiologically motivated image fusion for object detection using a pulse coupled neural network[J]. IEEE Trans Neural Network，1999，10(3)：554-563.

[28] Kuntimad G，Ranganath H S. Perfect image segmentation using pulse coupled neural networks[J]. IEEE Trans. Neural Networks，1999，10(3)：591-598.

[29] 张北斗. PCNN 在生物医学图像处理中的应用研究[D]. 兰州大学硕士学位论文，2006.

[30] Qu Xiaobo，Yan Jingwen. Image Fusion Algorithm Based on Features Motivated Multi-channel Pulse Coupled Neural Networks[C]. Bioinformatics and Biomedical Engineering，2008，2103-2106.

[31] 陈湘凭，王志成，田金文. 基于局部梯度和局部熵的红外小目标融合检测[J]. 计算机与数字工程，2006，34(10)：1-3.

[32] Shaohui Chen，Hongbo Su，Renhua Zhang. The tradeoff analysis for remote sensing image fusion using expanded spectral angle mapper[J]. Sensors. 2008，8(1)：520-528.

[33] Piella G. A region-based multiresolution image fusion algorithm[C]. In：ISIF Fusion 2002 conference，Annapolis，2002，2：1557-1564.

[34] Wang Rong，Gao Li Qun，Yang Shu. An image fusion approach based on segmentation region[J]. International Journal of Information Technology，2005，11(7)：92-100.

[35] Otsu N. A threshold selection method from gray -level histograms[J]. IEEE Trans. on Syst. Man，Cybern. ，1979，9(1)：62-66.

[36] 翟军涛，那彦，孟捷. 基于非采样 Contourlet 变换的多光谱和全色图像自适应融合算法[J]. 系统工程与电子技术，2009，31(4)：764-767.

第 10 章 图像融合应用

10.1 引 言

图像融合最早被广泛应用于军事领域。现代军用光电侦察系统以及 SAR 侦察系统的工作环境相当复杂,有着明显的多样性和不确定性,由于单一传感器性能的局限性,只可能给出目标或环境的部分或某个侧面的信息,因此要想通过单一的图像传感器去准确地感知和描述目标及外界环境是不可能的。多传感器图像融合技术可以对多源情报信息进行综合处理和利用,将多种先进的探测和情报侦察系统进行系统集成,使其相互补充,能充分发挥不同图像传感器在频率、空间、能量等方面的优势,形成一体化探测,达到功能互补、资源共享、探测和对抗性能提高、信息量扩大的目标,因此应用潜力非常大[1]。

10.2 军事应用概述

推动图像融合技术快速发展的最大驱动力来自于各种军事装备的需求。图像融合技术在美、英等发达国家受到高度重视并已取得相当的进展,如在海湾战争中发挥很好作战性能的 LANTIAN 吊舱就是一种可将前视红外、激光测距、可见光摄像机等多种传感器信息叠加显示的图像融合系统。美国 TI 公司 1995 年底从美国夜视和电子传感器管理局(NVESD)获得了将以 DSP 为核心的图像融合设计集成到先进直升机驾驶(AHP)传感器系统的合同。英国也以 Ⅱ 类通用组件为基础研制出具有图像融合处理功能的双波段热像仪。20 世纪 90 年代,美国海军在 SSN-691(孟菲斯)潜艇上安装了第一套图像融合样机,可使操纵手在最佳位置上直接观察到各传感器的全部图像[2]。1998 年 1 月《防务系统月刊》电子版报道,美国国防部已授予 BTG 公司一项美国空军的图像融合系统设计合同,此系统能给司令部一级的指挥机构提供比较稳定的战场图像。当然,不是所有的图像融合系统都是公开的,其中大部分最新的研究成果都是面向特定武器装备而设计开发的。最近几年内,已有多套图像融合系统投入使用,但是价格、尺寸和功率的限制使得其只能应用在大型车辆和舰船上。例如,配置在英国升级后的猎手海巡机上和美国阿帕奇直升机上的"夜巨人"三波段融合系统等。更小和更便宜但性能略差的融合系统在军事上也有广阔的应用前景,例如美军的 Northrop Grumman 增强夜视目镜等。许多军事技术发展计划已经包括和重点加大对图像融合研究的投入,包括英国的 CONDOR2 系统(应用于直升机)、FIST 系统(应用于步兵)、FRES 系统(应用于地面车辆)和美国的 MANTIS 系统(应用于头盔)等[3]。

图像融合技术发展得越成熟,军方对各种图像融合设备的需求在未来也会越来越多,尤其是对那些具备组网能力和全天候工作能力的设备。如空军、海军提出在有源雷达站加装红外探测设备，以在电磁干扰环境下和隐身条件下，尽早检测和发现目标，提高对目标的识别率。目前空军加装红外探测系统已完成探测与识别试验。同时，未来更多的多功能传感器也会不断涌现，其更优良的性能也会被应用于图像融合系统当中。更小、更轻、更低功耗和更便宜的传感器的出现将会有效地扩展图像融合系统的需求，具有高质量的便携式的图像融合系统将会大量出现。其他会影响图像融合系统发展的需求还有：家庭安防、军事系统对提高目标检测、识别和认证(Target Detection，Recognition and Identification，DRI)性能的要求等。

文献[4]对红外热成像系统获取的雷场热红外图像和雷场可见光图像进行了融合处理与分析，获得了较好的效果，表明利用图像融合技术对雷场探测图像进行处理分析在原理上是可行的，在技术上也是可以实现的，但要利用图像融合技术去实现源雷场探测图像中地雷目标细节的清晰显示，难度还比较大，需要在源图像获取、融合算法及规则上做进一步的研究和探索。

此外还有多传感器图像融合技术在安全保卫和刑侦中的应用，主要是利用红外、微波等传感器设备进行隐匿武器、毒品等的检查[5]。将人体的各种生物特征如人脸、指纹、声音、虹膜等进行适当的融合，能大幅度提高对人的身份识别认证能力[6,7]，这对提高安全保卫能力是很重要的。

图像融合技术必然成为未来复杂军事系统图像处理的重要技术。图像融合技术在军事应用中的几个要解决的问题是：

(1) 目标机动性或速度的增大、较短的反应时限，要求较快的信息响应时间和图像融合处理时间。

(2) 武器杀伤力的提高要求更敏感的检测和对抗措施的反应。

(3) 降低目标(对我传感器)的可观察性和特征控制都要求更灵敏的检测和识别处理。

(4) 在风险高的地方，需要操作员遥控指挥或具有自主式武器系统，此时通常需要自动融合处理。

(5) 更复杂的威胁(各种类型和密度的平台，以及完善的对抗措施)需要在增大了破坏性、欺骗性和毁灭性对抗措施的情况下，改进对目标的辨别功能。

10.3　军事应用实例

随着信息处理技术和传感器技术的发展，红外传感器正在得到广泛的应用。由于目标所处的复杂环境以及红外传感器探测距离和分辨率的有限性，导致较远距离的目标呈点状出现在红外视场中，此时目标在红外传感器图像中仅占少量像素，当背景相对复杂时，目标容易被高强度的背景噪声所淹没。环境因素的影响，还会导致人造目标与自然背景在灰度上的差别表现出不稳定性，图像中无关信息和可变信息相当高。此外，目标在运动过程中可能偶尔被遮挡或者由于其他因素造成目标的暂时丢失，更增加了检测的难度。红外弱小目标检测的上述诸多难点使目标检测之前利用有效的图像序列增强或图像融合增强方法进行目标增强成为迫切需求。本节给出一个利用图像融合进行红外弱小目标增强的军事应用实例供参考。

10.3.1　弱小目标增强基本理论

常用的红外成像是利用目标和背景的热量差异,形成目标和周围景物的热辐射图像的。红外成像特点可概括如下:

(1) 红外成像是基于目标与背景温差的温度特性形成的。

(2) 红外图像是具有低信噪比且边缘比较模糊的图像。

(3) 红外图像影响因素复杂,主要受诸如天气、季节、气候、时间以及目标表面温度等因素的影响,这些影响红外图像的因素是各不相同的,目标成像时的大小、形状和姿态都随着目标运动而不断变化。不同的目标类型及姿态角将产生不同的目标成像形状。更为困难的是,目标可能被植物等非目标物体遮挡,形成背景交错。

(4) 红外成像的背景具有非平稳性、相关性、复杂性。对于红外目标的背景,很难使用简单方法建立模型进行处理。

以上这些红外目标的成像特点,增加了对红外弱小目标检测的难度。

所谓弱小目标,是指目标在图像平面上占有的像素数量较少且信噪比较低的情况。根据弱小目标的不同性质可分为两类,一类是低对比度的目标,即灰度弱小目标;一类是像素少的目标,即能量弱小目标。灰度弱小目标用目标图像的信噪比来描述。其信噪比定义为

$$\text{SNR} = \frac{(s - \mu)^2}{\sigma^2} \tag{10-1}$$

其中,s 为图像中目标的平均灰度(有时也可以是目标灰度的峰值),μ 为背景的平均灰度,σ 为背景灰度的标准差。而能量弱小目标的信噪比定义为

$$\text{SNR} = \frac{\sum t^2}{\sum b^2} \tag{10-2}$$

式中,分子表示目标像素的灰度能量和,分母表示背景噪声像素的灰度能量和。本章主要讨论能量弱小目标,表现为目标在图像中所占的像素少、信噪比低。

图像增强是图像处理的一个重要分支。根据 Pratt 的理论[8],图像增强的定义可表达为:"图像增强是用来提高图像的视觉效果,或将图像转换成适于人眼、机器分析的形式的一门技术。"[9] 图像增强的一个重要目的就是实现图像中目标的增强。目标增强用以通过突出图像中某些需要的信息,削弱甚至除去某些不需要的信息,来产生比原图像更适合某种特定应用的图像。值得提出的是,突出图像中某些信息并不意味着原图像信息的增加,有时甚至会损失一些不需要的信息。突出某些特定信息是指使图像中感兴趣的相关特征得以加强,这对提高弱小目标的检测能力是至关重要的。

现有的目标增强方法可以分为空域方法(如 Unsharp Masking[10]、邻域统计增强[11]等)、频域方法(如同态增晰[12]等)和空频分析方法[13, 14]几类。其中空频分析方法能够兼顾图像的空域和频域特性,而且其多方向性和多分辨率性符合人眼的视觉特性,具有较好的增强效果。空频分析方法的步骤通常如下:首先对图像进行多级小波分解;然后根据图像特点和实际增强要求调整带通子带图像的小波系数(高频系数);最后使用调整后的小波系数重建增强图像[15]。

但是,图像中的噪声也会产生高频信息,特征增强的过程有可能放大噪声,并且用小

波变换表示图像结构的直线/曲线奇异性时不是最优的，因此可以采用更加优秀的图像"稀疏"表示法对图像进行多尺度多方向分解。另外，当能量弱小目标的信噪比足够小时，仅仅利用单帧图像进行增强是很困难的，必须利用序列图像的冗余信息，在图像序列中进行增强处理。

　　本章在空频分析思想的基础之上提出使用图像融合的方法进行红外弱小目标的增强，给出了一种二次融合结构：先使用简单的图像融合方法进行一次融合，以减少数据量，抑制随机噪声；然后使用多分辨率图像融合方法进行二次融合，互补多幅序列图像中的目标信息，实现目标的增强。实验结果表明，该方法有效地增强了目标的能量和像素数，提高了对红外弱小目标的检测概率。

10.3.2　基于图像融合的红外弱小目标增强算法

1. 算法结构

　　对于红外序列图像中的每一帧，背景信息属于频域中的低频部分，目标和噪声属于频域中的高频部分。因此可以充分利用图像融合的思想，采用各种多尺度分解的方法，将每帧图像的高频和低频部分进行分离，然后针对高频部分和低频部分分别进行融合处理。

　　红外序列图像的数据量很大，如本章实验所采用的红外传感器，每秒采样 24 帧，每帧为 $320\times256\times24$ bit，每秒数据量约为 5.6 MB，如简单地采用上述分解方法对每帧图像进行融合，则数据量太大，算法难以有效实现。此处考虑将很短时间内连续帧中运动目标视为静止的(因其距离红外传感器较远，很短时间内的移动在成像中的位置变化很小或根本没有变化)，先采用简单的图像融合方法，对连续帧图像进行一次融合，再将一次融合的结果分解为高频和低频部分，进行二次融合。算法结构框图如图 10.1 所示。

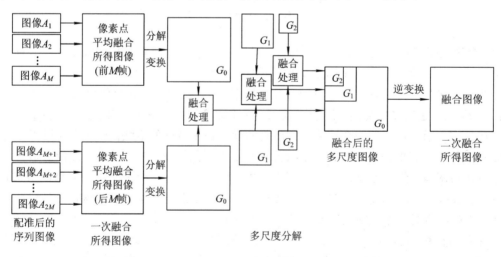

图 10.1　算法结构框图

　　算法流程说明如下：首先，对前 M 帧图像和后 M 帧图像分别进行简单图像融合(像素点平均融合)，得到两幅一次融合图像；然后对两幅一次融合图像进行多尺度分解(可采用 Laplace 金字塔变换、小波变换、Contourlet 变换、WBCT 或 NSCT 等前面已经详细分析过的图像"稀疏"表示法)；再将分解后的高频和低频部分分别采用不同的像素点融合规则进行融合处理，得到融合后的多尺度图像；最后，对融合后的多尺度图像经逆变换进行重构，得到二次融合图像即增强的图像。

2. 融合方法

本节简要介绍该红外弱小目标增强算法中所用的一次融合方法和二次融合规则，二次融合可以选用在前文中已经详细讨论过的各种多尺度图像融合方法，这里不再赘述。

1）一次融合方法

一次融合所采用的简单图像融合方法不对参加融合的源图像进行任何变换或分解，而是直接对像素点进行加权平均处理后合成一幅融合图像。假设连续 M 帧都为含噪图像：

$$A_i(n_1, n_2) = f(n_1, n_2) + \eta_i(n_1, n_2) \tag{10-3}$$

式中：$i = 1, 2, \cdots, M$；行号 $n_1 = 1, 2, \cdots, N_1$；列号 $n_2 = 1, 2, \cdots, N_2$；$f(n_1, n_2)$ 为原图像，不含噪声；$\eta_i(n_1, n_2)$ 为像素点 (n_1, n_2) 处的噪声，设其为不相关、零均值随机噪声。对连续 M 帧图像进行加权平均融合后的图像为

$$\overline{A}(n_1, n_2) = \sum_{i=1}^{M} \omega_i A_i(n_1, n_2) \tag{10-4}$$

式中，加权系数 $\omega_1, \cdots, \omega_M$，满足：$\omega_1 + \omega_2 + \cdots + \omega_M = 1$。当 $\omega_1 = \omega_2 = \cdots = \omega_M = 1/M$ 时，即为平均融合：

$$\overline{A}(n_1, n_2) = \frac{1}{M} \sum_{i=1}^{M} A_i(n_1, n_2) \tag{10-5}$$

其均值为

$$E\{\overline{A}(n_1, n_2)\} = f(n_1, n_2) \tag{10-6}$$

标准偏差为

$$\sigma_{\overline{A}(n_1, n_2)} = \frac{1}{\sqrt{M}} \sigma_{\eta(n_1, n_2)} \tag{10-7}$$

式(10-7)说明，像素点平均融合后得到的融合图像的标准差降为原来的 $1/\sqrt{M}$，起到了抑制随机噪声的作用。

同时，若连续 M 帧中有个别帧因为目标偶尔被遮挡或者其他因素造成目标的暂时丢失，仍然能通过 M 帧的简单融合保证目标的可检测性。一次融合将连续 M 帧图像平均融合为一幅图像后再进行二次融合，减少了参加二次融合的图像帧数，从而减少了计算量，这是以损失一定量的图像细节信息为代价的。此处将连续 M 帧中的运动目标视为静止的，所以损失的主要是图像背景的细节信息，这些细节信息不属于目标增强所要突出的信息。本节所述方法是通过对目标相关特性，即能量与像素数的增强来实现对目标的增强的。

2）二次融合规则

经过一次融合所得到的两幅图像可以采用 Laplace 金字塔变换、小波变换、Contourlet 变换、WBCT 或 NSCT 等前面章节介绍的方法进行多尺度分解，再对获得的不同尺度图像分别进行融合。不同尺度图像的融合规则是不同的，多尺度分解后所得的低频部分（最底层）主要包含图像中的背景信息，采用的融合规则为加权平均算子，即将低频部分进行平均处理。

多尺度分解后所得的除最底层外的各高频部分反映的是图像的细节以及边缘等信息（包含目标的细节信息），由于图像中某像素与邻域像素之间的相关性比较大，因而采用区域处理方法，取中心像素及其临近区域的能量作为融合标准。将图像中某像素 $f(i, j)$ 的区域能量定义为其邻域窗口内的能量，其计算公式如下：

$$E_A(i, j) = \sum_{(m, n) \in w} \omega(m, n) f_A^2(m, n) \tag{10-8}$$

式中，$i-k \leqslant m \leqslant i+k$，$j-k \leqslant n \leqslant j+k$；窗口横、纵向宽度皆为 $w(w=2k+1)$ 个像素；$\omega(m, n)$ 为权值，离像素点 (i, j) 越近，权值越大；$f(m, n)$ 为 (m, n) 处像素点的灰度值。由于特征比较显著的地方，其区域能量较大，所以，通过逐个像素比较区域能量，选择区域能量较大的高频系数作为融合图像系统矩阵中相应的高频系数，可以有效地实现对图像特征的增强。

采用的基于矩形区域特性量测的选择及加权平均算子[16]正是基于上述原理，当两幅一次融合图像在某局部区域(可以是 3×3、5×5 邻域窗口)上的能量差别较大时，选择能量大的区域的中心像素的高频系数作为融合后图像在该区域的中心像素的高频系数；当两幅一次融合图像能量相近时，采用加权平均算子确定融合后图像在该区域中心像素的高频系数。并且可以采用一致性校验策略对融合所得高频系数进行校验，保证融合所得高频系数的合理性和正确性。

各高频部分都通过上述融合规则进行融合，两幅一次融合图像的高频部分能量大的系数得以保留，即融合了两幅图像特征比较显著的区域，通过逆变换重构图像则表现为加强了图像的细节信息，包括对目标所占像素数和目标能量的增加，实现了对目标的增强。

10.3.3　仿真实验结果与分析

取两组红外传感器实际拍摄的连续帧图像进行仿真实验，图像的大小都为 320×256，采用的多尺度分解方法包括 Laplace 金字塔变换、小波变换、Contourlet 变换、WBCT 和 NSCT 方法。

实验一

取第一组红外传感器实际拍摄的 12 帧连续图像进行仿真实验，其中的一帧如图 10.2(a)所示。将 12 帧图像前后分为两组($M=6$)，先进行像素点平均融合，融合结果如图 10.2(b)、(c)所示。分别采用 Laplace 金字塔变换、小波变换或 Contourlet 变换对一次融合所得图像 10.2(b)、(c)进行多尺度分解，分解层数都为 3 层，然后根据上述的融合规则分别对低频和高频部分进行融合处理(局部区域采用 3×3 矩形区域)，对融合后的多尺度图像再进行逆变换，得到重构的二次融合图像如图 10.2(d)、(e)、(f)所示。

M 的选取要符合以下条件：

(1) M 的值尽量地大，以抑制随机噪声和消除目标被遮挡或丢失带来的影响。同时 M 的值大，则一次融合的帧数多，整体处理的速度快。

(2) M 的值足够地小，保证 M 帧内目标在传感器上呈现的位置基本不动，即 M 帧时间内目标的运动距离小于传感器的分辨率，这和传感器与目标的距离以及目标的运动速度有关。

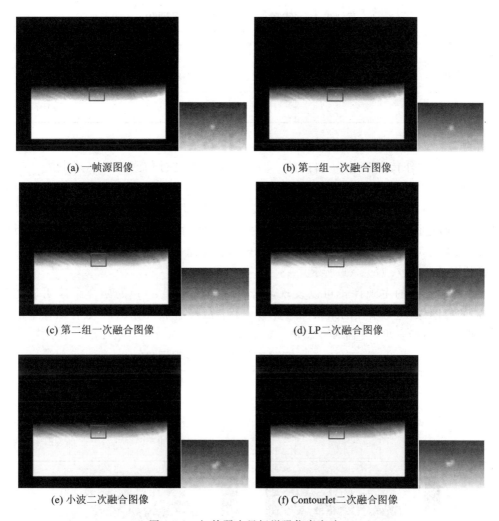

图 10.2 红外弱小目标增强仿真实验一

由对融合结果的主观评价可以发现，图 10.2(d)、(e)、(f) 的融合图像明显优于图 10.2(a) 的源图像(右侧小图为左侧框选部分的放大显示)，融合图像中的目标较源图像中的目标突出，更加便于检测。对融合结果的客观评价见表 10.1。其中像素比为目标呈现的像素数与整幅图像像素数之比。能量比为

$$S = \frac{\sum t^2}{\sum b^2} \tag{10-9}$$

式中，t 为目标像素的灰度值，b 为背景像素的灰度值。式(10-9)中，分子表示目标像素的灰度能量和，分母表示背景像素的灰度能量和。归一化能量比为：S/S_0，其中分子为三种变换所得图像的能量比，分母为源图像能量比。

从表 10.1 可见，二次融合使用 Contourlet 变换所得的结果图像中目标的像素比和归一化能量比最高，因为其方向分析的性能在三种方法中最好，最能捕获图像在各方向上的细节信息。二次融合分别使用三种变换所得的结果图像中目标的像素比和归一化能量比都比源图像高，实现了目标增强。

表 10.1　　实验一融合结果客观评价

指　　标	源图像	LP 变换	小波变换	Contourlet 变换
像素比	4/819 20	7/819 20	8/819 20	9/819 20
归一化能量比	1	2.505	2.987	3.107

实验二

取第二组红外传感器实际拍摄的 12 帧连续图像进行仿真实验,其中的一帧如图 10.3(a)所示。12 帧图像前后分为两组($M=6$),先进行像素点平均融合,融合结果如图 10.3(b)、(c)所示。分别采用 Contourlet 变换、WBCT 和 NSCT 对一次融合所得图像 10.3(b)、(c)进行多尺度分解,分解层数都为 3 层,然后分别对低频和高频部分进行融合 (局部区域采用 3×3 矩形区域),对融合后的多尺度图像再进行逆变换,得到重构的二次融合图像如图 10.3(d)、(e)、(f)所示。

由对融合结果的主观评价可以发现,图 10.3(d)、(e)、(f)的融合图像明显优于图 10.3(a)的源图像(这里增强的结果图像比较明显,故没有放大显示),融合图像中的目标 较源图像中的目标突出,更加便于检测。对融合结果的客观评价见表 10.2。

表 10.2　　实验二融合结果客观评价

指　　标	源图像	Contourlet 变换	WBCT	NSCT
像素比	3/819 20	9/819 20	9/819 20	10/819 20
归一化能量比	1	3.268	3.314	3.825

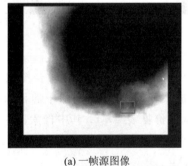

(a) 一帧源图像

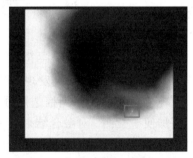

(b) 第一组一次融合图像

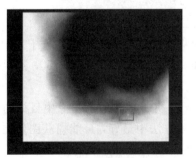

(c) 第二组一次融合图像

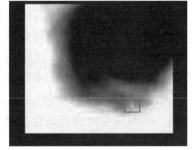

(d) Contourlet 二次融合图像

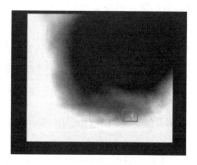 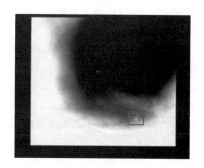

(e) WBCT二次融合图像   (f) NSCT二次融合图像

图 10.3 红外弱小目标增强仿真实验二

从表 10.2 可见，二次融合使用 NSCT 所得的结果图像中目标的像素比和归一化能量比最高，因为其方向分析的性能相对最好，最能捕获图像在各方向上的细节信息。二次融合分别使用三种变换所得到的融合结果图像中目标的像素比和归一化能量比都比源图像高，实现了目标增强。

10.4 本 章 小 结

本章从图像融合的应用角度出发，在红外目标远距离检测系统预处理技术研究方面，给出了利用图像融合的方法进行红外弱小目标增强的军事应用实例，并给出了一种二次融合算法结构：将红外传感器获得的图像经过一次融合后再使用多分辨率方法进行多尺度分解，分解所得图像采用基于区域特性量测的融合规则进行二次融合。仿真实验结果表明，该方法取得了良好的融合效果，其融合前后目标的像素比和归一化能量比都得到了提高，实现了对红外弱小目标的有效增强，可用于战场监视、目标跟踪等诸多领域的图像前期处理中，具有广阔的应用前景。

参 考 文 献

[1] 吴锴，周建军. 多传感器图像融合技术的军事应用[J]. 电视技术，2005，9：94-96.

[2] 毛士艺，赵巍. 多传感器图像融合技术综述[J]. 北京：北京航空航天大学学报，2002，28(5)：512-517.

[3] Smith M I, Heather J P. Review of Image Fusion Technology in 2005[J]. Proceedings of SPIE，2005，5782：29-45.

[4] 高攀，徐玉清. 图像融合技术在雷场探测中的应用[J]. 工兵装备研究，2007，26(6)：19-22.

[5] Varshney P K. Multisensor data fusion[J]. Journal of Electronics and Communication Engineering，1997，9(6)：245-253.

[6] Ben-Yacoub S, Abdeljaoued Y, Mayoraz E. Fusion of face and speech data for person identity verification[J]. IEEE Transactions on Neural Networks，1999，10(5)：1065-1074.

[7] Jain A K. A multimodal biometric system using finger-prints，face and speech[G]. Proceedings of the 2nd International conference on Audio-video Based Biometric Person Authentication[C]，Washington，1999：182-187.

[8] Pratt W K. Digital image processing[M]. 2nd Ed. Wiley-Interscience. New York，1991.

［9］ 袁晓松，工秀坛，王希勤. 基于人眼视觉特性的自适应的图像增强算法的研究［J］. 电子学报，1999，
       27（4）：63-65.

［10］ Levi L. Unsharp masking and related image enhancement techniques［J］. Computer Graphics Image
       Processing，1974，3（2）：163-177.

［11］ Lee J S. Digital image enhancement and noise filtering by use of local statistics［J］. IEEE Transac-
       tions on Pattern Analysis and Machine Intelligence，1980，2（2）：165-168.

［12］ Gonzales R C，Wintz P. Digital Image Processing［M］. Addison-Wesley Publishing Company，New
       York，1987.

［13］ Laine A F，Schuler S，Fan J，ed al. Mammographic feature enhancement by multiscale analysis［J］.
       IEEE Transactions on Medical Imaging，1994，13（4）：725-740.

［14］ Lu J，Herly D M，Jr Weaver J B. Contrast enhancement of medical images using multiscale edge
       representation［J］. Optical Engineering，1994，13（7）：2151-2161.

［15］ 张新明，沈兰荪. 基于小波和统计特性的自适应图像增强［J］. 信号处理，2001，17（3）：227-231.

［16］ Liu Gui xi，Yang Wan hai. A Wavelet-Decomposition-Based Image Fusion Scheme and its Perform-
       ance Evaluation［J］. Acta Automatica Sinica，2002，28（6）：927-934.

第 11 章 图像融合研究新进展

11.1 引 言

图像融合概念从 20 世纪 70 年代后期提出到现在已有 40 余年，其作为一门新兴学科体系正在不断发展完善之中，并已在世界各国研究学者的共同努力下取得了长足的进步，研究学者们提出了大量的图像融合结构和方法，开拓了不少应用领域，可以说成果丰硕。但是，相对于其他信息处理领域特别是图像处理领域，其研究还处在起步阶段，还没有统一的定义，缺乏成熟的理论，欠缺完备的方法，有很多问题急待解决，需要广大研究者进一步深入研究，形成成熟完善的学科体系。

本章在总结归纳前人研究成果的基础之上，主要从图像融合系统和产品、图像融合技术两个方面阐述本领域研究的新进展。

11.2 图像融合系统和产品

随着图像融合研究的不断深入，各种算法层出不穷，但目前市场上出现的商业化图像融合产品仍然寥寥无几，且大多数是硬件板卡类产品，如 Sarnoff 的系列产品等。其中几乎所有的产品都只具备图像融合功能（部分支持空间配准），而 Octec 与 Waterfall Solution 合作的 ADEPT60-IFP 实时图像融合跟踪板卡产品同时具备了图像融合和目标跟踪的功能，如图 11.1 所示[1]。该产品同时提供了简单加权平均、多尺度图像融合、图像配准以及图像预处理功能，是图像融合产品的新进展。同时，市面上还有一些图像融合的商用软件系统也在不断地发展完善之中，例如医学图像融合系统、遥感图像融合系统等。

图 11.1 ADEPT60-IFP 实时图像融合跟踪板卡

当然，不是所有的图像融合系统都是公开销售的，其中大部分都是面向特定武器装备设计开发的。过去几年内，已经有多套图像融合系统投入使用[2]。广泛使用在 A-10、B-52H、F-15E、F-16 战斗机上的蓝盾（LANTIAN）吊舱瞄准系统就是一个非常典型的图像融合系统，如图 11.2 所示。

(a) F-16上安装的蓝盾吊舱　　　　　　　　　　(b) 蓝盾吊舱分解图

图 11.2　蓝盾（LANTIAN）吊舱瞄准系统

蓝盾吊舱将 CCD 电视摄像机和前视红外传感器的图像进行融合，实现夜间作战的低空导航和目标捕获、目标跟踪等军事任务。

近期，美国波音公司航空电子飞行实验室研制的 F-35 联合攻击机航空电子综合系统也是一个高性能的图像融合系统，如图 11.3 所示。

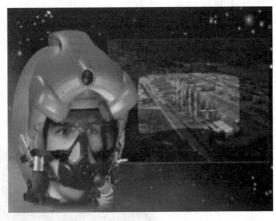

图 11.3　F-35 联合攻击机航空电子综合系统

该系统可以把所有的传感器纳入到一个巨大的功能结构中，使它们协调工作、相互提示，通过合成孔径雷达和前视红外图像等多传感器数据融合得到更高质量的目标数据。图 11.3 右侧为采用图像融合技术的瞄准头盔，它不仅可以提高飞行员的判断和决策能力，极大地延伸飞行员的视野和对战场环境的感知能力，还可以更准确及时地对敌机进行瞄准，把握战机。

另外，美军最新的夜视装置也采用了图像融合技术，如图 11.4 所示。

(a) 夜视装置　　　　　　　　　　(b) 融合后的夜视图像

图 11.4　美军最新夜视装置

该头盔可以用于夜间巡逻、监视、车辆驾驶、查阅地图和夜间射击瞄准等。同时多传感器信息融合也是反隐身技术的重要方向之一，它将雷达与红外传感器、电光系统、激光系统以及其他非射频传感器融合在一起，并以最佳方式将来自各个传感器的数据融合到一个协同的信息库中，构成一个多功能、多频谱的综合探测系统，用以探测隐身目标。

综上，以多传感器图像融合技术为核心的战场信息处理系统已经成为影响现代战争结果的重要因素。

11.3　图像融合技术

本书没有具体介绍的其他一些较新颖，且不断发展的图像融合领域中的新理论和新技术包括[2-4]：

（1）图像融合理论框架。

通过不同层级的图像融合试验可以发现：每一层级都有其典型的属性，拥有某种典型的融合方法。但是所有这些方法必然有一个共同的原理，这就促使图像融合研究学者们希望能给出一个通用的数学模型来抽象这些过程，并将这个数学模型纳入到一个复杂的图像理解系统中，这也是图像融合的最终目的[5]。文献[6]给出了一个统一的图像融合框架，在这个框架下可以分类、比较和评估现存的图像融合算法，统一模型中 LRPI（低分辨率全景图像）如何计算以及调制系数值为多少决定了采用不同的图像融合算法。

（2）图像融合系统集成。

图像融合算法是一个图像融合系统的核心，但是在一个图像融合系统中，其他许多过程也起着非常重要的作用，值得详细考虑。比如：系统集成问题，它是研制一个实时图像融合系统所关联的实际问题，可以说该问题的解决比开发更复杂或难以理解的像素级融合算法更迫切。但迄今为止，在图像融合领域中很少有人考虑这些方面。

实时融合系统需要考虑的一个基本的、重要的问题是系统反应时间，也就是说，从一个场景被相机成像到可得到融合结果输出的持续时间。少数情况下，可以允许大的反应时间（即多帧），但是大多数实时系统实现中允许的系统反应时间是很短的（单帧最理想，现实中也可几帧），这也往往是一个系统设计的主要动力。所以说，算法设计师是有风险的，虽说设计了一个性能良好的融合算法，但常常由于反应时间难以接受而不能被实际采用。

（3）新的分解方法。

① 矩阵分解法。文献[7]认为从不同传感器获取的图像，可以看做是融合图像乘以不同的权重，故可以使用非负矩阵分解技术来进行图像融合。

② 易操纵金字塔分解。易操纵金字塔是一种多尺度、多方向并具有自转换能力的图像分解方法，它把图像分解成不同尺度、多方向的。与小波变换不同，它不止有三个方向的子带系列，不仅保持了紧支集正交小波的特点，而且具有平移不变性及方向可操纵等优点。使用基于拉普拉斯变换、小波变换的融合方法，即使待融合的图像间存在较小的配准误差，也会引起融合图像的严重退化，出现双边缘以及虚假成分，而基于易操纵金字塔的融合方法能够克服这些缺点。

③ Hermite变换。文献[8]认为由于Hermite变换基于高斯梯度算子，所以对图像融合来说具有更好的图像表示模型。

④ 局部余弦基。局部基将时间轴划分成不同大小的时间片断。特别引人注意的是余弦基，它可以通过设计覆盖每个时间片断的平滑窗口和用不同频率的余弦函数相乘得到。通过迭代基于局部余弦基的分割空间可以构造局部余弦树，这提供了为特定信号选择最优基的方法。最好的局部余弦基使时间分割的片断随自适应信号时频结构的变化而变化。注意到小波包和局部余弦是对偶基：小波包分割频率轴一致地变换到时间域，而余弦基分割时间轴一致地变换到频率域。通过这两个概念结合，可以得到时频平面的任意分割。

⑤ 其他分解方法。文献[9]、[10]提出了图像的支持值变换（Support Vaule Transform，SVT），并利用图像的支持值作为图像的凸信息测度，提出了基于图像的支持值变换的多传感器图像融合。实验结果显示该方法能够取得比传统方法更好的融合结果。

此外，其他一些常用来进行图像融合的分解和变换方法包括：图像的变分模型（Variation Model）[11-13]、泊松方程（Poisson Equation）[14-15]、离散余弦变换（Discrete Cosine Transform，DCT）[16]和独立成分分析（Independent Components Analysis，ICA）[17-19]等。

（4）基于统计学理论的图像融合方法。

统计学方法首先把融合图像间或一些特征间的关系用模型表示，模型可以含有噪声以及一些未知参数。这种方法可以是有监督的，也可以是无监督的。有监督时，通过训练步骤或预处理步骤可以估计图像模型的参数；无监督时，这些参数可以通过数据本身估计。该类方法可视为一个优化问题。

基于统计学理论的图像融合方法中最常用的是基于马尔可夫随机场[20-22]和基于最大贝叶斯后验概率（Maximum A Posteriori，MAP）的方法[23-25]。基于马尔可夫随机场的图像融合方法将图像看成二维随机场，所有源图像看成是二维随机场集，图像融合则表示成与模型参数相关的一个代价函数，然后用模拟退火法、期望值最大法等进行全局寻优，找到对应目标函数的最大模型参数，并以此参数对应的模型融合源图像，得到最终融合结果。在贝叶斯理论框架下，图像融合问题被表示为自然信号的病态反问题，同时先验知识对融合的贝叶斯估计过程进行约束，得到最优的融合结果。

Wright等人在文献[20]中利用回归分析的方法分别提取表征源图像局部结构信息的参数，并根据该参数计算输入图像的相似性测度，最后利用相似性测度将源图像合并生成最终融合结果图像。

刘刚等人在文献[21]中提出了一种基于期望值最大的图像融合方法。该方法首先假设图像对场景的成像模型，以期望值作为目标函数，通过使目标函数最大的方法确定该模型的参数，估计出真实场景，进而得到理想的融合图像。

Blum 等在文献[22]中通过对观测图像进行基本的、合理的数学建模来研究图像融合，将图像融合问题转化为一个模型参数的估计问题，即最好的融合算法使融合图像和真实场景之间的均方误差最小。模型试图表征问题的统计学方面，包括随机扭曲（比如噪声）的影响。首先该方法在模型所有参数都已知的情况下描述了最优的图像融合方法，接着又针对模型的各种参数是未知的实际情况，提出了一个鲁棒的图像融合方法。结果显示：鲁棒融合方法产生的均方误差总小于给定的临界值。因此，在未知确切模型参数的情况下降低了损失。其结果进一步显示：忽略不同传感器噪声之间的相关性是一种鲁棒的方法，这在其他文献中还没有被验证过。

Sharama 等在建立了传感器模型的基础上，提出了一种自适应统计分析图像融合方法[26]。该方法通过局部线性估计得到传感器特性和传感器之间的关系，并以此优化融合图像的质量。

文献[27]提出了一种图像多分辨率分析与多层次 MRF 模型相结合的图像融合算法。该算法将定义在多层次图结构上的非线性因果 Markov 模型与序列最大后验概率准则相结合，弥补了 MAP 准则在多层次图结构上计算不合理的缺陷。

伪 Wigner 分布函数的重要特征是直接逐像素操作，平移不变，并能够以时频图像表示，特别适合于图像处理。文献[28]提出一种基于一维伪 Wigner 分布函数的多聚焦图像融合算法，并声称其优于现有的所有方法。而 Renyi 熵可以定量评估不同分布的性能，从而可以在时域或频域自适应地选择参数，以达到最优的多聚焦和多传感器图像融合[29]。

基于统计学理论的图像融合方法中由于加入了与图像融合结果最优的期望约束和样本训练学习，因此一般都具有较强的适应性和可靠性，能取得较好的融合效果。然而基于统计分析图像融合方法的算法往往比较复杂，不易用硬件实现。

进一步，文献[30]将模糊数学理论引入到图像融合模型中。该模型假定理想的融合后的图像包含场景所有的信息；将它乘上一个模糊因子，再加上随机噪声，可用来描述某一个成像传感器中获得的场景图像；不同的传感器对应不同的模糊因子和噪声。在此基础上，建立在非多尺度分解框架下的图像融合算法被提出。它以各传感器获取的图像作为输入条件，应用统计信号处理中的 EM 算法，求出针对不同传感器的噪声参数和模糊因子，通过迭代估计出融合的图像。这两种方法克服了诸如像素平均法、加权平均法等算法融合效果差，多尺度融合法运算量大的缺点，均获得了满意的融合效果和较少的算法处理时间。

（5）基于神经视觉生理学的图像融合方法。

人的视觉系统对彩色更加敏感，人眼能区分的彩色数要远远大于灰度级别数。研究表明采用假彩色的形式对图像进行编码，可以使人眼对目标识别的速度提高 30％，识别错误率减少 60％。因此根据不同的融合规则将灰度源图像融合成假彩色的形式，可以将灰度源图像中的细节信息以彩色的方式体现，使得目标更加明确，还能使人类视觉系统对图像的细节有更准确的认识。另外假彩色图像融合方法一般算法简单，容易用硬件实现。为了使融合图像色彩更自然，更适合人眼观察和计算机处理，最新的伪彩色图像融合方法开始结合神经视觉生理学特性来进行设计。

20世纪90年代，美国麻省理工学院（MIT）林肯实验室的 Waxman 等开发了基于中心-周边分离神经网络的可见光与红外图像伪彩色融合方法[31-33]。该方法模拟响尾蛇视顶盖双模式细胞的生理作用，即能同时接收来自可见光和红外图像信息，并在配准的基础上对其进行融合，其融合结果的色彩比较自然，红外图像中的目标比较清楚，便于辨识。然而 MIT 方法的参数对结果影响较大，算法相对复杂。荷兰人力因素研究所（TNO）的 Toet 博士开发了基于仿生颜色对抗（Color Opponent）的伪彩色融合方法，利用色差增强来表征融合图像细节的处理技术[34]。该方法简单，易于实现，融合结果图像色彩自然。

然而假彩色毕竟没有自然彩色更易于人眼观察，长时间观察假彩色图像容易使人眼产生疲劳，并且如果融合图像的颜色搭配不当反而会降低视觉效果。因此，让假彩色图像融合结果具有自然色彩是假彩色图像融合方法进一步改进的方向。对此 Ruderman 等人在统计自然彩色图像的颜色特征和对人类视觉系统深入研究的基础上证实了人类视觉系统是最适合处理彩色的系统，并提出了图像的 $l\alpha\beta$ 颜色空间[35]。Welsh 等人利用 $l\alpha\beta$ 颜色空间提出了一种将一幅彩色图像的颜色传递到另一幅灰度图像的颜色传递算法[36]。在此基础上，Zheng 等提出了一种通过局部彩色化融合可见光与红外图像的夜视图像融合方法[37]。该方法通过图像分割与聚类分析，根据区域类别实现最佳的局部颜色匹配，使融合图像可以达到近似自然彩色的效果。此外，国内北京理工大学利用神经视觉生理学进行像素级图像融合及其彩色显示的工作正处于世界前沿领域[38]。

（6）基于神经网络的图像融合方法。

人工神经网络仿效了生物神经系统处理信息的过程，它利用多层处理单元或节点组成各种互联网络结构，从而可以实现从输入数据到输出数据非线性的复杂映射关系。人工神经网络的特点使得它很容易实现多个输入到一个输出的数据处理任务，从而使神经网络也能很好地处理图像融合问题。另外神经网络通过样本学习的方式可提供一种更加智能化的数据融合方法。

在文献[39]中 Fechner 等提出了一种基于神经网络的红外与可见光图像融合方法，该方法结合红外与可见光图像的特点，通过样本训练的神经网络来识别红外图像中的目标区域，并将其合并到可见光图像中去，从而可以同时保留可见光源图像的场景信息和红外源图像中的目标特征。

在文献[40]中 Eckhorn 提出了一种脉冲耦合神经网络（Pulse Coupled Neural Networks，PCNN），它是一种基于猫的视觉原理构建的简化神经网络模型。在文献[41]中 Broussard 等人借助于 PCNN 实现图像融合来提高目标的识别率，并论证了 PCNN 神经元的点火频率与图像灰度的关系，证实了 PCNN 用于图像融合的可行性。

之后许多改进的基于 PCNN 的图像融合算法先后被提出。文献[42]提出了一种基于双通道脉冲耦合神经网络（Dual-channel PCNN）的多聚焦图像融合算法。该算法将两幅源图像直接输入到 PCNN 中，同时计算它们各自的清晰度测度，并以此自动调整加权系数。实验结果已证明其有效性。

另外，文献[43]等将该方法应用到图像融合中来，结合多聚焦图像的特点，将多聚焦图像融合转化为模式识别问题，提出了利用支持向量机来学习平移不变小波变换系数的融合规则。在实际的融合系统中神经网络的结构设计，如网络模型层次和每一层的节点数以及算法规则等仍有许多基础工作有待解决[44]。

（7）基于成像物理模型的图像融合方法。

随着各种不同物理成像机理图像传感器的出现，以及对这些传感器之间物理特性联系的深入研究，人们开始考虑直接使用基于成像物理模型的融合方法。文献[45]提出了一种新的融合方法，克服了现存方法的一些缺点。该方法首先对传感器成像过程建模，该模型包含了噪声、局部对比度反向和特征不匹配，然后依据概率融合规则，并结合图像的先验信息进行融合。

（8）图像融合和图像处理算法的互相结合。

融合图像可以提供比单传感器图像更可靠和完全的场景表示。但是，几乎所有的融合算法都是基于基本的处理技术，而没有考虑高层的抽象信息。近来研究表明，这些算法已越来越不能满足观察者的复杂要求，需要开发更具有主观意义的方法。文献[46]提出了一种新的融合框架，其基本思路是如果用高层的信息，如图像边缘和图像分割的边界来指导基本的像素级融合过程，实现更具有主观意义的算法。与传统的像素级融合方法的比较表明，这种多层融合结构消除了一些不利的影响，且融合过程更可靠，图像变得更清晰，图像质量也更好。该文献中通过主观评估和已建立的融合性能客观评估方法证实了这些结论。

（9）自适应优化图像融合研究。

自适应图像融合是一个热点研究方向，它要求由一个策略来决定算法在何时以及如何满足特定的融合目的。将图像融合效果评价的信息加入到融合规则的选取和参数的选择过程中，能更充分地利用信息源提供的信息，会得到比开环图像融合过程更好的效果。文献[47]提出了一种先进的离散小波变换图像融合算法。该算法有两个参数可调，分别为分解层数和选择小波的长度，这两个参数决定了图像融合的质量；然后通过质量评价因子迭代优化融合过程，达到最优融合。在进一步的研究中，文献[48]通过集成客观融合指标到传统的图像融合算法，构建了一种新的图像融合框架，该框架可以自适应调整融合参数，以达到最优的融合显示。

（10）多级图像融合研究。

对于像素级图像融合而言，作为一个广义上的图像预处理，对目标探测识别的贡献很有限，而且应用也很受限。如欲从图像融合中获得目标的更多信息，如目标分类、属性、威胁估计等，就需要特征级融合乃至决策级融合。另外，在许多应用中，要实时地进行像素级融合是困难的，此时也要选择决策级和特征级图像融合。文献[49]还认为在低信噪比条件下点目标几乎没有形状、大小及纹理特征，灰度特征也不够明显，若使用像素级融合方法容易在融合阶段把有用的互补信息丢失，因此推荐基于图像融合的点目标识别最好在特征级上进行。为了使图像融合在目标识别和跟踪时具有更广泛的适应性，有必要研究像素级、特征级和决策级图像融合的组合问题。文献[50]针对远距离低信噪比条件下目标检测难的实际问题，已提出了一种基于多传感器多级信息融合的目标检测方法，其算法包括两个部分：特征级融合和决策级融合。

11.4　本 章 小 结

本章在总结归纳前人研究成果的基础之上，主要从图像融合系统和产品、图像融合技术两个方面阐述了图像融合领域的最新研究进展。

在图像融合系统和产品方面，本章主要总结了商用和军用图像融合系统的最新发展情况，分别给出了一些商用产品和军用系统的例子。在这方面，欧美国家走到了发展的前列。

在图像融合技术方面，本章主要从图像融合理论框架、图像融合系统集成、新的分解方法、基于统计学理论的图像融合方法、基于神经视觉生理学的图像融合方法、基于神经网络的图像融合方法、基于成像物理模型的图像融合方法、图像融合和图像处理算法的互相结合、自适应优化图像融合研究、多级图像融合研究等 10 个方面总结了图像融合技术的最新研究进展，对国内专家学者进一步深入开展图像融合理论和技术研究具有借鉴意义。

参 考 文 献

[1] Smith Moira I, Heather Jamie P. Review of Image Fusion Technology in 2005[A]. Proceedings of SPIE, 2005, 5782: 29-45.

[2] 杨斌. 像素级多传感器图像融合新方法研究[D]. 长沙: 湖南大学博士学位论文, 2010.

[3] 刘松涛, 周晓东. 图像融合技术研究的最新进展[J]. 激光与红外, 2006, 36(8): 627-631.

[4] 胡刚, 刘哲, 徐小平, 等. 像素级图像融合技术的研究与进展[J]. 计算机应用研究, 2008, 25(3): 650-655.

[5] Pinz Axel, Renate Bartl. Information fusion in image understanding[J]. Proc of IEEE, 1992: 366-370.

[6] WANG Zhi-jun, ZIOU D, ARMENAKIS C, et al. A comparative analysis of image fusion methods [J]. IEEE Trans on Geosciences and Remote Sensing, 2005, 43(6): 1391-1402.

[7] 苗启广, 王宝树. 基于非负矩阵分解的多聚焦图像融合研究[J]. 光学学报, 2005, 25(6): 755-759.

[8] LOPEZ-CALOCA A, FRANZ M, BORIS E R. Mapping and characterization of urban forest in Mexico City[A]. Proc of SPIE, 2004: 522-531.

[9] Zheng S, Shi W, Liu J, et al. Multisource image fusion method using support value transform[J]. IEEE Trans on Image Processing, 2007, 16(7): 1831-1839.

[10] Zheng S, Shi W, Liu J, et al. Remote sensing image fusion using multiscale mapped LS-SVM[J]. IEEE Trans on Geoscience and Remote Sensing, 2008, 46(5): 1313-1322.

[11] Wang W, Shui P, Feng X. Variational models for fusion and denoising of multifocus images[J]. Signal Processing Letters, 2008, 15(1): 65-68.

[12] Kumar M, Dass S. A total variation-based algorithm for pixel-level image fusion[J]. IEEE Trans on Image Processing, 2009, 18(9): 2137-2143.

[13] Piella G. Image fusion for enhanced visualization: A variational approach[J]. International Journal of Computer Vision, 2009, 83(1): 1-11.

[14] Raskar R, llie A, Yu J Y. Image fusion for context enhancement and video surrealism[A]. Proc of Int Symposium on Non-Photorealistic Animation and Rendering, Annecy, France, 2004, 85-152.

[15] Fattal R, Lischinski D, Werman M. Gradient domain high dynamic range compression[J]. ACM Transactions on Siggraph, 2002, 21(3): 249-256.

[16] Tang J. A contrast based image fusion technique in the DCT domain[J]. Digital Signal Processing, 2004, 14(3): 218-226.

[17] Mitianoudis N, Stathati T. Pixel-based and region-based image fusion schemes using ICA bases[J]. Information Fusion, 2007, 8(2): 131-142.

[18] Mitianoudis N, Stathaki T. Optimal contrast correction for ICA-based fusion[J]. IEEE Sensors

Journal，2008，8(12)：2016-2026.

[19] Cvejic N，Bull D，Canagarajah N. Region-based multimodal image fusion using ICA Bases[J]. IEEE Sensors Journal，2007，7(5)：743-750.

[20] Wright W A. Fast image fusion with a Markov random field[A]. Proc of 7th Int Conf Image Processing and its Applications，Stevenage，UK，1999，557-561.

[21] 刘刚，敬忠良，孙韶媛. 基于期望值最大算法的图像融合[J]. 激光与红外，2005，35(2)：130-133.

[22] Blum R S. Robust image fusion using a statistical signal processing approach[J]. Information Fusion，2005，6(2)：119-128.

[23] Ge Z，Wang B，Zhang L M. Remote sensing image fusion based on Bayesian linear estimation[J]. Science in China Series F：Information Sciences，2007，52(2)：227-240.

[24] Beyerer J，Heizmann M，Sander J，et al. Bayesian methods for image fusion[A]. in Tania Stathaki，"Image Fusion：Algorithms and Applications"，Elsevier，2008，157-192.

[25] Joshi M，Jalobeanu A. MAP estimation for multiresolution fusion in remotely sensed images using an IGMRF prior model[J]. IEEE Trans Geoscience and Remote Sensing，2010，48(3)：1245-1255.

[26] Sharama R K，Pavel M. Adaptive and statistical image fusion[J]. Society for Information Display Digest，1996，17(5)：969-972.

[27] 李士民，郭立，朱俊株. 基于多层次 MRF 的多分辨率图像融合算法[J]. 系统工程与电子技术，2003，25(7)：863-866.

[28] Gabarda Salvador，Gabriel Gristocbal. Multifocus image fusion through pseudo-Wigner distribution [J]. Optical Engineering，2005，44(4)：047001(1-9).

[29] Gabarda Salvador，Gabriel Gristocbal. The Renyi entropy as a decision measure for a pseudo-Wigner distribution image fusion framework[A]. Proceedings of SPIE，2005，5910：1-11.

[30] 曹治国，王文武. 应用统计信号处理和模糊数学的图像融合算法[J]. 光电工程，2005，32(5)：73-75.

[31] Waxman A M，Fay D A，Gove A N，et al. Color night vision：fusion of intensified visible and thermal IR imagery[A]. Proc of SPIE，1995，2463：58-68.

[32] Waxman A M，Gove A N，Seihert M C，et al. Progress on color night vision：Visible/IR fusion，perception & search，and low-light CCD imaging[A]. Proc of SPIE，1996，2763：96-107.

[33] Fay D A，Waxman A M，Aguilar M，et al. Fusion of 2-/3-/4-sensor imagery for visualization，target learning and search[A]. Proc of SPIE，2000，4023：105-115.

[34] Toet A，Walraven J. New false color mapping for image fusion[J]. Optical Engineering，1996，35(3)：650-658.

[35] Ruderman D L，Cronin T W，Chiao C C. Statistics of cone responses to natural images：Implications for visual coding[J]. Journal of Optical Society of America A，1998，15(8)：2036-2045.

[36] Welsh T，Ashikhmin M，Mueller K. Transferring color to grayscale images. In：Proc of ACM Siggraph，2002，21(3)：277-280.

[37] Zheng Y，Essock E A. A local-coloring method for night-vision colorization utilizing image analysis and fusion[J]. Information Fusion，2008，9(2)：186-199.

[38] 倪国强，戴文，李勇量，等. 基于响尾蛇双模式细胞机理的可见光红外彩色融合技术的优势和前景展望[J]. 北京理工大学学报，2004，24(2)：95-100.

[39] Fechner T，Godlewski G. Optimal fusion of TV and infrared images using artificial neural networks [A]. Proc of SPIE on Applications and Science of Artificial Neural Networks，Washington，USA：SPIE Press，1995，919-925.

[40] Eckhorn R，Reiboeck H J，Arndt M，et al. Feature linking via synchronization among distributed assemblies：simulations of results from cat visual cortex［J］. Neural Computation，1990，2 (3)：293-307.

[41] Broussard R P，Rogers S K，Oxley M E，et al. Physiologically motivated image fusion for object detection using a pulse coupled neural network［J］. IEEE Trans on Neural Networks，10（3）：554－563，1999.

[42] Wang Z B，Ma Y D，Gu J. Multi-focus image fusion using PCNN［J］. Pattern Recognition，2010，43(6)：2003-2016.

[43] Li S T，Kwok J T，Tsang I W H，et al. Fusing images with different focuses using support vector machines［J］. IEEE Trans on neural network，2004，15(6)：1555-1561.

[44] Li S T，Kwok J T，Wang Y N. Multifocus image fusion using artificial neural networks［J］. Pattern Recognition Letters，2002，23(8)：985-997.

[45] Sharma Ravi Krishna. Probabilistic Model-based Multi-sensor Image Fusion［D］. USA：Oregon Graduate Institute of Science and Technology Doctorcs Thesis，1999.

[46] Vladimir P. Multi-level image fusion［A］. Proc of SPIE. 2003：679-688.

[47] Zheng Yu-feng，Essock E，Hansen B C. Advanced discrete wavelet transform fusion algorithm and its optimization by using the metric of image quality index［J］. Optical Engineering，2005，44 (3)：1-12.

[48] Petrovic Vladimir，Tim Cootes. Objectively adaptive image fusion［J］. Information Fusion，2007，8(2)：168-176.

[49] 马治国，王江安，雷选华，等. 基于红外双波段图像融合的点目标识别［J］. 激光与红外，2003，33(3)：228-230.

[50] 李秋华，李吉成，沈振康. 一种基于多传感器多级信息融合的红外目标检测方法［J］. 电子与信息学报，2004，26(11)：1700-1705.